Betrachtungen zur Maß- und Zahlenordnung des
musikalischen Tonmaterials

FRIEDENSAUER SCHRIFTENREIHE

HERAUSGEGEBEN VON
JOHANN GERHARDT
WOLFGANG KABUS
HORST ROLLY
UDO WORSCHECH

REIHE C
MUSIK-KIRCHE-KULTUR
BAND 6

PETER LANG
FRANKFURT AM MAIN · BERLIN · BERN · BRUXELLES · NEW YORK · OXFORD · WIEN

Gottfried Steyer

Betrachtungen zur Mass- und Zahlenordnung des musikalischen Tonmaterials

Mit einem Beiheft
mit Abbildungen
und Notenbeispielen

Herausgegeben von
Wolfgang Kabus
und Reinhard Pfundt

Peter Lang
Europäischer Verlag der Wissenschaften

Die Deutsche Bibliothek - CIP-Einheitsaufnahme

Steyer, Gottfried

Betrachtungen zur Maß- und Zahlenordnung des musikalischen
Tonmaterials : mit einem Beiheft mit Abbildungen u.
Notenbeispielen / Gottfried Steyer. Hrsg. von Wolfgang Kabus
und Reinhard Pfundt. - Frankfurt am Main ; Berlin ; Bern ;
Bruxelles ; New York ; Oxford ; Wien : Lang, 2002
   (Friedensauer Schriftenreihe : Reihe C, Musik - Kirche -
   Kultur ; Bd. 6)
   ISBN 3-631-39864-6

Layout: Andrea Cramer

ISSN 1434-873X
ISBN 3-631-39864-6
© Peter Lang GmbH
Europäischer Verlag der Wissenschaften
Frankfurt am Main 2002
Alle Rechte vorbehalten.

Das Werk einschließlich aller seiner Teile ist urheberrechtlich
geschützt. Jede Verwertung außerhalb der engen Grenzen des
Urheberrechtsgesetzes ist ohne Zustimmung des Verlages
unzulässig und strafbar. Das gilt insbesondere für
Vervielfältigungen, Übersetzungen, Mikroverfilmungen und die
Einspeicherung und Verarbeitung in elektronischen Systemen.

www.peterlang.de

Vorwort der Herausgeber

Wenn wir heute von Musik reden, dann fragen wir kaum nach Zahlenordnungen. Uns interessiert das Erlebnis, die Erholung vom belastenden Alltag. Wer erlebnisorientiert handelt, sucht nicht die Eigengesetzlichkeit der Töne. Er sucht „Musikgenuss im Dienste des Ich" (Jean-Martin Büttner). Die Friedensauer Schriftenreihe - Reihe C hat zu dieser Ästhetik etliche Beiträge vorgelegt.
Ganz anders nun dieses Buch! Mit seinen „Betrachtungen zur Maß- und Zahlenordnung des musikalischen Tonmaterials" begibt sich Gottfried Steyer in Gefilde, die dem praktischen Musizieren scheinbar ganz fern liegen. Er sucht und findet im „Werkstoff" der Musik, im Reich der Töne - unabhängig von jeglicher Reflexion auf das konkrete musikalische Kunstwerk - überraschende Zusammenhänge und Gesetzmäßigkeiten. „Die in ihrem Wesen und in ihrer Wirkungsweise irrationalste, die ding- und begriffsfernste der Künste" erweist sich als diejenige mit der „stärkste(n) Maß- und Zahlengrundlage".[1]
Die originelle und sorgfältige Behandlung mannigfaltiger musiktheoretischer Probleme verbindet Steyer mit etymologischen, naturwissenschaftlichen und philosophischen Fragestellungen. Dabei zeigt sich: Die Beziehungen der Töne untereinander, die Polaritäten und Symmetrien bei Intervallen, Skalen und in der Partialtonreihe korrespondieren mit grundlegenden Strukturen unserer Weltordnung. Ob damit die Unmittelbarkeit und Tiefe der Wirkung zusammenhängt, die Musik vermitteln kann? Mit Recht stellt der Verfasser diese Frage. Er ist sich bewusst, dass er mit seinen Gedanken ein „tieferes Gesetz" berührt, „an das das Leben und der Weltlauf überhaupt gebunden sind."[2] So ist es nicht von ungefähr, dass er auch mit dem „möglichen Vorhandensein von Urbildern, Archetypen in der Tiefe der Psyche"[3] rechnet und sie mit der Maß- und Zahlenordnung des musikalischen Tonmaterials in Verbindung bringt.
Anknüpfend an die hörpsychologische Tatsache, dass sich im Ton zwei Momente durchkreuzen - das quantitative, lineare der Frequenz („Distanz") und das qualitative, zyklische der Oktavengleichheit bzw. Tonigkeit („Konsonanz") -, entwickelt Steyer das Achsenkreuz der „Tonebene" und unter Einbeziehung der Enharmonik den dreidimensionalen „Tonzylinder". Dabei geht es ihm „um das maß- und sachgerechte Durchsichtigmachen der tonalen Grundzusammenhänge".[4] Zahlreiche bildliche Darstellungen dienen der Vertiefung des Musik-Verstehens und damit auch des Musik-Erlebens.
Für die Musikpädagogik könnten diese Abbildungsmöglichkeiten musikalischer Strukturen genauso fruchtbar gemacht werden wie Steyers genialer Ansatz zur Reform der Tonika-Do-Methode, den wir dem Buch als Anhang beigefügt haben. Die lautmalenden Tonsilben lassen den tonalen Zusammenhang zum unmittel-

---

[1] Steyer, Gottfried: *Betrachtungen zur Maß- und Zahlenordnung des musikalischen Tonmaterials*, S. 14
[2] Ebd., S. 19
[3] Ebd., S. 30
[4] Ebd., S. 121

baren Erlebnis werden und sind dadurch allen anderen Systemen der Ton- und Intervallbenennung überlegen.
Innerhalb unseres abendländischen diatonisch-chromatisch-enharmonischen Tonsystems entdeckt der Autor neue, überraschende Zahlenzusammenhänge, die dessen herausgehobene Stellung mathematisch hintergründen. So führt das virtuose Gedankenspiel des Buches folgerichtig zu der Frage, ob nicht „hinter den Zahlen doch mehr als eine bloße quantifizierende Abstraktion des menschlichen Verstandes" steckt. Symbolisieren sie etwa „Wesenheiten, übergreifende Gesetze, die auf unser Dasein entscheidenden Einfluss haben? Ist es vielleicht nicht Primitivität, sondern Hellsichtigkeit, wenn die Zahl in uralten religiösen Vorstellungen gar nicht abstrakt, sondern durchaus wesentlich, nicht rein quantitativ, sondern auch und vor allem qualitativ verstanden wird? Sollte es unsere Aufgabe sein, die Zahl, gerade um ihrer musikalischen Bedeutung willen, aus der rationalistischen Beschränktheit zu erlösen und sie ... im Wesenszusammenhang mit den allumfassenden Werdekräften des ... Seins zu sehen?"[5]
Gottfried Steyer knüpft mit diesen Gedanken an Vorstellungen an, die schon lange vor uns zum Grundbestand des Weltbildes gehörten, die wir Heutige aber weitgehend verloren haben. Könnte Musik, so transzendental verankert, in der Ortlosigkeit der Gegenwart von konstitutiver Bedeutung sein: Musik als Lebenshilfe? Gerade auch darum ist diese Arbeit wichtig für unsere Zeit.
Das Buch ist ein Torso. Der Autor konnte es wegen seines hohen Alters nicht mehr vollenden. Aber vielleicht liegt darin auch ein Symbolwert: Leben ist Bruchstück; die Betrachtungen zur Maß- und Zahlenordnung des musikalischen Tonmaterials gehen weiter! Viele Fragen sind weiterhin offen; nur eins ist sicher: Musik ist mehr, als wir mit den Ohren vernehmen können.
Die Theologische Hochschule Friedensau hat zu Gottfried Steyer ein besonderes Verhältnis. Er hat in dieser Institution vor der Wende regelmäßig als Gastdozent gearbeitet. Anlässlich eines solchen Besuches tauchte das erste Mal die Idee auf, sein musikalisches Gedankengebäude zu systematisieren und auf Papier zu bringen. Eine weitere, für die Genese dieses Buches sicher noch wesentlichere Institution ist die Hochschule für Musik und Theater Leipzig. Sie widmete dem Thema 1994 ein ganzes Kolloquium. Aus diesem Anlass erschien das Werk als Lose-Blatt-Sammlung. Es ist ein schönes Zeichen der Gemeinsamkeit, dass nun diese beiden Einrichtungen das Alterswerk von Gottfried Steyer gemeinsam auf den Weg bringen und damit der Fachwelt zur Diskussion stellen.

Friedensau und Leipzig, im August 2001

Wolfgang Kabus,   Reinhard Pfundt
Theologische Hochschule Friedensau   Hochschule für Musik und Theater Leipzig

---

[5] Ebd., S. 21

Inhalt

Einleitung 13
Die Kunst und ihr Werkstoff 13 - Der Werkstoff der Musik in seiner Eigenart 13 - "Tonsystem"? 14

Die Tonanzahl im System 17
Das Rätsel der Fünf- und Siebentönigkeit 17 - Die religionshistorisch relativierende Deutung 18 - Die gnostisch-spekulative Deutung 20 - Unsere Deutungsgrundsätze 21 - Wurzelpunkt und Dynamik der Tonanzahlentwicklung 22 - Die Struktur der Zweitönigkeit 23 - Tonanzahlentfaltung und Tonalität 24 - Weitere Gesichtspunkte zur Tonanzahlentfaltung 24 - Tangierende Kreise als heuristisches Symbol 26 - Anwendbarkeit über die Siebenzahl hinaus? 28 - Das Spiel mit dem Würfel 29 - Kritische Rückbesinnung 30

Akustische und optische Wahrnehmung 31
Die Bedeutsamkeit des Optischen für unseren Fragenkreis 31 - Die physikalische Welle als Medium künstlerischer Eindrücke 31 - Verschiedenheit der Dimensionalität 32 - Farbe und Form 33 - Entsprechungen von Farben und Tönen? 33 - Optische Parallelen zu Oktav und Halboktav 35 - Anzahl der Spektralfarben und der Leittöne 36 - Absoluthören bei Mensch und Tier 37

Oktav und Zweizahl 41
Mathematische Proportion und musikalisches Erlebnis 41 - Zwei als "Urzahl" 41 - Sonderstellung der Zweiheit in der Sprache 42 - Die Zwei und das Viele 44 - Das "Da-wieder"-Erlebnis 44 - Die Dialektik der Treppenmelodik 45 - Physikalisch gegebenes und freies Intervall 45 - Die Dialektik der Oktav 46 - Die einende Gewalt der Oktav 47 - Die Dialektik der Zwei 48

Die Oktavspirale 49
Überlegenheit der Spirale 49 - Reziproke Spiralen 50 - Das Verhältnis von Quotient und Intervallgröße 51 - Partialtönigkeit und Kommensurabilität 52 - Intervallhalbierung 54 - Sonderstellung des Tritonus 56 - Fortlaufende partialtönige Zweiteilung 57 - Spezielle Aussagekraft der beiden Spiralen 58 - Der Oktavkreis als Projektion der Spiralen 60

Quantitative Betrachtung des Oktav-Quint-Problems 61
Die Größenverhältnisse 61 - Cent- und Millioktavrechnung 61 - Die Quintsuperposition 63 - Superposition und Partialtonreihe 63 - Folge optimaler Quinttemperaturen 64 - Erläuterung der Tabelle der Quinttemperaturen 66 - Affinität zu $\sqrt{2}$-Verhältnissen 67 - Zwölf als Grenze einer Gegenläufigkeit 69 - Einschätzung der niedrigzahligen "Temperaturen" 70 - Einschätzung der höherzahligen Temperaturen 71 - Überlegenheit der Zwölf-Quinten-Superposition 71

Der Quintenzirkel 73
Zwölf Tonschwerpunkte 73 - Quintenzirkel und musikalischer Hörbereich 74 - Das Quint-Quart-Paar 75 - Deutung der Drei 77 (Deutung im Blick auf das Metrum 77 - Deutung im Blick auf die Sprache 78) - Die Quint-Halbton-Korrelation 80

Quintierende Skalenbildung 83
Der Quintdoppelschlag 83 - Pentatonik 84 - Heptatonik 85 - Das Oktavteilungsbündel im Oktavkreis 86

Natürliche Terz und Temperatur 87
Das Hinausschreiten über das Quintprinzip 87 - Harmonisch-melodische Divergenz 88 - Das Quint-Terz-Komma im Temperaturvergleich 88 - Eine überraschende Intervallkoinzidenz 89 - Wahrscheinlichkeitsgrad einer Koinzidenz 90 - Das wahre Märchen vom unwahrscheinlichen Glück 91 - Der Turm der Siebenerverhältnisse 94

Ton 5 und Ton 7 95
Der Charakter der Oktavstreifen 95 - Das Hineinlaufen der Partialtöne in die Kommensurabilität 96 - Partialtönige und temperierte Verhältnisse des dritten Oktavstreifens 97 - Das Wesen des Septakkords 98 - Polarität zwischen Fünf und Sieben 99 - Grenzen des unmittelbaren Erfassens von Anzahlen 100 - Das "Grabenerlebnis" 100 - Der Einfluß der Hand 101 - "Hand" als Zahlwort? 102 - Fünf als "Zahl des Menschen" 103 - Fünfeck und Fünfstern (Goldener Schnitt) 103 - Maße und Zahlen in politischer Symbolik 104 - Die Fünfzahl in China 105 - Die Dialektik der Sieben 106 - Das Siebeneck 106 - Sieben und Zwölf im Sechsstern 107 - Das Urerlebnis der Sieben 107

Der vierte und fünfte Oktavstreifen 109
Die Tabuzone um 11 und 13 109 - Schwindende Bedeutung der Partialtöne 110 - Dimensionalität der Oktavstreifen 110 - Ton 17 und 19 111 - "Hexenküche" 112

Die Tonebene 115
Linear - zyklisch 115 - Findung der Maße 115 - Anderer Blickpunkt - andere Gestalt 116 - Das Achsenkreuz 116 - Für die Quinthelligkeit die Senkrechte 117 - Lineare und elliptische Darstellung der Dreiklänge 118 - Der chromatische Halbton 119 - Der harmonisch strukturierte Siebentonverband 119 - Ineinandergreifen "natürlicher Dissonanzen" 119 - Grenzen des Dur-Moll-Dualismus 120 - Grenzen optischer Darstellbarkeit 120 - Typische Alterierungen 121 - Parallel- und Mediantklänge 122 - Systematische Wiederholung in der Oktav 123 - Dilemma der "natürlichen" Stimmung 123 - "Spiegelbildlichkeit" 124 - Der Oktavviertelkreis als Nothelfer 124

Systematik der Kurven 125
Zusammengehörigkeit von Kreis, Spirale und Ellipse 125 - Mathematische Bedingungen für Ellipsen in der Tonebene 125 - Filterung bedeutsamer Ellipsen 125 - Oktav und Kreisform 126 - Melodische und harmonische Ellipse 126 - System der Vierecksgrößen 127

Gewendete Schau der Tonebene 129
Warum Wendung? 129 - Vergleich von Dreiklangs- und Tetrachordellipse 130 - Fünf- und Siebentönigkeit in melodischer Ellipsengestalt 130 - Kein Bild der diatonischen Vollskala? 131 - Anhang: Frühe Umgehung des Halbtons 132

Arten und Darstellungen der Zwölftönigkeit 133
Im liegenden Oktavquadrat 133 - Zwölf Töne in Tetrachordellipsen 134 - Quint-Terz-Parallelogramm 135 - Tonsilben sachgemäß 135 - Tonika-Do? 136 — Materialskala der Kirchentöne 137 - Quintordnung der Kirchentöne 138 - Sekundordnung der Kirchentöne 138 - Linear entfaltete Skala 139 - ... als Märchen 140 - Maschinerie der Skalendarstellung 141 - Vorzugsstellung von Dur 142 - Tonpunktanzahlen auf zyklischen Gebilden 142

Siebentonverband und Zwölfkreis 143
Zurück zum Kreis 143 - Zwei "magnetische" unter 66 Möglichkeiten 143 – Gesamtsystem der Sehnen 144 - Reziprokverhältnis von Gestalten und Lesbarkeiten 144 - Sehnenauswahl als Ring, Stern, Bündel 146 - Zigeunerskalen im Tonkreis 147 - Zigeunerskalen auf der Tonebene 149 - Diatonische Skalen im Quintenkreis 150 - Zur Systematik der Tabelle "7 aus 12" 151 - Das diatonische Zeilenpaar 152 - Die Zeile der Zigeunerskalen 154 - Paarige und unpaarige Zeilen 154 - Bedeutsamkeit der Symmetrie? 155

Tonzylinder und bewegliche Scheiben 157
In die Dreidimensionalität! 157 - Herleitung und Herstellung des Zylinders 157 - Entwicklung und Begrenzung der Quintschraubenlinie 159 Einordnung und Bezeichnung aller Töne auf dem Zylinder 160 - Strenge Grenzen? 160 - Diatonische und chromatische Halbtonkette 161 - Bewegliche sekundgeordnete Scheiben 163 - Bewertung der Symmetrie 164

Allgemeine und spezielle Polarität 165
Analogie zum Elektromagnetismus 165 - Vielfalt polarer Beziehungen 165 (Waagerechte Polarität? 166 - Senkrechte Polarität 166 - Schrägliegende Polarität 167) - Oktavhalbierende Intervalle 167 - Bündelung der partialtönigen Intervalle 168 - Ton 11 und 13 unter neuer Perspektive eliminiert 169

Das Kraftfeld der Tonkreispole 171
Gleiche Gerechtigkeit für die Pole! 171 - Freigesetzte Strahlen 171 - Ordnung der

Intervallkreise 172 - Lage der Oktavkomplemente 173 - Lage der Intervallkreiszentren 174 - Unglaublicher Tritonus 175 - Konkurrierende Tritonuskreise 175 - Der Kreis der Intervallkreise 177 - Tanz um die Zwölf 178 - Genugtuung für den Gegenpol 178 - Die Elemente des Intervallpunktsystems 179

Physikalische und musikalische Feldlinien 181
Materielle Demonstration und ideelle Konstruktion des elektrischen Feldes 181 - Strahlenbündel elektrisch gedeutet 181 - Niveaukreise musikalisch gedeutet 181 - Vergleich der Kreisanzahlen 183 - Kreislauf oder nur Kreisbild? 183 – Gestaltvergleich mit Botanischem 184 - Dichtes Feld - sekrete Linien 185 - Gedrängte Feldlinien - Maß auch musikalischer Spannung? 186 - Einheit und Gegensätzlichkeit von Innen- und Außenfeld 187 - Was steckt physikalisch und musikalisch hinter dem "unendlichen Kreis"? 190

Der Tonglobus 193
Vielfältiges Kreissymbol 193 - Demokratisierungsdrang im Tonverband 193 - Konstruktion des Tonglobus 194 - Vom Sinn der gewölbten Linie 195 - "Glasperlenspiel"? 196 - Tangierende Kreise in weiterer Sicht 196

Nachwort des Autors 199

**Anhang: Ein Reformvorschlag zur Methode Tonika-Do
zur Gewinnung einer sinnfällig tonalen Vokalsprache** 201

Beilage: Abbildungen und Notenbeispiele

Tabellarisches im Text

Schema der Treppenmelodik in Quarten 23
Vergleich paarweiser Ähnlichkeit von Zahlwörtern im
Deutschen und Serbokroatischen 43
Oktavenquotienten als Potenzen von Zwei 51
Erster bis vierter Oktavstreifen arithmetisch unterteilt 57
Superpositionen der Großintervalle 63
Intervallgrößen der Partialtonreihe bis zur großen Terz 64
Annäherung von Quintsuperpositionen an Oktavvielfache 65
Tabelle der Quinttemperaturen 65
Folge der Quint- und der Oktavsuperpositionen 67
Annäherungswerte für $\sqrt{2}$ 68
Zwölf als Grenze der Übereinstimmung von zwei Folgen 69
Zwölf als Grenze einer Gegenläufigkeit von Quint- und Halbtonanzahlen 70
Quint-Halbton-Korrelation 81
Größen der Halbtöne zwischen 14. und 20. Partialton 82
Symmetrischer Sitz der Primzahlen bis zum vierten Oktavstreifen 95
Größenverhältnis benachbarter und entferntester partialtöniger
Intervalle in den höchsten Oktavstreifen 97
Fortschreitende Abweichung der primzahligen Partialtöne von der Temperatur .. 97
Partialtönigkeit und Temperatur im dritten Oktavstreifen 98
Terzordnung der Stammtöne 99
Dimensionalität der Oktavstreifen 111
Diatonisch-chromatisches Umlesen der Intervallzahlen 112
Annäherung der Paarverhältnisse an den Goldenen Schnitt 113
Große Terz als fünfter und Tritonus als siebenter Ton partialtönig
und quintiert 113
Übereinstimmung der Da-sa-Silben mit der paarweisen Ähnlichkeit
der deutschen Zahlwörter bis zwölf 137
Stufen von Zigeuner-Dur und Zigeuner-Moll im Vergleich 148
Zehn symmetrische Möglichkeiten bei "7 aus 12" 155
Primär-, Sekundär- und Tertiär-Intervalle 168
Gesetzmäßigkeiten komplementärer Intervallkreise 174
Lage der Intervallkreiszentren 174
Tafel der Strahlenschnittpunkte auf dem Innenfeld des Prim/Oktav-Kreises 189

Einleitung

Die Kunst und ihr Werkstoff

Kunst - was sie auch ihrem Wesen nach sein mag - ist immer Gestaltung einer Idee, verwirklicht durch die Gestaltung eines Werkstoffs. Diese beiden Gegebenheiten, denen der Künstler am Anfang des Gestaltungsprozesses gegenübersteht, sind zwei so verschiedene Dinge, daß man es kaum wagen möchte, sie in einem Atemzug zu nennen: hier die Idee, "das Gemeinte", dort der Werkstoff, "das Verwendete". (Der sprachliche Zusammenhang meinen - minnen, verwenden - verwandeln - verwandt ist der Beachtung wert!) Die Gewalt künstlerischer Formkraft aber besteht darin, Idee und Werkstoff aneinander zu binden und zu bannen, nicht in selbstherrlicher Willkür oder durch technische Raffinesse, die mit dem Werkstoff das zuwege bringt, was er sich eben noch gefallen lassen muß, ohne zu zerbrechen (solche Virtuosität ist nie das Wesen einer Kunst, leicht aber eine Gefahr für ihre Substanz!), sondern durch ein "Geheimwissen", das jedem wirklichen Künstler eigen, dem bloßen Intellekt aber grundsätzlich verschlossen ist. Es ist das Wissen um einen ganz ursprünglichen, schöpfungs- und schicksalsmäßigen Zusammenhang zwischen der Idee, dem Werkstoff und dem lebendigen Künstler selbst. Ihm ist die isolierte Idee ein Unding. Die Idee selbst drängt zur Gestaltung und sucht und findet im kongenialen Künstler ihren Geburtshelfer. Andererseits ist ihm der Werkstoff nie toter Stoff, amorphe Masse. Der Künstler sehnt sich nicht danach, in schrankenloser Freiheit einer creatio ex nihilo das Beliebige aus dem Beliebigen schaffen zu können. Er sucht und liebt nicht den Gips und den Kitt, die alles erlauben und alles zudecken, sondern echtes Material, das Eigenprägung hat und Eigenprägung fordert, das der künstlerischen Expansion harte Grenzen setzt und in der Zucht solcher Beschränkung das Eigentliche wachsen läßt, das das Wesen der Kunst ausmacht. Der Künstler ringt ganz persönlich mit seinem Werkstoff, er weiß um dessen Eigenleben und Eigenkräfte. Nicht bloß, daß er die technischen Möglichkeiten und Grenzen des Materials kennt, nein, er spürt im Material Potenzen, die ihn rufen und fordern. Sonst wäre er nicht Künstler. Die innere, wesensmäßige Einheit von Idee, Werkstoff und Formkraft ist ein dem Künstler eingegebenes Wissen, das ihm unantastbar bleiben muß.
Aus dieser Schau heraus befragen wir im Folgenden den Werkstoff der Musik, nämlich die Töne, nach den in ihrem Bereich gültigen Maßordnungen.

Der Werkstoff der Musik in seiner Eigenart

Das Material der Musik sind die Töne, also gar keine dinglich-greifbare Materie, sondern, ebenso wie bei der Dichtkunst, eine Energie, ein die Materie durchbebender akustischer Schwingungsverlauf. Das bestimmt die Musik von vornherein zu einer dynamisch der Zeit hingegebenen Kunst im Gegensatz zur statisch dem

Raum verhafteten bildenden Kunst. Die Eigenart der Musik aber besteht darin, daß sie sich weder einfach in menschlicher Körperbewegung ausdrückt wie Tanz und Mimik noch einen dinglich oder begrifflich faßbaren Werkstoff hat wie die bildende Kunst in ihren Materialien oder die Dichtkunst in den begriffsbestimmten Worten der Sprache, deren sie sich bedient. Worin besteht dann das Wesen und die Potenz des musikalischen Tonmaterials? Oder sollten gerade die Töne in ihrem Miteinander "an sich" eigenschafts- und wesenloser sein als Holz, Stein, Metall oder als das Wort und sollten die Töne erst von der gestaltenden Kraft des Künstlers ins Wesentliche erhoben werden? Die Analyse zeigt, daß schon im Tonmaterial, das der Musikschaffende vorfindet und als Gegebenheit hinnimmt, "geheimnisvoll am lichten Tag" eine Maß- und Zahlenordnung herrscht wie wohl sonst bei keinem künstlerischen Werkstoff.

Dasselbe aber, was bereits für das Tonmaterial nach seiner physikalischen Seite gilt, daß es nämlich schon im Phänomen der Obertöne eine auffallende und einzigartige Maßordnung aufweist, das gilt auch vom musikalischen Kunstwerk selbst. Das zeigt die musikalische Analyse allenthalben bis hin zum sturen Abzählen der Töne in den Werken Bachs und Beethovens, das man instinktiv meint ablehnen zu müssen, gegen dessen Ergebnisse man aber sachlich schwer an kann. Es besteht also im Bereich der Musik zwischen der Struktur des Materials und der Struktur des Kunstwerks eine besonders enge und tiefe Verbindung. Gewiß hängt gerade damit die Unmittelbarkeit und Tiefe der Wirkung zusammen, die die Musik erreichen kann.

Die in ihrem Wesen und in ihrer Wirkungsweise irrationalste, die ding- und begriffsfernste der Künste hat die stärkste Maß- und Zahlengrundlage. Allenfalls die "erstarrte Musik", die Architektur, könnte ihr in gewissem Sinne hierin an die Seite gestellt werden.

"Tonsystem"?

Wir konzentrieren uns im Weiteren auf diejenige Seite des Werkstofflichen, die wir eben als ein Charakteristikum der Musik herausgestellt haben, die Maßordnung der Töne nach ihrer Anzahl und Höhe. Wir sind damit vom "Materiellen" am weitesten entfernt im geistig-abstraktesten Bereiche des musikalischen Werkstoffs. Nicht die realen Töne der erklingenden Reproduktion der Musik in der Gesamtheit ihrer Eigenschaften und ihrer physiologischen und psychischen Wirkungen sollen unser Gegenstand sein, sondern jenes geheimnisvolle Band, das den physikalisch erzeugten und physiologisch wahrgenommenen Tönen überhaupt erst die Potenz gibt, zur Musik zu werden, also zu etwas, was den Bereich des Physikalischen und Physiologischen schlechterdings transzendiert. Freilich ist nach dem über den Zusammenhang zwischen "Werkstoff" und "Idee" Gesagten klar, daß wir das Physikalische und Physiologische weder ignorieren noch geringschätzig behandeln dürfen. Aber das, worum es uns geht, ist das Wesen des tonalen Zusammenhangs.

Warum haben wir dann vom "Werkstoff", vom "Tonmaterial" gesprochen und nicht gleich von Anfang an vom "Tonsystem", auf das wir ja doch hinaus müssen? Erstens, weil uns daran lag, die Einbettung des Gegenstands unserer Betrachtung in das Gesamtphänomen "Kunst" deutlich werden zu lassen, zweitens, weil das Wort "System" allzusehr etwas vom Menschen Konstruiertes suggeriert, während wir uns auch für die sachlichen Gegebenheiten des tonalen Zusammenhangs offen halten möchten.

Drittens aber müßten wir uns dann entscheiden, ob wir vom "Tonsystem" reden wollen, so als ob es im Grunde nur eines gäbe oder uns nur eines interessierte, oder aber von "den Tonsystemen", deren es ja wirklich sehr verschiedene gibt. Wir können uns aber um der Grundsätzlichkeit unseres Themas willen weder auf ein einziges historisch gewachsenes und bedingtes System beschränken, noch sind wir bei den bisherigen Forschungsresultaten und ihrer bisherigen Durcharbeitung in der Lage, kategorische Aussagen über "die Tonsysteme" in ihrer Gesamtheit zu machen. Dennoch darf und muß die Frage des tonalen Zusammenhangs vorangetrieben werden. Unter anderem ermutigt uns dazu die Tatsache, daß unser "abendländisches" Musiksystem offensichtlich doch nicht nur irgendeines unter vielen anderen ist, sondern in charakteristischer Weise alle musikalischen Grundelemente so entfaltet, daß wir vielfach hoffen können, zur Erkenntnis der Grundkräfte vorzustoßen, wobei die Gemeinsamkeiten mit anderen und die Gegensätzlichkeiten zu anderen Musiksystemen uns vor einseitigen Perspektiven bewahren können.

Die Tonanzahl im System

Das Rätsel der Fünf- und Siebentönigkeit

Setzen wir nicht bei etwas allzu Äußerlichem ein, wenn wir bei der Betrachtung der Maß- und Zahlenordnung im Tonmaterial als erstes nach der bloßen Tonanzahl im System fragen? Dem, was "Familie" ist, kämen wir doch zum Beispiel auch nicht nahe, wenn wir die Personenzahl feststellten, sondern - sofern wir uns auf die alleräußerlichsten statistischen Angaben beschränken müßten - schon eher, wenn wir die Abstände der Geburtsdaten verglichen. Dann würden sich "Eltern" und "Kinder" nach einer gewissen Gesetzmäßigkeit herausheben. Sollten wir also nicht richtiger von den Tonabständen oder noch besser von den eigentlichen musikalischen Tonbeziehungen ausgehen, wie sie in der Oktav-, Quint- und Terzverwandtschaft vorzuliegen scheinen? Die Musik wird ja nicht durch die bloßen Töne, sondern durch die Beziehungen zwischen den Tönen ins Wesen gesetzt.

Doch fragen wir nur einmal, welche Tonbeziehungen denn den bedeutendsten Tonverband des Erdballs konstituieren, nämlich jene eigentümliche Ordnung, in der abwechselnd auf zwei und drei Ganztöne ein Halbton folgt. Es ist dies die Ordnung der weißen Tasten des Klaviers. Aus dem Material dieser sieben Töne formen sich Dur und Moll, alle sogenannten Kirchentöne und das diatonische Geschlecht der alten Griechen. Aber auch in außereuropäischer Musik finden wir sie, fern von abendländischer Beeinflussung, so zum Beispiel als Ritualskala in der Südsee oder bei den Bantu in Südafrika.

Schon bei der der Durtonleiter entsprechenden Stammtonreihe von c bis c' ist eine eindeutige Festlegung der Tonbeziehungen nicht möglich. Handelt es sich um eine sekundenmäßige Transformation der Quintkette f-c-g-d-a-e-h? Oder um ein funktionales Dreiklangsystem: f-a-c = Subdominant-, c-e-g = Tonika-, g-h-d = Dominantdreiklang? Oder handelt es sich um zwei gleichgebaute Tetrachorde, deren eines von c ausgeht und eines in c einmündet: c'-h-a-g/f-e-d-c? Je nach der Struktur der Musik einer einzelnen Epoche oder Zone wird die eine oder die andere Deutung möglich sein. Diese Mehrdeutigkeit ist, wie wir sehen werden, prinzipieller Natur und macht eine restlos rationale Erklärung des tonalen Zusammenhangs unmöglich.

Noch ungleich aussichtsloser aber wäre es, wollte man alles, was je in der weiten Welt jene Ordnung der Halb- und Ganztonfolge aufgewiesen hat, musikalisch-inhaltlich auf einen Nenner bringen. Mit dem jeweils verschiedenen Empfinden für die Tonbeziehungen hängt es zusammen, daß die genaue Höhe der einzelnen Stufen bei aller Konstanz des Grundschemas verschieden und oft problematisch ist. Wir sehen also, daß die bloßen Tonabstände, die wir für ein Resultat innerer Tonbeziehungen halten möchten, viel konstanter sind als die eigentlich musikalischen Tonbeziehungen. Musik mit den gleichen Tonabständen kann uns musikalisch doch völlig fremd sein. Interessant, wenn wir eine solche fremdländische Melodie uns nach unserm Empfinden unbewußt zurechtgehört haben und wenn

uns dann der verblüffend und sinnlos erscheinende Schluß darüber belehrt, daß wir womöglich die ganze Melodie "falsch" gehört hatten! Trotz allem, hinter diesem äußerlichen Abstandsschema muß etwas stecken. Es kann nicht bloß zufällig so verbreitet und so dauerhaft sein.
Ehe wir den Gründen nachgehen, machen wir aber eine weitere Feststellung. Dasselbe nämlich, was wir über die größere Konstanz der Tonabstände gegenüber den tonverwandtschaftlichen Beziehungen festgestellt haben, gilt in erhöhtem Maße für die Konstanz der Tonanzahl in den Tonsystemen der ganzen Erde. In den Musikkulturen aller Zeiten und Länder kristallisieren sich immer wieder die Fünftönigkeit und die Siebentönigkeit heraus. Diese Doppelheit schaut uns ungewollt aus den schwarzen und weißen Tasten des Klaviers an, aber nun und nimmer ist sie an die Tonabstände des Klaviers oder an irgendwelches andere Abstandsschema gebunden und von daher einheitlich zu erklären. Da die Quintverwandtschaft unter allen denkbaren Tonbeziehungen eine einzigartige Stellung einnimmt und für viele Systeme einen ausreichenden Schlüssel zum Verständnis bietet, war es für viele bestechend, als ein so verdienter Forscher wie von Hornbostel durch seine Blasquintentheorie zu einer einheitlichen Erklärung eines großen Teiles der bunten Vielfalt außereuropäischer Leitern gelangen wollte. Die Theorie ist inzwischen widerlegt worden. Aber auch wenn es in Zukunft gelingen sollte, neue innermusikalische Ordnungsprinzipien aufzudecken, wird es, wie man ohne Leichtfertigkeit prognostizieren darf, doch nie zu einer einheitlichen musikalischen Erklärung des Gesamtphänomens der Fünf- und Siebentönigkeit kommen können. Angesichts der disparaten Mannigfaltigkeit der fünf- und siebenstufigen Leitern stehen wir wirklich vor einem Rätsel. Es ist, als ob in einem Rechenbuch mit den verschiedensten Aufgaben immer und immer wieder fünf und sieben als Resultat erschiene. Wo mögen die Gründe liegen?

Die religionshistorisch relativierende Deutung

Nachdem uns für die Erklärung des globalen Vorherrschens fünf- und siebenstufiger Leitern der zunächst selbstverständlich scheinende Weg eines nach einer "musikalischen Logik" der Tonverwandtschaften geordneten Intervallzusammenhangs abgeschnitten ist, möchte man nach außermusikalischen oder "ultramusikalischen" Gründen unserer Erscheinung fragen.
Die Sieben spielt zum Beispiel vom ersten bis zum letzten Buch der Bibel, aber auch sonst in der Welt der Religionen eine hervorragende Rolle. Allenthalben begegnen wir ihr in Mythen und Märchen, in Sitten und Ordnungen, in Aberglauben und Zauberei. Die Fünf gilt in unseren Bereichen von alters her zwar nicht wie die Drei, Sieben oder Zwölf als "heilige Zahl", aber bekannt ist ihre besondere Verwendung in der Magie (Pentagramm). Deutlich ist der Zusammenhang beider Zahlen mit der ursprünglichen Astrologie. Fünf Planeten sahen die Alten am Himmel. Durch die Hinzunahme von Sonne und Mond zählte man aber auch

sieben Planeten. Im Großen und im Kleinen Wagen wie in den Plejaden sah man die geheimnisvolle Siebenzahl, also im größten und kleinsten Sternbild des Himmels und in demjenigen, das in den Himmelspol ausmündet. Jede der vier Mondphasen inaugurierte eine siebentägige Woche - neben welcher im alten Babylon eine fünftägige profane Woche bestand.

Tatsachenmaterial dieser Art läßt die Frage aufkommen, ob religiös-mythische Vorstellungen der Grund für die Vorherrschaft bestimmter Tonanzahlen sind. Es läßt sich nämlich erweisen, daß religiöse Vorstellungen und religiös geheiligte Traditionen einen ebenso sachlich tief- wie räumlich weitgreifenden Einfluß auf Tonsysteme haben können. Um einer religiösen Symbolik willen bekommen, wie von Hornbostel zumindest wahrscheinlich gemacht hat, zum Beispiel die Grifflöcher bestimmter Flöten Abstände, die akustisch unbegründet sind. Und solche akustisch betrachtet künstlichen Systeme treten dann in frühen Zeiten Wanderungen selbst über die Ozeane an. Den Beweis für den historischen Zusammenhang findet von Hornbostel in der Übereinstimmung auch der absoluten Tonhöhen auf Instrumenten in der Südsee und in Afrika einerseits, in der Südsee und Südamerika andererseits. Ob ich ein Flötenrohr zum Beispiel gerade 23 Zentimeter lang mache, hat mit dem Wesen der Musik an sich nichts zu tun. Wichtig ist für das Zusammenspiel nur, daß überhaupt eine Norm da ist. Diese Norm aber wird leicht religiös verabsolutiert, weil dem Menschen in der Notwendigkeit und Möglichkeit der Übereinstimmung der verschiedenen Instrumente ein allgemeines, tieferes Gesetz anklingt, an das das Leben und der Weltlauf überhaupt gebunden sind. So sieht er in einer bestimmten, von ihm historisch vorgefundenen und auf natürliche Maße wie Fuß, Elle zurückgehenden Norm eine göttliche Setzung, deren treue Überlieferung ihm heilige Pflicht bleibt. Wo aber schon die mathematisch-logisch beliebig wählbare Maßeinheit als geheiligt gilt, da erst recht die Ordnungen, die sich aus dieser Maßeinheit aufbauen und in denen sich die göttliche Weltordnung widerspiegelt.

Solcher Glaube hat seine klassische Ausprägung im alten China erfahren. Dort gehörte der Musikant zum Ministerium des Li, das heißt der "Gesetze, die im großen All wurzeln, durch die die alten Herrscher das Tao (Weg; Weise; Prinzip) des Himmels in Empfang nehmen konnten. Ihre Befolgung in der Musik wie in allen Lebensbereichen erhält das Gemeinwesen in Übereinstimmung mit dem Weltlauf, ihre Nichtachtung bedingt den Sturz der Dynastien".[1] In ihrer objektiv-religiösen Maßgerechtigkeit soll die Musik die alters- und klassenmäßig getrennten Stände in Liebe vereinen. So läßt nach altchinesischer Auffassung die Musik jene göttliche Ordnung ins Zusammenleben der Menschen einfließen, aus deren Quell sie, die Musik, selber stammt.

Die Vorstellung des göttlichen Ursprungs konkreter Maßnormen, freilich auf nüchternerem Gebiet als in der Musik, finden wir ganz ungebrochen auch im Alten Testament: "Rechte Waage und Gewicht sind vom Herrn, und alle Gewichtsteine

---

[1] Zitiert nach: Erich Moritz von Hornbostel: Die Maßnorm als kulturgeschichtliches Forschungsmittel. In: Festschrift *Publication d'hommage offerte au P. W. Schmidt*, Wien 1928.

im Beutel sind sein Werk".[2] Und in Babylon weiß sich der Mensch zur Aufrechterhaltung der gottgesetzten Ordnung bestimmt.

Zurück zu unserer Frage, womit die Konstanz bestimmter Tonanzahlen in Tonsystemen wohl zusammenhänge! Sollten uralte religiös-astrologische Vorstellungen sich bereits in ältesten Zeiten über die Kontinente verbreitet haben und dem Menschen zur "zweiten Natur" geworden sein? Ist der Mensch lediglich durch Gewohnheit an bestimmte Tonsysteme gebunden, die dem Wesen des Menschen und dem Wesen der Töne gegenüber im Grunde zufällig sind? Für unsere Wissenschaft gibt es doch keine fünf oder sieben Planeten mehr, und im technisch-wirtschaftlichen Lebensprozeß wird die Siebentagewoche als lästige Fessel abgestreift, sobald es vorteilhaft scheint. Beweist nicht die zweifelsfreie Existenz von zwei-, drei-, vier- und sechstönigen Systemen, daß die Fünf und Sieben keine absoluten Gegebenheiten sind? Und ist vielleicht die Zeit der Siebentönigkeit doch eines Tages abgelaufen, um einer Zwölftönigkeit oder einer atonalen X-Tönigkeit Platz zu machen? Oder wird es sich als das Bessere erweisen, das historische Erbe, das uns wie eine nach dem Trägheitsgesetz aus der Vergangenheit heranwuchtende Masse überkommt, zu achten und darauf weiterzubauen, ohne doch mit der Siebenzahl irgendeinen Sinn zu verbinden - so wenig, wie sich für uns ein Sinn damit verbindet, daß Wochentage Namen vorchristlicher Gottheiten tragen? So ähnlich mag heute eine norm-relativierende und im Wesen normparalysierende Denkweise und Geisteshaltung fragen. Natürlich muß auch der "Relativist" die Tatsache der Maßordnungen zugeben, aber er selber sieht sich entweder ganz außerhalb der Wirkungsmacht dieser Ordnungen, oder er sieht sich nur durch historische Zufälligkeit, aber nicht dem Wesen nach in solchen Ordnungen. Sie könnten "an sich" auch ganz anders sein. Denn - das ist ihm völlig klar - der objektiven Wirklichkeit gegenüber sind solche geheiligten Maßordnungen etwas im Grunde Zufälliges und nichts Wesentliches.

Die gnostisch-spekulative Deutung

Gegen die eben dargestellte Auffassung spricht nun aber die Tatsache, daß wir auf den verschiedensten Gebieten auch außerhalb von Religion und Musik oft höchst überraschenderweise auf die Siebenerordnung stoßen. Manchmal taucht sie, wo sie schon als Irrtum oder Willkür abgetan war, wie der Vogel Phönix in verjüngter Gestalt wieder auf. Newlands erblickte in der von ihm entdeckten Periodizität der chemischen Elemente eine schlagende Parallele zur musikalischen Oktave. Ordnete er die Elemente nach steigendem Atomgewicht an, so stieß er nach sieben auf ein achtes, das in seinen Eigenschaften dem ersten außerordentlich ähnlich war. Dann kam die Enttäuschung. Es wurden weitere Elemente, voran das Helium, entdeckt, und es stellte sich heraus, daß erst das neunte Element jene auffallende Ähnlichkeit

---

[2] Sprüche 16, 11

mit dem ersten hat. Das Bohrsche Atommodell machte später den Zusammenhang plausibel. Und siehe da, auf sieben Schalen können die Elektronen um den Atomkern kreisen.

Ebenso hat sich die Siebenzahl im Biologischen bestätigt. Es fällt doch schwer, es als bloße Zufälligkeit abzutun, daß die Erneuerung des Zellenbestandes unseres Körpers in Perioden von je sieben Jahren vor sich geht. Die Einschnitte um das siebente, vierzehnte, einundzwanzigste Lebensjahr, am Ende aber unser ganzes irdisches Dasein eingeschlossen in das biblische "Unser Leben währet siebzig Jahre" sind sehr eindrücklich.

Steckt hinter den Zahlen doch mehr als eine bloße quantifizierende Abstraktion des menschlichen Verstandes? Symbolisieren sie Mächte, Wesenheiten, übergreifende Gesetze, die auf unser Dasein entscheidenden Einfluß haben? Ist es vielleicht nicht Primitivität, sondern Hellsichtigkeit, wenn die Zahl in uralten religiösen Vorstellungen gar nicht abstrakt, sondern durchaus wesentlich, nicht rein quantitativ, sondern auch und vor allem qualitativ verstanden wird? Sollte es unsere Aufgabe sein, die Zahl, gerade um ihrer musikalischen Bedeutung willen, aus der rationalistischen Beschränktheit zu erlösen und sie etwa im Sinne der Anthroposophie im Wesenszusammenhang mit den allumfassenden Werdekräften des geistigen und kosmischen Seins zu sehen?

Unsere Deutungsgrundsätze

Was hierzu zu sagen ist, gilt natürlich nicht nur für die uns im Augenblick bewegende Einzelfrage.

In der Überschrift liegt bereits die Ablehnung eines auf Sinndeutung von Zahleneigentümlichkeiten verzichtenden Positivismus. Ebenso ernst muß aber auch die Gefahr einer ausufernden Spekulation gesehen werden. Vor den rationalistischen Scheuklappen müssen wir uns ebenso hüten wie vor der mystifizierenden Brille. Unser Bemühen soll es sein, möglichst vorurteilslos zu prüfen, welche Eigentümlichkeiten die Maß- und Zahlenordnung des Tonmaterials hat und in welchen Beziehungen diese zu anderen Bereichen der Wirklichkeit stehen. Methodisch ist immer die einfachste, rational durchsichtigste Deutung zu suchen. Wo sich aber Sachverhalte ergeben, die eine geradlinig rationale Deutung nicht mehr zulassen, darf das Fragen und Suchen nach übergreifenden Sinnzusammenhängen nicht aufhören. Wir halten uns - auch auf Grund des bisher über Tonanzahlen im System Erörterten - für die Möglichkeit offen, daß es uns geht, wie es der Astronomie gegangen ist. Für jegliche Beobachtung braucht und sucht sie einen (der stabilen Rationalität vergleichbaren) unbeweglichen Beobachtungspunkt. Vielleicht die wichtigste Erkenntnis im Laufe der Wissenschaftsgeschichte ist aber gerade die, daß es den idealen festen Punkt nicht gibt - ohne daß deshalb stabile Sternwarten mit stabil montierten Teleskopen auch nur im geringsten an Bedeutung verlören. Ebensowenig werden wir die Vernunft preiszugeben brauchen oder die Augen verschließen müssen, wenn uns die Vernunft an Sachverhalte führt, die ihr womöglich grundsätzlich unlösbare Rätsel aufgeben. Immer wird sie in Geltung bleiben, und immer wird sie sich gerade in der Erkenntnis ihrer Grenzen als Vernunft erweisen müssen.

Wurzelpunkt und Dynamik der Tonanzahlentwicklung

Die einzigartige Bedeutung und Verbreitung der Fünf- und Siebentönigkeit, auf deren Rätsel wir gestoßen waren, gehört in einen umfassenden Entwicklungszusammenhang hinein. Wir können kühnlich behaupten, daß diese Tonstufenanzahlen nirgends auf der Welt mit der Musik als solcher gleichzeitig geboren worden sind. Mögen wir uns auch vom Spezialforscher warnen lassen, uns die Entwicklung geradlinig vorzustellen, mag es da Sprünge, Rückläufigkeiten und wer weiß was für Sonderbildungen geben, die Gesamtrichtung ist doch völlig klar. Die Tonanzahl wächst, wenn dieses Wachsen auch eher der biologischen Mutation als dem biologischen Wachstum vergleichbar ist. Gerade der Übergang von der Fünf- zur Siebenstufigkeit ist nicht nur bei uns in Europa, sondern auch sonst häufig zu beobachten.

Auch der Anfang der Gesamtentwicklung ist sehr deutlich erkennbar. Er liegt nach den Forschungsresultaten genau dort, wo er auch rein vom Gedanken her angenommen werden müßte, wenn man nicht von unseren musikalischen Vorstellungen und Gefühlen ausgehend die Zahl zu hoch ansetzt. Zwei ist der Wurzelpunkt, zwei gehören mindestens zu einem System. "Eintönige Musik" im wörtlichen Sinne, deren Leben sich im Rhythmus und im Wechsel der Lautstärke erschöpft, kann es zwar zum Beispiel auf einer Trommel geben. Wo aber der Ton aus dem Menschen selber hervorbricht - und den gesungenen Tönen ist für die Erkenntnis dessen, was an Maßgefühl im Menschen liegt, der Vorrang vor den gespielten zu geben - da ist als Ursprünglichstes auf breiter Basis die Zweitönigkeit da.

Vom Gefühl und vom Verstand her sind wir gleichermaßen in Gefahr, ein solches "System", bei dem womöglich noch der Abstand zwischen beiden Tönen Schwankungen unterliegt, als musikalisch nicht ernst zu nehmende Vorstufe abzutun. Wir müssen uns belehren lassen, daß gerade primitive und primitivste Musik eine unheimlich starke Wirkung auf die Menschen ausübt, die in diesen Maßen leben und fühlen. Entsprechend stark, ja aufwühlend muß das Erlebnis gewesen sein, wenn ein neuer Ton auftaucht und, nachdem er zunächst vielleicht nur wie zufällig (aber eben doch physiologisch und psychologisch begründet) unterlaufen war, nun sein Recht fordert, das bisherige Gleichgewicht umwirft und einen neuen Raum aufstößt. Da muß es zum Widerstreit im Menschen und auch unter den Menschen kommen. Der religiös-magische Gebrauch der Musik, der sich ihrer sozusagen gleich nach ihrer Geburt bemächtigt, sanktioniert ganz überwiegend das Bestehende und Alte. Dennoch mußte auf die Dauer zufolge einer im Menschen wie im Material liegenden Dynamik immer wieder der Fortschritt in seiner Zweigesichtigkeit siegen. Er ist ja stets mit gewagter Preisgabe von Gewonnenem verkoppelt. Ein unbekümmertes Hinauswandern in die Tonvielheit unter Beibehaltung lebendiger Klangvorstellung hat es von Urzeiten bis heute nicht gegeben. Ein in der Zweitönigkeit stehender Mensch kann nicht willkürlich einen dritten Ton dazunehmen, so wenig wie wir plötzlich zur Abwechslung Dreivierteltöne zu singen vermögen oder aus Freude am Gesang singen möchten. Wo aber die Technik herbeigerufen wird, um die Schleusen für eine akustische Überschwemmung zu öffnen, muß die Musik als in irgendwelche Maßordnungen gefaßte Kunst ertrinken. Nur wenige auch unter den Hochmusikalischen finden einen Zugang zu der chaotisch scheinenden und oft Chaotisches darstellen wollenden Welt unbegrenzter Klang- und Geräuschmöglichkeiten.

Die Struktur der Zweitönigkeit

Wir kehren zur Zweitönigkeit zurück und fragen nach ihrer Struktur. *Ein* Ton muß natürlich schon rein zeitlich der erste sein. Der zweite - wir werden noch zu fragen haben, warum es überall in der Welt der tiefere ist - hat aber die sehr deutliche Tendenz, zur selben Geltung wie der erste heranzuwachsen. Damit ist die Zweitönigkeit atonal geprägt. Es fehlt das Zentrum, die Rangordnung, die Hierarchie der Töne. Am klarsten zeigt sich das in der sogenannten Treppenmelodik. Nachdem die Melodie sich eine Weile zwischen höherem Ausgangston und tieferem Zweitton bewegt hat, wird dieser zweite zum neuen Ausgangston für einen weiteren, noch tieferen Zweitton. Wenn nun, wie häufig bei nordamerikanischen Indianern, der Abstand immer wieder eine Quart beträgt, so ergibt sich ein Tonensemble, das rein äußerlich dem unserer abendländischen Leitern gleicht, also schematisch:

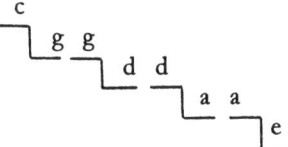

(Wenn der Ton für die Stimme zu tief wird, springt der Sänger in die höhere Oktave, ohne daß der oktavierte Ton eine hervorgehobene Bedeutung hätte.) Dennoch liegt hier Zweitönigkeit vor, denn in dem Augenblick, in dem der neue, dritte Ton auftaucht, ist der erste sozusagen jenseits des Horizontes verschwunden und kehrt nicht wieder.

Tonanzahlentfaltung und Tonalität

Welches Ergebnis bringt nun das Wachsen der Tonanzahl hinsichtlich der Tonalität? Wir können ein Beispiel unseres Erfahrungsbereichs nehmen und uns von einem Forscher wie Marius Schneider bestätigen lassen, daß im außereuropäischen Bereich Ähnliches zu beobachten ist. Mit der Tonanzahl wächst die Stabilität der Tonabstände. (In dieser Beziehung ist schon die Treppenmelodik der reinen Zweitönigkeit überlegen.) Nehmen wir die Rufterz ("Hallo!")! Für sich allein wird sie in ihrer Größe wenig bestimmt sein. Findet sich eine solche fallende Terz aber in dem bekannten Kindersingmotiv g-g-a-a-g-e, so gewinnt sie an Prägnanz. Dabei ist das Motiv aber tonal ganz locker. Man mißversteht es, wenn man ihm einen Grundton unterschiebt. Solche tonale Lockerheit ist auch in der außereuropäischen Drei- und Viertönigkeit die Regel; doch so, daß die Neigung zur Tonalität mit der Anzahl zunimmt.

Mehr Töne, festere Intervalle, stärkere Unterordnung unter ein tonales Zentrum, das ist also die deutliche Entwicklungstendenz. Im einzelnen sind jedoch die drei genannten Dinge nicht mechanisch aneinander gekoppelt. Pentatonische Weisen wie "Nun bitten wir den heiligen Geist"[3] sind zum Beispiel tonal fester als die meisten heptatonischen gregorianischen Melodien. Nichtsdestoweniger ist aufs Ganze gesehen die Steigerung der Tonalität von der Pentatonik zur Heptatonik gewaltig. Erstaunlicherweise spaltet sich jenseits der Sieben die Entwicklung, sofern sie überhaupt weitergeht. Bei größerer Tonanzahl nehmen nämlich die Tonalität und oft auch die Konstanz der Tonabstände wieder ab. Die Tonalität verschwimmt, versteckt sich oder verschwindet. Mit einer einzigen Ausnahme, nämlich der Zwölf, hat die Tonanzahl dann auch keine prägende Kraft, sie wird mehr oder weniger zur variablen Beliebigkeit.

Es ergibt sich ein eigenartiges Zahlenspiel: Zwei, der atonale Anfang ist die Differenz der tonalen Bestwerte Fünf und Sieben; Zwölf, die Ausmündung in die moderne Atonalität, wie sie zu Anfang unseres Jahrhunderts hervorgebrochen ist, ist die Summe von Fünf und Sieben.

Weitere Gesichtspunkte zur Tonanzahlentfaltung

Um den Weg zu dem eben erreichten gedanklichen Ziel zu straffen, sind manche Fakten und Gedanken betreffs des Entfaltungsprozesses der Tonanzahl zunächst übergangen oder nur angedeutet worden. Sie seien jetzt - etwas unsystematisch - nachgeholt, ehe wir den entscheidenden Schritt zur Erklärung der Besonderheit der Anzahlen Fünf und Sieben tun.

Etwas von den Kräften, die auf einfacher Stufe beim Anwachsen der Tonanzahl entbunden werden können, vermag der gläubige Christ oder einer, der sich in ihn

---

[3] Evangelisches Gesangbuch, Leipzig 1994, Nr. 124

hineinversetzt, heute noch zu erleben, wenn er eine lange Litanei mitgebetet hat, deren Melodien durchgehend dreitönig sind. Wenn dann am Schluß eine Fünftönigkeit erscheint, hebt es den Mitvollziehenden wie körperlich spürbar aus der Haltung ehrfürchtigen Flehens in die Erhörungsgewißheit und Geborgenheit hinein.[4] Das Erscheinen von systemfremden Tönen, anfangs ohne, später aber auch mit systemverändernder Wirkung, fordert geradezu zu soziologischen Vergleichen heraus. Die anfangs bedingt geduldeten Zuwanderer werden später oder früher zu nützlichen Dienern und schließlich zu Vollbürgern des Tonverbandes. Klassisch sehen wir das beim Vergleich der chinesischen Musik, die pentatonisch ist, mit unserer siebentönig geprägten. In ursprünglicher chinesischer Musik kommt auch ein sechster und siebenter Ton vor. Würde man diese Töne mitzählen, so ergäbe sich eine völlige Übereinstimmung mit dem Abstandsschema unserer Tonleitern: abwechselnd nach zwei und nach drei Ganztönen ein Halbton. Aber weder in der Praxis noch in der Musikanschauung haben diese zugefügten Töne eine den übrigen vergleichbare Geltung. Bei uns dagegen, wo vor der Siebentönigkeit verschiedentlich nachweisbar auch eine Fünftönigkeit lag, sind die neuen Töne völlig eingewachsen und haben die tiefgreifendsten Wirkungen gezeigt.
Etwas den chinesischen Pien (so heißen die minderberechtigten Töne) Vergleichbares finden wir in pentatonischen Weisen des deutschen Mittelalters. Außer der schon genannten "Nun bitten wir den heiligen Geist" sei Neidhardts "Maienzeit bannet Leid" angeführt. Unmittelbar vor dem Schluß erscheint ein sechster Ton. Er fällt als solcher nicht auf, sondern dient lediglich der besonderen Hinführung zum Schlußton. Er dürfte an anderer Stelle nicht erscheinen und zerstört den pentatonischen Charakter der Melodie nicht.
Musikinstrumente können von frühen Zeiten an das Wachsen der Tonanzahl begünstigen. Es werden sicher manchmal mehr Töne hervorgebracht, als es dem Maßempfinden der betreffenden Menschengruppe entspricht, vielleicht spielerisch experimentierend oder unbeabsichtigt. Bei konservativer Haltung wird ein solcher Überschuß wieder ausgeschieden und eine systementsprechende Auswahl unter den möglichen Tönen getroffen. Es kann aber auch geschehen, daß das Instrument eine gewisse Gewalt über das vorhandene Musikempfinden gewinnt und das Gefühl für die Maße verändert, sowohl bezüglich der Anzahl als auch bezüglich der Abstände der Töne. Der Alphornbläser und sein Hörer akzeptieren zum Beispiel das von c aus gerechnet in der Mitte zwischen f und fis liegende Alphorn-Fa (elfter Teilton), so daß diese uns völlig fremde Stufe auch in alten gesungenen Weisen wiedererscheint. Auf höherer Stufe stellt man Instrumente her, die eine große Zahl von Tönen innerhalb der Oktave hervorbringen können, aber nur, um entweder verschiedenartig gebaute Tonarten auf demselben Instrument spielen zu können oder um dieselbe Tonart transponierbar zu machen. In Ostasien gibt es zum Beispiel siebenstufige instrumentale Vorratsskalen, aus denen jeweils fünf Stufen nach Maßgabe der dort akzeptierten Gebrauchsskalen ausgewählt werden. Wie es

---

[4] Evangelisches Gesangbuch, Leipzig 1994, Nr. 192

aber doch entgegen der ursprünglichen Absicht der Erfinder zur Systemerweiterung und -umstürzung kommen kann, zeigt anschaulich unsere Klaviatur. Ihre Erfinder waren weit entfernt von der Idee einer Zwölftonleiter, obwohl zwölf Töne vorhanden waren. Später aber ist es zu völliger Gleichmachung und gleichzeitiger Verwendung aller zwölf Töne gekommen. Das, was ursprünglich eine Vorratsskala war, aus der im Einzelfall die benötigte Gebrauchsskala ausgewählt wurde, ist mehr und mehr selber zur Gebrauchsskala geworden. Die Verwendung als Vorratsskala blüht daneben weiter und ist nach wie vor das Grundlegende. Je eine Auswahl von sieben Tönen treffen wir, um irgendeine unserer Tonarten zu erhalten.

Wir dürfen nicht meinen, jede Vorratsskala wie zum Beispiel die indische Teilung der Oktav in 22 Sruti habe die Potenz, zur Gebrauchsskala zu werden. Intervalle von der Größenordnung des Vierteltons sind zwar außerhalb unseres traditionellen Musiksystems häufig, aber immer sind sie mit größeren Abständen gemischt. Nirgends ist etwas wie eine Vierteltonleiter gewachsen. Wenn derlei im technisch geprägten Abendland von Komponisten gefordert und praktiziert wird, so steht das auf einem anderen Blatt. Das vielfältige revolutionäre Drängen in dieser Richtung muß ernst genommen und auf seinen positiven Gehalt befragt werden. Endgültig wird dies erst aus dem Abstand möglich sein. Fest steht jedenfalls, daß solche Neuerungen zu einer Quantelung des Tonraums führen, deren Quanten im Gegensatz zum Energiequant der Physik kein stabiles musikalisch (wie dort physikalisch) begründetes Maß haben. Es kommt zur Auflösung jeglicher gültiger, klarer Tonbeziehungen, und es bleibt die eventuell höchst raffiniert zu nutzende Möglichkeit des Ton- und Geräuschmischens. Wenn aus dieser Richtung nicht nur Stöße kommen, die die musikalische Weiterentwicklung lebendig halten helfen, wenn vielmehr solche maßlose (weil willkürlich messende) Musik irgendwann einmal grundsätzlich den Sieg erränge, dann wäre das vielleicht eine tiefergreifende Revolution, als sie sich auf dem Wege von der Zwei- bis zur Zwölftönigkeit je ereignet hat. Dann, vielleicht aber auch schon früher, wäre es angemessen, für eine so andersartige Sache statt "Musik" einen anderen Namen zu finden.

Tangierende Kreise als heuristisches Symbol

Noch einmal: Wir suchen den Grund für die Vorzugsstellung der Anzahlen Fünf und Sieben ganz allgemein, nicht beschränkt auf Systeme, die wie unseres aus einer Quintreihung ableitbar sind. Für diese letzteren scheint die Frage leicht beantwortbar zu sein. Die in einen Oktavkreis hineingelegten Quint- (Quart-) Linien ergeben bei fünf und sieben Tonpunkten eine optimale Aufteilung des Oktavraums. Ohne weitere Erklärungen setzen wir an dieser Stelle nur die für sich selbst sprechenden Figuren hin.[5] Siehe Beilage, *Abbildung 1*.

---

[5] Zur Sache vgl. S. 83ff.

Leicht ist festzustellen, wieviel unorganischer das Ergebnis bei vier oder sechs Tonpunkten ausfällt. Das geradezu Aufregende ist aber, daß die Fünf- und Siebentönigkeit auch dort ihre Sonderrolle spielt, wo keine Quintordnung zugrunde liegt und die genannte Erklärung ausscheidet. Es muß also noch einen anderen, allgemeineren Grund geben, der nicht in diesen oder jenen Tonbeziehungen und Tonabständen, sondern in den Anzahlen Fünf und Sieben als solchen liegt.

Daß diese Anzahlen sich musikalisch als besonders zusammenschließend und hierarchisch ordnend erweisen, legt den Gedanken nahe, sie figürlich darzustellen. Eben bildeten wir die Oktave als Kreis ab. Dieser Kreis war von seiner Peripherie her entstanden zu denken: Die Tonhöhe wächst kontinuierlich und scheinbar geradlinig über sich hinaus mit dem Ergebnis, daß der Ton in gleichsam verjüngter Gestalt wieder bei sich selbst anlangt. Vergleichbar wäre die Kreisform eines von einem geraden Brett geradlinig abgehobelten Spans.

Auch für den von konkreten Verwandtschafts- und Abstandsverhältnissen abstrahierten Ton (denn um den geht es uns jetzt!) bietet sich der Kreis als einzig treffendes Symbol an. Doch dieser Kreis ist vom Zentrum her entstanden zu denken und insofern zum Beispiel mit der Randlinie eines Kraters zu vergleichen. Das Zentrum meint die von anderen Tönen abgehobene Individualität, die Peripherie ganz allgemein die prinzipiell unbegrenzte Kontaktfähigkeit zu anderen Tönen. Mehr darf unser Symbol nicht ausdrücken wollen, sonst könnte es nicht zu der gesuchten allgemeinen Antwort führen. Kein Punkt der Peripherie darf von vornherein eine konkret angebbare Sonderbedeutung haben, und kein Kreis darf, wenn wir im Folgenden mehrere von ihnen einander tangieren lassen, von vornherein irgendwelche Besonderheit aufweisen. Siehe *Abbildung 2*.

Bei zwei und drei Kreisen hat keiner eine Stellung, die ihn vor anderen auszeichnet. Wäre einer der Kreise, die wir uns einmal als schwimmende Scheiben vorstellen, magnetisch, so wäre das für die entstehende Figur bedeutungslos. Sie würde völlig derjenigen gleichen, die entstünde, wenn in allen Scheiben dieselben Anziehungskräfte (etwa der Adhäsion) wirkten. Bei vier Kreisen könnte man den magnetischen zwar nicht eindeutig bestimmen, aber immerhin sagen, daß es einer von den beiden sein muß, die mit allen übrigen Kontakt haben. Kommt ein fünfter Kreis hinzu, so hat einer die eindeutige Mittelpunktsstellung, gleichgültig, ob wir ihn den andern gegenüber als magnetisch betrachten oder ob wir seine Sonderstellung als zufällig durch die Adhäsion aller Scheiben entstanden ansehen (Abbildung 2A). Bei wenig Scheiben (2-4) hilft es also nichts (2,3) oder wenig (4), wenn wir uns experimentell eine magnetisch vorstellen. Die Figur reagiert nicht oder ungenügend. Bei fünf Scheiben dagegen ist es umgekehrt: Auch wenn keine Scheibe magnetisch ist, erhält eine die Stellung, als wäre sie es.

Bei den Anzahlen Zwei bis Fünf ist nur je eine Gestalt größtmöglicher Kompaktheit vorhanden. Wir müssen ja, wenn wir nach den Kräften des Zusammenhalts fragen, immer die Figur mit größtem Inhalt bei geringstem Umfang suchen. Bei sechs Kreisen ergeben sich nach dieser Norm plötzlich drei gleichwertige

Formen (Abbildung 2B).⁶ Alle drei Formen haben denselben Umfang und Inhalt, können also durch Adhäsion einander nahegebrachter Scheiben gleich gut entstehen. Wäre jedoch eine Scheibe magnetisch, so würde sich immer wieder nur die eine Form bilden, bei der ein Kreis in der Mitte der fünf anderen liegt. Man sieht und fühlt, wie diese Figur nach der Vollendung in der Siebenzahl förmlich schreit.
Bei sieben Kreisen ist die Gestalt wieder eindeutig. Und ebenso eindeutig ist der "Magnetismus", ob wir ihn nun als Grund oder als Folge der idealen Zentralstellung betrachten mögen. Offensichtlich ist hier ein Optimum und Maximum erreicht, denn bei weiterem Anwachsen ist die allseitige unmittelbare Beziehung auf den Mittelpunkt nicht mehr möglich (Abbildung 2C).

Anwendbarkeit über die Siebenzahl hinaus?

Formen- und Gedankenspiele lassen sich auch über die Sieben hinaus reichlich machen. Es ist aber wohl eine Konsequenz des eben beschriebenen Sachverhalts, daß etwas gleichermaßen Schlüssiges wie bei den Kreiszahlen von Zwei bis Sieben nicht herauskommt. Ein solches Spiel, von vornherein als solches zu werten, ohne daß ein ernster Kern auszuschließen wäre, sei einmal geboten.
Wo bleibt die Zwölf? Wir können und müssen uns das "Vorratssystem" tangierender Kreise wie ein unbegrenzt großes Butzenscheibenfenster vorstellen. Jedes einzelne Scheibchen ist da potentieller Mittelpunkt von sechs umliegenden und zugleich potentieller Trabant dieser sechs. So ist es ja auch bei den Tönen. Jeder der unbegrenzt vielen kann im Prinzip gleich gut Herrscher und Untergebener sein, und auf die Sieben hin als auf ein Optimum zielt das Gesamtgeflecht der Tonbeziehungen. Die Zwölf ergibt sich, mit Verlaub zu sagen, als Kraterrand, wenn ein solch schönes Siebenermuster aus dem Fenster herausgesprengt wurde. Siehe *Abbildung 3*.
Lebt die Zwölftönigkeit etwa aus der Negation der siebentönig strukturierten Musik? Es würde damit ein ohnehin vorhandener Gedanke eine Bestätigung erfahren. Wir wissen nicht, ob bei diesem Spiel gemogelt wird. Die Anklagevertretung könnte geltend machen, daß die zwölf Töne nicht durch Ausschaltung der sieben, sondern durch ein Wachstum über die sieben hinaus zustande gekommen sind. Die Verteidigung könnte dagegen einwenden, daß etwas ganz Ähnliches passiert, wenn man aus einer durchgehenden Halbtonskala die Töne der frühzeitlichen Fünftonleiter hinauswirft. Dann grinst einen nämlich in Gestalt des Stehengebliebenen die böse Sieben an, die die gute alte Fünf nicht mehr gelten lassen will. Lassen wir die fünf Töne trotz aller Ungeschichtlichkeit einwandfrei durch des, es, ges, as, b repräsentiert sein und sehen auf die Klaviatur, dann gewahren wir, wie ein System immer gerade in die Löcher des anderen paßt.

---

⁶ Die eingeschriebenen Zahlen bezeichnen die Anzahl der Berührungspunkte mit Nachbarkreisen. Ihre Summe ist dreimal dieselbe.

Natürlich ist die Siebentönigkeit, "vordergründig" betrachtet, nun und nimmer so entstanden. Aber ist die ungewollte Abbildung der beiden Systeme in den schwarzen und weißen Tasten darum Zufall? Uns scheint, die Verteidigung verdient ein paar Pluspunkte. Es ist ein Spiel, bei dem die Funken knistern.

Das Spiel mit dem Würfel

Wir haben zunächst zu fragen, ob das Butzenscheibenmuster wirklich vor allen anderen Anordnungsmöglichkeiten legitimiert ist, eine Vielheit von grundsätzlich gleichartigen Phänomenen so darzustellen, daß die in der Musik und anderswo hervortretende Besonderheit bestimmter Anzahlen dadurch erklärlich wird.
Das Butzenscheibenmuster, bei dem ja zwischen den tangierenden Kreisen immer dreizipflige leere Stellen bleiben, gehört strukturell zusammen mit zweien von den drei Möglichkeiten, eine Fläche mit regelmäßigen Vielecken lückenlos zu bedecken. Die Verbindungslinien aller Kreismittelpunkte ergeben Dreiecke, die der um je einen Zentralkreis herumgelagerten sechs Kreise ergeben Sechsecke. Aneinandergefügte Sechsecke ergeben das Bienenwabenmuster, das den Schlüssel zur idealen Raumausnutzung in sich birgt. Zwischen dem flächendeckenden, aber inhaltsarmen "schlanken" Dreieck und dem prall gefüllten, aber sich an seinesgleichen überhaupt nicht flächig anlegenden Kreis, also zwischen dem geringstzahligen Vieleck und seinem Gegensatz, dem "Unendlicheck", bildet das Sechseck den "idealen Kompromiß". Alle tangierenden Kreise unserer Figuren lassen sich mit demselben Ergebnis in Sechsecke, in "Bienenwaben" transformieren.
Die Eckpunkte der Dreiecke ergeben die bei der betreffenden Seitenlänge dichtestmögliche Anordnung von Punkten auf einer Fläche; die Eckpunkte der Sechsecke ergeben die weiträumigste. Zwischen beiden steht als einzige weitere Möglichkeit die quadratische Anordnung. Bei ihr läuft es auf dasselbe hinaus, ob wir nun die Quadrate selber oder die Schnittpunkte ihrer Begrenzungslinien als Symbole auffassen. So oder so ergibt sich die Kreuzform, fünf Punkte beziehungsweise Quadrate, von denen vier um eine Mitte gelagert sind. Siehe *Abbildung 4*.
Nun haben wir aber beim Quadrat eine einzigartige Möglichkeit. Es wird nämlich, wenn wir es in die dritte Dimension erheben und in den Würfel verwandeln, zum einzigen in seiner Vielzahl lückenlos den Raum füllenden regelmäßigen Körper. Die vier anderen platonischen Körper mit ihren die Phantasie und das ästhetische Empfinden doch wohl viel mehr ansprechenden Formen vermögen das nicht. Erheben wir uns beim Quadrat in die dritte Dimension, wozu mit der einzigartigen Möglichkeit auch ein einzigartiger Grund gegeben ist, dann finden wir im gewürfelten Raum jeden Würfel von sechs flächig anliegenden Würfeln umgeben. Auch hier ergibt sich die Zwölf wieder als Ensemble der Verwandtschaft zweiten Grades, nämlich derjenigen Würfel, die nur mit je einer Kante die zwölf Kanten des Zentralwürfels berühren. Siehe *Abbildung 5*.
Bei zwei, fünf, sieben und zwölf, also gerade an allen Brennpunkten, stimmt das Ergebnis des "Würfelspiels" mit dem der tangierenden Kreise völlig überein,

Grund genug zum Staunen. Voraussetzung ist allerdings, daß wir die Würfel bis zur Fünfzahl auf einer Fläche ruhen lassen und erst dann die neue Dimension ausnutzen, wenn dies nötig wird. Dies entspricht dem methodischen Prinzip der Verwendung möglichst einfacher Mittel zur Darstellung und Erklärung von Phänomenen. Beim Kreisspiel ist weder Grund noch Möglichkeit sinnvollen Aufsteigens in die dritte Dimension vorhanden. (Zwölf Kugeln - so viele können eine Zentralkugel tangieren - ergeben mit der Mittelkugel ein unvollkommenes Dreizehnerensemble, da die Kugeln nicht allseitig ihre Nachbarn tangieren.) Jedes der beiden Spiele ist also in der ihm gemäßen Dimension das vollkommene. Ob sich eine mathematische Gesetzmäßigkeit finden läßt, auf Grund deren man sagen könnte, daß das Ergebnis beider Spiele so erstaunlich (nämlich an allen entscheidenden Punkten und nur dort!) übereinstimmen *muß*, bleibt eine offene Frage.

Kritische Rückbesinnung

Ehe wir uns von den Tonanzahlen zu den Tonabständen und Tonbeziehungen wenden, wollen wir uns Rechenschaft über die Voraussetzungen geben, unter denen allein unsere bisherige Prozedur sinnvoll war. Es möchte fragwürdig scheinen, daß wir den Ton einerseits von allen konkreten Festlegungen abstrahierten, andererseits aber dann den Kreis als Symbol dieses ganz unbestimmten Tones so konkret-anschaulich wie nur möglich als feste Größe in unsere Überlegungen eingehen ließen. In den verschiedenen Tonsystemen sind doch die einzelnen Töne nach ihren Abständen und ihrer Bedeutung durchaus nicht gleichartig. Wir aber haben die Gleichheit der Kreise nach Größe und Anordnung zum Grundsatz gemacht. Aus der Not, daß wir die Töne als "gleich-gültig" betrachten mußten, weil keine der vielen Sondergültigkeiten eines Systems allgemeingültig ist, aus dieser Not haben wir eine Tugend gemacht. Wir haben, um im Wortspiel fortzufahren, aus der gleichgültigen Gleichheit eine geometrisch gültige Gleichheit gemacht. Berechtigt ist dieses Verfahren, wenn die Anzahl als solche für den menschlichen Ordnungs- und Gestaltungssinn eine wesentliche Bedeutung hat. Eben dies hatten wir ja aber gerade an den typischen Tonanzahlen bemerkt.

Die andere Voraussetzung ist, daß wir mit dem möglichen Vorhandensein von Urbildern, Archetypen in der Tiefe der Psyche rechnen, die figürlich-mathematischen Grundgegebenheiten entsprechen und vielfältig als Ordnungskräfte wirken. Für solche Auffassung können wiederum die Resultate unserer Überlegungen eine Stütze sein.

Akustische und optische Wahrnehmung

Die Bedeutsamkeit des Optischen für unseren Fragenkreis

Auffallende Tatsachen im Bereich der Tonwelt waren es, die uns veranlaßten, ja zwangen, über den Bereich der Töne hinauszublicken. Dabei fanden wir denn auch Zusammenhänge, die uns musikalische Zahlengesetzlichkeiten in einen sehr weiten Rahmen eingespannt erscheinen ließen. Wir mußten bei unserem Vorgehen den Ton von all seinen Eigenschaften abstrahieren, so daß er sich zum konkret vorgestellten oder erzeugten Ton verhielt wie etwa die durch einen Buchstaben symbolisierte allgemeine Zahl zu dem durch Ziffern ausgedrückten bestimmten Zahlenwert.

Wenn wir uns nun den konkreten Tönen in ihren gegenseitigen Beziehungen zuwenden, wird es gut sein, von vornherein über das Musikalisch-Akustische hinauszublicken in den optischen Bereich. Schon ganz am Anfang unserer Überlegungen geschah das, als von der Kunst und ihrem Werkstoff gesprochen wurde. Nicht zufällig gab da diejenige Kunst, die mit dem Auge erfaßt wird, das Profil für eine Gedankenführung, die ganz allgemein etwas über die Kunst aussagen wollte. Und am entscheidenden Punkte der bisherigen Darlegungen traten anschauliche Figuren hervor, um ein Phänomen im Bereich der Musik aufzuhellen. Wohlgemerkt handelte es sich dabei nicht um ein graphisches Schema vom Range einer nützlichen Veranschaulichung, sondern der Kern der Sache war im optisch Wahrnehmbaren verborgen.

Beim Vergleich von Optischem und Akustischem sind die Parallelen ebenso frappant wie die Andersartigkeit, ob wir nun die physikalische oder die physiologische und psychologische Seite der Sache betrachten.

Die physikalische Welle als Medium künstlerischer Eindrücke

Fundamentale physikalische Gemeinsamkeit ist die Wellenform, in der optische und akustische Signale durch Medien hindurch vom Erreger zum Empfänger gelangen. Unerhört verschieden sind die Frequenzen. Bewegen sich die Hertz beim Schall zwischen zehn und zehntausenden, so beim Licht um vierhundert bis achthundert Billionen. Unerhört verschieden ist auch die Fortpflanzungsgeschwindigkeit. Etwa neunhunderttausendmal schneller ist das Licht als der Schall. Letzterer mit seinem 1/3 Kilometer pro Sekunde läßt sich sogar vom menschlichen Körper überholen, wenn dieser sich in ein schnelles Flugzeug setzt. Die Lichtgeschwindigkeit von 300.000 km/s dagegen ist, wie die moderne Physik erwiesen hat, die absolute, grundsätzlich nicht zu überbietende Geschwindigkeit.

All diese Gegensätze sind dennoch eingebettet in die Gemeinsamkeit einer wellenförmigen Fortpflanzung. Daraus aber ergibt sich eine physiologisch-biologische Gemeinsamkeit. Durch Gesicht und Gehör empfangen wir Signale von Entferntem. Der Tastsinn bedarf der Berührung, der Geschmackssinn sogar des

Eingehens in den Körper, und auch der Geruch bedarf der Berührung seines Organs durch materielle Partikeln, die das geruchverbreitende Etwas an seine Umgebung abgibt. Denken wir an den unvorstellbaren und doch wirklichen Doppelcharakter des Lichtes, daß es sich nämlich als Welle *und* als Korpuskel manifestiert, so könnte man auch beim Licht von einem gewissen Hereinkommen von Bestandteilen der Lichtquelle ins Auge sprechen. Der Schall ist an keinerlei unmittelbaren Kontakt zwischen dem Klangkörper oder irgendwelchen von ihm abgestoßenen Materieteilchen und dem Gehörorgan gebunden. Der tönende Körper erregt die Luft, daß sie, die keinen Eigenton hat, in der Frequenz des Klangkörpers mitschwingt und ihrerseits das Ohr zum Mitschwingen erregt.

Eben darum sind Gesicht und Gehör zu Medien der Kunst prädestiniert. Kunst hat personalen Charakter. Sie spricht an und beansprucht. In Konfrontation, zu der immer ein gewisser Abstand gehört, will sie mit dem Menschen kommunizieren. Sie will nicht wie eine Spritze ins Blut eingeführt werden und automatisch wirken. Sie braucht Abstand, um in die Tiefe wirken zu können. Dieses ihr Ethos kann sich nur in adäquaten Sinneswahrnehmungen verwirklichen. Gastronomie und Parfümerie erfinden tausend Künste, aber Kunst werden sie nie.

Verschiedenheit der Dimensionalität

In der physiologischen Wahrnehmung besteht ein tiefgreifender Unterschied darin, daß die optischen Eindrücke durch das Auge zweidimensional vermittelt werden, die akustischen dagegen durch das Ohr eindimensional. Dies ist wichtig, auch wenn wir durch die Zweiäugigkeit und Zweiohrigkeit im Zusammenwirken mit anderen Faktoren psychologisch unmittelbar dreidimensionale Eindrücke empfangen. Es besagt, daß die verschiedenen Oberflächenteilchen der Netzhaut gleichzeitig unterschiedliche Lichteindrücke haben können, so daß auf der Netzhaut ein zweidimensionales Bild entsteht. Das Trommelfell dagegen reagiert als Ganzes, als eine einzige und einheitliche Membran, so daß ein sich eindimensional bewegender Pegel den akustischen Ablauf registrieren kann. Alle noch so komplizierten Überlagerungen akustischer Wellen sind im jeweiligen Augenblick in einer einzigen Gesamtwelle zusammengefaßt. Wegen seiner niederen Dimensionalität ist der unverändert stehende Klang seiner künstlerischen Potenz nach unendlich viel geringer als das stehende Bild. Eben darum muß die Tonkunst in einzigartiger Weise der Zeit hingegebene Kunst sein, muß in ihr ihr Leben haben. Der größere Abstand von der Körperlichkeit aber befähigt die Musik gerade zu tieferem Eindringen in seelisch-geistige Schichten. Das gilt auch über die Musik hinaus vom akustischen Phänomen. Obwohl die optischen Eindrücke viel zahlreicher und überdies viel einprägsamer sind, liegen im Akustischen jene unvergleichlichen Potenzen, denen zufolge der Mensch - vor, nach oder mit dem Summen und Singen - das Sprechen gelernt hat, also Wesentlichstes für die Menschwerdung und für das Menschsein überhaupt.

Farbe und Form

Die höhere Dimensionalität der optischen Wahrnehmung macht es, daß wir nicht nur Farben, sondern auch Formen sehen. Sie kommen dadurch zustande, daß die gleichzeitig wahrgenommenen Farbeindrücke sich auf der überblickten Fläche mehr oder weniger scharf voneinander abgrenzen. Es ist sehr deutlich, daß die Formen das Entscheidende für die Wahrnehmung der realen Welt sind. Ein Mensch, der durch Ausfall der Linse im Auge kein geregeltes zweidimensionales Vorbild für den Gesichtseindruck auf der Netzhaut empfängt, ist trotz der Empfindlichkeit für Lichteindrücke blind. Ein Farbenblinder dagegen, dessen Auge auf die verschiedenen Frequenzen des Lichtes nicht normal differenziert anspricht, gehört unter die Sehenden, selbst bei totaler Farbenblindheit mit ihren schweren Beeinträchtigungen.

Auch für die Kunst ist die Form von noch größerer Wichtigkeit als die Farbe. Unter Verzicht auf jede bunte Farbe und darüber hinaus auch auf alle grauen Zwischenstufen, also in reiner Schwarz-Weiß-Technik, kann sich Kunst in Bildern entfalten, nicht aber unter Verzicht auf Formung.

Daß Farbe deshalb nicht Nebensache ist, braucht kaum gesagt zu werden. Gewisse physikalisch-quantitative Gegebenheiten der Außenwelt bewirken beim Farbensehen einen ganz unmittelbaren, rein qualitativen Sinneseindruck, der nicht nur die Erfassung der Wirklichkeit in ihrer Mannigfaltigkeit wesentlich unterstützt, sondern darüber hinaus die menschliche Psyche unmittelbar anspricht und in der Tiefe bereichert.

Entsprechungen von Farben und Tönen?

Die akustische Wahrnehmung kann keine "Form" nach der Weise der optischen haben.[7] Hat sie Farben? Kehren wir zuerst einmal die Frage um! Dann bekommen wir von unserer Sprache jedenfalls die Auskunft, daß es "Farbtöne" gebe. Natürlich keine wissenschaftliche Feststellung, wohl aber eine psychologisch bedenkenswerte. "Ton" bezeichnet hier die Nuance, die Seite der Farbempfindung, die weniger elementar-sinnlich, um nicht zu sagen knallig anspricht, dafür aber um so feinfühligere Unterscheidung hervorlockt. Tatsächlich ist schon psychologisch unser Unterscheidungsvermögen bei den Tönen genauer als bei den Farben und die Zuordnung von Frequenz und Ton eindeutiger.

---

[7] Wie schon oben gesagt, ist das Akustische stärker an die Zeit gewiesen, während das Optische stärker an den Raum gebunden ist. Von "musikalischen Formen" sprechen wir daher zu Recht, wo es um den Ablauf des musikalischen Geschehens geht (Melodie- und Kompositionsformen). Wo es scheint, als würden dem einzelnen Klang Eigenschaften nach Analogie der Form zuerkannt wie "rund" oder "spitz", steht wohl eher die Analogie zum Tastsinn dahinter. Auf Geschmacks- und Tastsinn weisen ja auch "süße, scharfe, milde, weiche, zarte, rauhe, grobe, volle" Klänge.

Doch zurück zu unserer - diesmal etwas abgewandelten - Frage: Hat der Ton Farbe? Zunächst meinen wir Farbe im eigentlichen Sinn eines optischen Erlebnisses, sodann Farbe im übertragenen Sinne, nämlich jene Art unmittelbaren und unverwechselbaren sinnlichen Eindrucks, wie ihn zum Beispiel Rot, Gelb oder Blau in seiner Besonderheit auf uns macht. Daß *Musik* sehr farbig sein kann, ist klar. Daß die Töne auf verschiedenen Instrumenten verschieden klingen, verschiedene *Klang*farben haben, versteht sich ebenso. Und bekannt ist wohl auch jedem Leser, daß die Klangfarbenunterschiede auf der Lagerung und Intensität mitklingender Obertöne (und daneben vor allem auf den verschiedenartigen Einschwingvorgängen und auf gewissen Geräuschbeimischungen) beruhen. Wir fragen jetzt nicht nach solcher Klangfarbe, sondern nach "Tonfarbe" im engsten Sinne, nach einer "Farbe", die fest mit einer einzelnen Tonhöhe verkoppelt wäre, unabhängig vom Instrument.

Tatsächlich gibt es Menschen, die sogenannten Syneidetiker, die bei den verschiedenen Tönen unwillkürlich konstante Farbempfindungen haben. Ja, es kommt vor, daß Menschen bei bestimmten Tönen Farbvorstellungen haben, zu denen der Mensch auf optischem Wege nicht gelangen kann, die also für alle übrigen Menschen, denen diese Synästhesien abgehen, schlechterdings nicht existieren. Es wird also der Bereich einer Sinneswahrnehmung durch die Verkoppelung mit einer anderen über seine physiologischen Grenzen hinaus erweitert. Das Akustische hilft dem Optischen sozusagen auf die Sprünge. Denn daß es Farben "gibt", die wir nicht sehen, steht außer Zweifel. Tiere haben ja vielfach andere Grenzen und andere Strukturen des Hör- und Sehbereichs. Die Bienen sehen zum Beispiel Ultraviolett, sehen aber kein Rot.

Das "Sehen unsichtbarer Farben" bei einzelnen Syneidetikern läßt erahnen, bis in welche Tiefe die psychologischen Zusammenhänge von Optischem und Akustischem hinabreichen, und darin liegt für uns die Bedeutung des Phänomens. Wir dürfen aber nicht glauben, man könne zu einer objektiven Zusammenordnung von Tönen und Farben gelangen. Die verschiedenen Syneidetiker, die in derselben Musikkultur aufwachsen, empfinden verschieden. Zwei syneidetisch veranlagte Geschwister, die als Kinder ganz bestimmte Entsprechungen von Farben und Tönen für selbstverständlich hielten, stritten sich nur darüber, welcher Ton welche Farbe habe ...

Objektive Zuordnung von Farben und Tönen ist erst recht dort nicht zu erwarten, wo sich ganze musikalische Erlebnisse zu farbig-abstrakten Bildern gestalten. Ein solches künstlerisches Echo kann zwar aus einem unmittelbaren optischen Erlebnis geboren sein, aber es wird gerade in seiner Echtheit einen subjektiven Eindruck widerspiegeln und an der Freiheit der Gestaltung Anteil haben, ohne die Kunst nicht leben kann.

Außer der spontan-psychischen und der künstlerisch freien Zusammenordnung von Farbe und Ton gibt es als Drittes den Versuch, auf gedanklichem, wissenschaftlich forschendem Wege zu einer solchen Zusammenordnung zu gelangen. Triebfeder wird einerseits ein Grundgefühl sein, das um der inneren Einheit des Wirklichen willen gemeinsame Strukturen postuliert und sucht, andererseits sind es aber auch physisch und psychisch verankerte Tatbestände, auf die der wissenschaftlich forschende Mensch stoßen muß, falls er sich nicht mit dogmatischer Gewaltsamkeit die Augen für Zusammenhänge verschließt, die Gebietsabgrenzungen transzendieren.

Optische Parallelen zu Oktav und Halboktav

An zwei Punkten ist eine optisch-akustische Entsprechung sehr deutlich. Sie liegen auf dem Gebiet der Intervalle. Die Oktav, physikalisch begründet im Frequenzverhältnis 1:2, faßt zwei Töne über einen weiten Abstand hinweg derart zu einer Einheit zusammen, daß man sie nicht nur verwandt, sondern "in gewissem Sinne gleich" nennen muß, wie es die im Oktavabstand repetierenden Tonbuchstaben treffend zum Ausdruck bringen. Bei den Farben wird von den niedrigsten Schwingungszahlen (Rot von 390 Billionen Hertz an) bis zu den höchsten (Violett bis 770 Billionen Hertz) das Verhältnis 1:2 nicht ganz erreicht. Die große Ähnlichkeit im Farbeindruck bei den beiden Farben, die sich schwingungszahlmäßig am unähnlichsten sind, weist darauf hin, daß auch die Lichtoktave eine einzigartige "Konsonanz" wäre - wenn wir sie sehen könnten. Bei stetigem Anwachsen der Frequenz läuft also die Farbe wie der Ton, sich kontinuierlich vom Ausgangspunkt entfernend, wieder in diesen hinein, wenn das Frequenzverhältnis 1:2 erreicht ist. Beim Ton ist dies im Oktaverlebnis sinnlich faßbar, bei der Farbe ist es wie bei einer Landkarte, wo man aus der Führung der Straßen und Eisenbahnen erschließen kann, daß dicht jenseits des Randes eine größere Stadt liegen muß. Die Ähnlichkeit des Rot und Violett muß uns zusammen mit den Lehren, die uns die erwähnten Syneidetiker und Bienen erteilen können, davor bewahren, den widersprüchlichen Gedanken einer unsichtbaren Farbe als reinen Unsinn abzutun.

Die in sich selbst zurücklaufende Linie ist vor allen anderen der Kreis (beziehungsweise die Spirale, wenn man nicht nur das "gleich" ernst nimmt, sondern auch das einschränkende "in gewissem Sinne" graphisch einbeziehen will). So sind denn die Töne vielfach zum Oktavkreis und die Spektralfarben zum Farbenkreis zusammengeordnet worden, wobei das fehlende Stücklein zwischen Rot und Violett durch Purpur von der Farbempfindung her befriedigend überbrückt wird. Es kommen dann die Gegenfarben einander gegenüber zu stehen, das aufreizende Rot und das beruhigende Grün, das rein durch seine Farbqualität hell wirkende Gelb und das bei gleicher Intensität dunkel wirkende Blau. (Es sei gestattet, hier nur die in unserer Sprache eindeutig verankerten Grundqualitäten der Farben heranzuziehen.) Ebenso umgreift das Intervall eines halben Oktavkreises, der Tritonus (zum Beispiel f-h), zwei Töne, die sich musikalisch in einzigartiger Weise gegensätzlich zueinander verhalten. Die Entwicklungsgeschichte unseres Musiksystems ist weitgehend durch die Auseinandersetzung mit der Besonderheit des Tritonus gekennzeichnet.

Anzahl der Spektralfarben und der Leitertöne

Eine dritte, der Natur der Sache nach weniger präzis faßbare Parallele besteht in der Anzahl von Farben im Spektrum und von Tonstufen innerhalb der Oktav, die ja wie ein Mikrokosmos den siebenmal größeren Makrokosmos des musikalisch ergiebigen Gesamthörbereichs symbolisiert. Von der hervorragenden Bedeutung der Siebenstufigkeit ist ausführlich die Rede gewesen, und in der Schule haben wir vielleicht noch gelernt, daß es sieben Regenbogenfarben gebe. Doch um diese Anzahl geht ewiger Streit unter Gelehrten und Ungelehrten. Jeder sieht das Spektrum deutlich gebändert - im Gegensatz etwa zu den kontinuierlich, ungestuft und ungebändert vom Weiß zum Schwarz überleitenden Grautönen. Und trotzdem keine Einigkeit über die Anzahl der Bänder! Goethe unterschied acht Spektralfarben, moderne Gelehrte unterscheiden acht bis neun, Kinder als Versuchspersonen fünf bis höchstens sieben. Die etablierte Siebenzahl geht auf den großen Newton zurück, der über die Gleichheit der Stufen- und Farbenanzahl hinausgehend sogar aufweisen wollte, daß die unterschiedlichen Bandbreiten der einzelnen Farben der Verteilung von Halb- und Ganztönen in diatonischen Leitern entsprächen. Dann würden also ähnlich wie bei den Syneidetikern (entsprechenden Typs) bestimmte Farben bestimmten Tonstufen entsprechen, nun aber mit einem völlig anderen Anspruch wissenschaftlich objektiver Gültigkeit. Die spätere Nachprüfung hat Newtons Position nicht bestätigt. Auffallend bleibt, daß die Zahl der von verschiedenen Menschen unterschiedenen Farbbänder im Spektrum um die Siebenzahl herumpendelt.

Es kann aber schließlich nicht darum gehen, die "richtige" Zahl festzustellen, sondern zu erkennen, was der Grund der Uneinigkeit ist. Es ist die unauflösliche Dialektik der Bänderung des Spektrums bei gleichzeitigem - ästhetisch befriedigendem - kontinuierlichem Übergang von Farbton zu Farbton. Daß es beim Anschauen des Spektrums zum unwillkürlichen Eindruck einer bestimmten (und doch so schwer oder gar nicht bestimmbaren) relativ kleinen Anzahl von Farben kommt, ist die wichtige Parallele zu der relativ kleinen Stufenzahl musikalischer Skalen im Vergleich zur Masse der unterscheidbaren Tonhöhen. Beim Spektrum sagen wir uns, seine Farben seien eine natürliche Gegebenheit. Zweifellos, der Mensch hat sie nicht erfunden. Bei den Skalen könnte man höchstens streiten, ob "erfunden" oder "entdeckt". Nirgends hört der Mensch in der Natur eine Skala so, wie er in der Natur den Regenbogen sieht. Im akustischen Bereich mußte er, um zur Kunst zu gelangen, ganz anders schöpferisch werden als im optischen, wo die Natur nach Farbe und Form zunächst einmal "Modell steht". Schon von frühesten Zeiten an hat der Mensch Töne gestuft und ist damit vom Summen, Brummen oder Heulen zum Singen gekommen. Letztlich sind es aber in beiden Bereichen dieselben auswählenden Gestaltungskräfte der Psyche, die eine faßliche Ordnung der Farben (in den ursprünglichen Farbbezeichnungen ihren Niederschlag findend) und der Töne hervorbringen.

Im Farbensehen, das so eindeutig naturgegebenen erscheint, ist mehr Subjektives und geschichtlich Bedingtes enthalten, als man naiverweise denkt. Darauf weist die

Uneinigkeit betreffs der Anzahl der Spektralfarben ebenso hin wie die Tatsache, daß zu verschiedenen Zeiten und bei verschiedenen Völkern sehr verschiedenartige und verschieden viele Farbtöne als eine Farbe aufgefaßt und benannt worden sind. Umgekehrt ist die Musik im Gestalten von Skalen nicht so frei von der "Natur", wie das angesichts der disparaten Vielgestaltigkeit von Leitern rund um den Erdball scheinen könnte. Es ist vor allem die Oktav, die sich auf die Dauer schlechterdings nicht beiseite schieben läßt, sondern sich als physikalisch wie psychologisch vorgegebenes Grundmaß erweist.

Bei Newtons oben erwähnter Theorie hat offenbar eine faszinierende Idee die Überhand über das nüchterne Prüfen und Abwägen gewonnen, wozu es bei größten Geistern durchaus Parallelen gibt. Eine, die die Musik betrifft, liegt in Keplers Planetenskalen vor, die zwar bis heute auf nicht wenige wegen der Großartigkeit des uralten Gedankens der Sphärenmusik eine starke Anziehungskraft ausüben und zu neuen Versuchen inspirieren, aber vom Ansatz und von den Ergebnissen her keiner nüchternen Kritik standhalten. Daß die Idee der Planetenskalen indirekt reiche wissenschaftliche Frucht getragen hat - durch die Beschäftigung mit ihr kam Kepler zu weiteren Forschungen und dabei auf seine Planetengesetze -, steht auf einem anderen Blatt. Gefährlichkeit und Fruchtbarkeit des Sogs von Ideen gilt es in gleicher Weise zu sehen und zu berücksichtigen. Das gilt auch für die vorliegende Arbeit.

Welche Resultate hat unser bisheriger Gedankengang für die anfangs aufgeworfene Frage gezeitigt, ob der Ton "Farbe" habe? In zwei Sätzen: Eine Zuordnung bestimmter Farben zu bestimmten Tönen, Tonstufen oder Intervallen, die irgendwie allgemeinere Gültigkeit beanspruchen könnte, scheint unmöglich. Wohl aber treten gemeinsame Strukturmerkmale des musikalischen und optischen Erlebens hervor, denen zum Teil auch analoge physikalische Gegebenheiten entsprechen (zum Beispiel Frequenzverhältnis 1:2).

Absoluthören bei Mensch und Tier

Erneut fragen wir, ob der Ton "Farbe" habe, die mit seiner Höhe verkoppelt ist. Farbe verstehen wir jetzt im übertragenen Sinne. Mit anderen Worten: Hat der einzelne Ton unabhängig von jeglichem musikalischen Zusammenhang Charakter, Eigenprägung, oder ist das mit ihm verbundene Tonerlebnis *nur* dadurch von dem frequenzmäßig benachbarter Töne verschieden, daß der betreffende Ton eben etwas heller scheint als seine Nachbarn mit niedrigerer Frequenz scheinen würden und etwas dunkler als die in der umgekehrten Richtung benachbarten? Ist die einzelne Tonhöhe somit einem Punkt auf einer Linie zu vergleichen, die durch alle Grau"stufen" (die aber gerade ungestuft sind!) vom Schwarz der unteren Hörgrenze zum Weiß der oberen läuft? Oder gibt es bei den Tonhöhen etwas der Buntheit der Farben Entsprechendes, die, ob ins Spektrum eingefügt oder für sich allein genommen, ihren unverwechselbaren, von andern Farben qualitativ verschiedenen Charakter behalten?

Für einzelne Menschen, nämlich für die Absoluthörer, ist das letztere zweifelsfrei der Fall. Bezeichnend, daß die Syneidetiker anscheinend sämtlich Absoluthörer (verschiedenen Grades) sind und daß ein beträchtlicher Prozentsatz der Absoluthörer mehr oder weniger syneidetisch veranlagt ist. Aber auch für die übrigen Absoluthörer - und das ist die Mehrheit - hat der einzelne Ton beziehungsweise die einzelne Tonart Farbe, eben im übertragenen Sinne. Er erkennt den Klang nicht durch irgendwelche Vergleiche und Schlüsse, auch nicht durch bewußtes Erinnern, sondern so unmittelbar, wie man eben Farbe erkennt.

Wir wollen freilich nicht vergessen, daß es keine absolute Absolutheit und keine absolute Relativität gibt. So absolut wie das Farbensehen (das also auch relative Elemente in sich birgt) ist die Ton- und Tonartunterscheidung des Absoluthörers von ihrer Entstehung und Ausformung her nicht. Die Röte des Rot muß nicht erlernt werden. Ein Empfinden für die Zentralstellung einer Tonart (C-Dur) dagegen, von der aus sich die übrigen in ihrem Charakter nach zwei entgegengesetzten Seiten hin entfernen, ein solches Empfinden, wie es gerade beim Absoluthörer sich am stärksten ausprägen kann, ist keinesfalls objektiv mit bestimmten Frequenzen gegeben, ist vielmehr durch das Hineinwachsen in unsere Musikkultur erworben. Der beste Beweis ist die Tatsache, daß die Stimmung der Instrumente im Verlauf der letzten Jahrhunderte merklich in die Höhe gegangen ist und noch heute in die Höhe geht - ein Zeichen der einseitig aktiv-angespannten Grundhaltung des neueren abendländischen Musizierens -, daß aber der Charakter der Tonarten, wie ihn gerade der Absoluthörer lebhaft empfindet, trotz sich allmählich verändernder Frequenzen gleich geblieben ist.

Daß aber überhaupt ein so oder so geprägtes absolutes Gehör entstehen kann, hat zur Voraussetzung, daß ein vormusikalisches sehr differenziertes absolutes Tonerinnerungsvermögen vorhanden ist. Ja, wir werden es "vormenschlich" nennen müssen, wenn wir einen Blick ins Tierreich werfen. Hunde kann man bis zu einem Viertelton genau auf einen Fütterungston dressieren. Mit Musikalität hat das nichts zu tun. Ja, selbst den Singvögeln werden wir Musikalität in Analogie zur menschlichen nicht zuerkennen können. Das gilt auch von der Amsel, die eine Riesenzahl von Motiven beherrscht und ihren Gesang durch Nachahmung von Artgenossen und "autodidaktisch" im Laufe ihres Lebens ständig vervollkommnet. Ebensowenig wie andere Vögel transponiert sie ihre Melodien. Deren Töne sind für sie offenbar nach der Art der Empfindung etwas Ähnliches wie für uns ein Farbenspiel. Bei einem solchen hätten wir ja auch kaum Lust und Fähigkeit, es den Frequenzverhältnissen nach maßgerecht in andere Farben zu transponieren. Bei einem erstaunlichen Erinnerungsvermögen fehlt der Amsel wie allen Tieren das an der Musik, was dem sprechenden Papagei an der Sprache fehlt, nämlich das Erfassen eines Sinnzusammenhangs. Bei der Sprache werden aufgrund differenzierter Schälle Wortbedeutungen in Einheit mit ihrer grammatischen Einbettung vom Verstand als Sinnvolles erkannt. Eine natürliche Verbindung zwischen den Schällen und dem, was sie bedeuten, ist höchstens an ganz wenigen Stellen zu bemerken (Lautmalerei, Urlaute). Bei der Musik liegen der "Sinn" und die "Schälle" unmittelbar beieinander und ineinander. Die Schälle kristallisieren sich zu Tönen, und diese sind - wie Kristalle - *proportioniert*. Dem Menschen scheint es vorbehalten, die Proportionalität der Tonabstände zu fühlen, und dies wird für ihn ungleich wichtiger als die absoluten Tonhöhen, selbst wenn er Absoluthörer ist. Ein Tier, so müssen wir annehmen, kann die zwei Töne eines Intervalls entweder nur wie zwei verschiedene Qualitäten wahrnehmen oder bei Gleichzeitigkeit so, wie es bei Farbmischung geschieht, daß unter Auslöschung der Individualität der Komponenten nur eine ungegliederte Wahrnehmung bleibt. Für die Musik ist es umgekehrt charakteristisch, daß die Töne durch ihr proportioniertes Miteinander ihre wesentliche Individualität als Tonstufen erst gewinnen. Nur in der menschlichen Tonempfindung scheint die Dialektik der Proportion enthalten zu sein, daß die einzelnen Töne ihr absolutes Eigenwesen in die Proportion hineinopfern und eben dadurch als Einzeltöne musikalische Eigenart erlangen. Proportionen - allgemeiner gesagt Relationen - zu erfassen und zu transponieren, ist das nicht überhaupt jene Fähigkeit, die dem menschlichen Geist in einzigartiger Weise die Weiten und Tiefen der äußeren und inneren Welt aufschließt?

Gäbe es den menschlichen Absoluthörer ohne relatives Gehör, er wäre absolut unmusikalisch. Dagegen hat es selbst größte Meister in der Musik ohne absolutes Gehör gegeben. Jeder Mensch, der eine Melodie gelernt hat, kann sie - im Gegensatz zum Singvogel, der das jedenfalls nicht tut - innerhalb seines Stimmumfangs auch transponiert singen. Der Vogel klebt bei aller Pracht und Beseeltheit des Gesangs - wir wagen den Ausdruck - am brutum factum der Tonhöhe, der Mensch erfaßt eine rational nicht formulierbare Sinneinheit, die tonhöhenmäßig wandern, sich wandeln und dabei doch gleich bleiben kann. Wir erinnern an das über die Relativität des Absoluten und des Relativen Gesagte und formulieren: Wir sehen Farben - wie das Tier - absolut und hören Töne - anders als das Tier - relativ. Das Empfinden für die Proportionen des musikalischen Tonmaterials hinsichtlich der Tonhöhe und übrigens auch der Tondauer "ersetzt" der eindimensional vermittelten akustischen Wahrnehmung in Einheit mit dem Empfinden für die Differenziertheit der Klangfarbe und der Lautstärke eben das, was die zweidimensional vermittelte optische Wahrnehmung bildender Kunst durch sinnfällige Form und Farbe "voraus hat".

Das soeben Ausgeführte besagt für die Töne nicht, daß ihre absolute Höhe unwichtig sei, und für die Farben nicht, daß Farbharmonien, also Proportionen der Farbigkeit, keine Rolle spielten. Es bleibt aber ein grundsätzlicher Unterschied. Farben harmonieren auch bei allmählichem, kontinuierlichem Zu- oder Abnehmen der Frequenz im räumlichen Nebeneinander, wie wir es an den Farben des Regenbogens sehen. Nehmen wir dafür bei den Tönen - sachgemäß - das zeitliche Nacheinander und lassen die Frequenz sich kontinuierlich verändern, so heult die Sirene; diese dissonant die Bedrohung malend, der Regenbogen den von oben geschenkten Frieden symbolisierend. Obwohl auch das Glissando in der Musik seine Stelle und Berechtigung hat, verlangen die Töne - nicht physiologisch, sondern psychologisch-musikalisch - im Kern klar proportionierte Abstände.

Oktav und Zweizahl

Mathematische Proportion und musikalisches Erlebnis

Unter allen denkbaren Proportionen kommt vom logisch-mathematischen Standpunkt aus der Proportion 1:2 ein Primat zu. Sie ist die einfachste, die es zwischen Ungleichem geben kann, und unter allen denkbaren Intervallen kommt vom musikalischen Standpunkt aus der Oktav als der klarsten Konsonanz der Primat zu, also dem Intervall, das schwingungszahlmäßig auf ebendieser Proportion 1:2 beruht. Das kann kein Zufall sein. Wir werden zu untersuchen haben, wie weit und tief diese analoge Sonderstellung eines mathematisch-physikalischen Tatbestandes und des mit ihm verknüpften Erlebnisses reicht und ob die Sonderstellung beider sich auf erkennbare gemeinsame Wurzeln zurückführen läßt, ob also die physikalisch gegebene Proportion 1:2 nur der auslösende Faktor für ein bestimmtes musikalisches Erlebnis ist - etwa so, wie der Klingelknopf das Klingeln auslöst, ohne am elektrischen und akustischen Vorgang selbst teilzuhaben - oder ob im Erlebnis der Oktav etwas vom Wesen der Proportion 1:2 enthalten ist, wie es die Psyche womöglich auch in anderen, außermusikalischen Bereichen erfaßt.

Daß die Oktav einzigartig innerhalb der Intervalle ist, liegt vielfältig klar zu Tage. Daß es sich um "mehr als Verwandtschaft", um eine "Quasi-Identität" handelt, sieht man besonders gut, wenn mehrere Intervalle gleicher Größe aufeinandergetürmt werden. Der Oktavturm "steht gerade"; auch über mehrere Oktaven hinweg bleibt der eigentümliche Charakter des Intervalls erhalten. Alle anderen Intervalle sind vergleichsweise "schräg"; schichtet man sie aufeinander, so gerät man in andersartige Bereiche der Konsonanz und Dissonanz hinein, wie das gerade beim nächsten Verwandten der Oktav, nämlich bei der Quint (2:3), besonders anschaulich zu sehen ist (Quintenzirkel).

Ragt nun die Zwei, die mathematisch-physikalisch der Oktav zugrunde liegt, ebenso einzigartig aus den Zahlen hervor wie die Oktav aus den Intervallen? Es ist ja das Eigentümliche, daß die Zahlen, die vom Ansatz des Zählens her eine völlig homogene Folge bilden, beim theoretischen und praktischen Umgang alsbald über ihre quantitative Einbettung hinaus individuelle Eigenwertigkeit bekommen. Denken wir nur an die Primzahlen, deren jede einen neuen Anfang, ein neues principium setzt und daher unableitbar ist, - oder an die Notwendigkeit, daß der Mensch in Freiheit eine Systemzahl setzen muß. Wie steht es nun mit der Zwei? Gewiß ist sie ausgezeichnet als erste der Primzahlen und als Quotient der einfachsten Proportion. Solche Superlative drücken aber doch nur eine graduelle, keine prinzipielle Hervorhebung aus.

Zwei als "Urzahl"

Ein anderes Bild ergibt sich, wenn wir den Blick von der "fertigen" Mathematik zu den Ursprüngen des Zahlendenkens und -empfindens zurücklenken. Mathematik ist ja die Kunst, die Abstraktion des Quantitativen immer weiter vorzutreiben, ein Prozeß, der nie zu Ende kommen kann. *Wir* haben in unserem Zusammenhang die umgekehrte Aufgabe, nämlich dem nachzuspüren, was im ursprünglichen Zahl- und Maßerleben an Elementar-Qualitativem steckt und womöglich bis heute und für alle Zeit fortwirkt. Und dann dürfen wir behaupten: Zwei ist die Urzahl. Ist es nicht die Eins, weil sie am Anfang der Zahlenkette steht? Nun, Null ist es jedenfalls nicht, obwohl Null, in die Zahlenkette eingeordnet, erst recht diesen Anspruch erheben könnte. Null entfällt, weil sie gar keine Zahl im Sinne der übrigen ist. Doch diesen Vorwurf muß sich in anderer und dennoch ähnlicher Weise auch die solide Eins gefallen lassen. Wenn nur Eines im Blickfeld ist, kann es kein Zählen, keinen Zahlbegriff geben. Der Begriff der Eins wird im Rückschluß als Verneinung der die Zahl herausfordernden Vielheit gewonnen, so wie die Null sehr, sehr viel später im Rückschluß als Verneinung jeglicher Anzahl. Von der Zwei aus entwickeln sich die Zahlen, einerseits rückwärts zur Eins und Null, andererseits vorwärts in die unbegrenzte Vielheit. Die Zwei bildet somit einen Scheitelpunkt (so wie auf viel späterer Abstraktionsstufe bei Einbeziehung der negativen Zahlen die Null). Man könnte freilich feststellen, der Scheitel sei nicht scharf, denn die Zwei gehöre als kleinste Vielheit eben doch mit all den höheren Vielheiten zusammen, während sie unter demselben Gesichtspunkt der Vielheit von Eins und Null scharf abgesetzt sei. Als "Urzahl" träte dann wieder Eins hervor und man könnte, in andere Bereiche fortschreitend, die Sprache als Zeugen aufbieten wollen, die ja den fundamentalen Unterschied zwischen Einzahl und Mehrzahl macht.

Sonderstellung der Zweiheit in der Sprache

Doch wenn wir nach den Anfängen fragen, scheint das Schema von Singular und Plural nicht das Ursprüngliche zu sein. Vielmehr kennen die einen Sprachen die grammatische Kategorie des Numerus überhaupt nicht[8] oder lassen erkennen, daß sie auf früher Stufe noch keinen Plural besaßen.[9] Die anderen dagegen, die schon auf ältesten erschließbaren Entwicklungsstufen den Numerus als grammatische Kategorie aufweisen, unterscheiden ursprünglich Singular, *Dual* und Plural.[10] Die spätere Entwicklung ist dann konvergent verlaufen. Von den einen wurde der Plural als etwas Praktisches dazuerworben, von den anderen wurde der Dual als entbehrlich ausgeschieden. Die Tatsache des Duals beweist jedenfalls die

---

[8] So z. B. das Japanische. Natürlich gibt es durch bestimmte und unbestimmte Zahlwörter die Möglichkeit, jede Vielheit hinreichend deutlich auszudrücken, sobald dies erforderlich ist. Es gibt aber keine Charakterisierung von Einzahl und Mehrzahl auf Grund der bloßen Tatsache, daß es sich um Eines bzw. um Mehreres handelt.

[9] Darauf weist z. B. im Ungarischen die Tatsache hin, daß die Zahlwörter durchweg mit dem "Singular" verbunden werden. Dieser war eben ursprünglich gar kein Singular, sondern bedeutete den Begriff als solchen ohne Rücksicht auf die Zahl.

[10] Hierher gehören die indoeuropäischen und semitischen Sprachen. Am besten erhalten, gegenwärtig aber in der Umgangssprache auch abbröckelnd, ist der Dual im Sorbischen.

einzigartige Rolle, die die Zwei bei der Eroberung der Welt der Zahlen, ja bei der intellektuellen und künstlerischen Entwicklung des Menschen überhaupt gespielt haben muß. Bemerkenswert, wie die Sprache auch sonst der Besonderheit der Zwei vielfältig gerecht wird. Es heißt - analog auch in anderen Sprachen - zwar "ein Viertel", "ein Drittel", aber "die Hälfte"; "alle vier", "alle drei", aber "alle beide"; "vierfach", "dreifach", aber (meist) "doppelt". Und "der zweite" hieß vordem "der andere". Die durch zwei teilbaren Zahlen heißen "gerade", während Zahlen anderer Teilbarkeit keine Sonderbezeichnung erhalten. Zwei Begriffe, Dinge oder Lebewesen, die (mindestens in gewissem Sinne) wesensgleich und spezifisch aufeinander bezogen sind, bilden ein "Paar".

Besonders interessant für die Psychologie der Zahl ist eine Erscheinung, die wie der Dual nicht praktischem Bedürfnis, sondern urtümlichem Empfinden entspringt. Ich denke an die durch Jahrtausende zu verfolgende Tendenz einer riesigen Sprachengruppe, benachbarte Zahlwörter paarweise ähnlich zu gestalten. Im Deutschen liegen zum Beispiel in "sechs - sieben" und "neun - zehn" uralte Paare vor, während "zwei - drei" sich erst vor wenig hundert Jahren eindeutig zum Paar formiert hat, als die sächliche Form "zwei" den Sieg über männliches "zween" und weibliches "zwo" erlangte - im Telefon so mißverständlich, daß von dort her "zwo" wieder mehr und mehr vordringt.[11]

---

[11] Eigentümlich, daß die Tendenz zur lautlichen Angleichung benachbarter Zahlen nicht allgemein zu beobachten ist, sondern speziell bei einer großen Gruppe, den "nostratischen" Sprachen. (Die von lateinisch "noster" abgeleitete Bezeichnung deutet ein typisches Merkmal an, nämlich das Vorkommen eines m oder n bei der Kennzeichnung der 1. Person des Plurals und häufig auch des Singulars.) Zu dieser Großgruppe gehören vor allem die indoeuropäischen, die semitisch-hamitischen und die uralaltaischen Sprachen. (Bekannteste Einzelfamilien der letzteren sind die finnougrischen und die Turksprachen.) Wir wählen ein Beispiel, das in allen drei großen Sprachzweigen vorkommt. Deutsch sechs - sieben heißt hebräisch šeš - šäba' und ungarisch hat - hét.

Die zahlreichen Verschiebungen innerhalb der einzelnen Sprachgruppen erweisen die fortdauernde Lebendigkeit des Triebes zur Paarbildung. Als illustratives Beispiel vergleichen wir, wie sich die Paare im Deutschen und im Serbokroatischen herausgebildet haben, also in zwei urverwandten Sprachen.

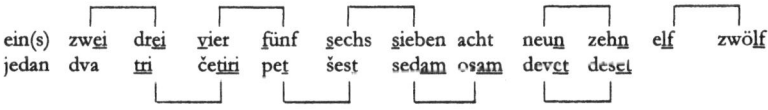

Die Paarbildung benachbarter Zahlen, hier als Auswirkung des Zweierprinzips im sprachlichen Bereich betrachtet, hat im musikalischen ihre (später zu behandelnden) Parallelen. Die Schwingungsquotienten der Hauptintervalle werden durch benachbarte Zahlen gebildet (Oktav 2/1, Quint 3/2 usw.). Auch die Größenverhältnisse der "kleinen" und "großen" gleichnamigen Intervalle unserer siebenstufigen Leitern sind, wie die temperierte Stimmung beweist, durch benachbarte Anzahlen von Halbtönen faßbar: Kleine Sekund : große Sekund = 1 : 2, kleine Terz : große Terz = 3 : 4 usw.; vgl. S. 137.

Die Zwei und das Viele

Das Zählen ist es, durch das der Mensch der Anzahlen mächtig wird. Und gerade hier hebt sich die Zwei von allen anderen Zahlen ab. Noch nie hat ein Mensch zählen müssen, um festzustellen, daß zwei zwei sind. Entweder ahmt das Kind im Spiel das Zählen der Erwachsenen nach, ohne die konsequente Zuordnung von Gegenständen und Zahlen zu verstehen, oder aber es hat begriffen, was Zahl meint, dann weiß es eben, daß zwei zwei sind. Nicht so bei den weiteren Zahlen. Sie werden mittels des Zählens erobert. Von daher liegt erlebnismäßig zwischen der Zwei und der Drei ein tiefer Graben. Jeder Mensch durchläuft das kindheitliche Stadium unmittelbar nach dem Aufblitzen des Zahlbegriffs, in dem ihm drei "viele" sind, zwei aber nicht. Die phylogenetische Parallele zu diesem Kindheitsstadium fanden Forscher bei den südamerikanischen Botokuden. "Uruhu", das Wort für ihre höchste Zahl, drei, bedeutet gleichzeitig "viele", "ungeheuer groß", und wir gehen wohl nicht fehl, wenn wir in diesen Lauten, verglichen mit "pogik" (eins) und "krapo" (zwei), das Massenhafte abgemalt sehen.

Das "Da-wieder"-Erlebnis

Wagen wir es, über die bloße Feststellung von Besonderheiten der Zwei hinausgehend nach dem ursprünglichen Erlebnis bei ihrem Aufblitzen zu fragen, so führt uns die Etymologie des gemeinindoeuropäischen Wortes, wie sie das ausgezeichnete Etymologische Wörterbuch von Kluge-Mitzka gibt, an die Wurzel der Sache. Sie läuft auf die Urbedeutung "Da wieder!" hinaus.[12] Wer wollte sagen, wenn er einen Ton und seine Oktav hört: "Da spüre ich gleich so etwas wie Eins und Zwei!" Aber wer spürte beim Erreichen der Oktave nicht so etwas wie "Da wieder!" Wir merken, wie leer für unser Empfinden die Zahl geworden ist im Vergleich zu dem, was in früheren Stadien geschah, als der Mensch die Zahl geistig erobern mußte.
Auch an anderer fundamentaler Stelle war uns die Zwei schon begegnet, nämlich als Wurzelpunkt, von dem aus die Tonanzahl im "System" zu wachsen beginnt. Das braucht uns nicht wunderzunehmen, denn je kleiner eine natürliche Zahl ist, desto größer ist die Wahrscheinlichkeit häufigen und bedeutsamen Auftretens in allen Wirklichkeitsbereichen. Merkwürdiger ist schon, daß unser "Da wieder!" auch beim Erlebnis der Zweitönigkeit so gut paßt. Der Ton ist ja innerhalb der Welt des

---

[12] Die Wurzel d$\ddot{o}$ im Ablautverhältnis zu d$\ddot{e}$ ist nach dieser Auffassung schon zusammengesetzt. In d steckt eine uralte Demonstrativpartikel (die mit dem deutschen d in "da", "dies" u. ä. sprachgeschichtlich nichts zu tun hat, wohl aber zusammengehört mit dem griechischen enklitischen -de, z. B. ho-de "dieser", und der lateinischen neutrischen Pronominalendung -d in i-d "das", "dies", "es" oder qui-d "was"). Die Wurzel $\ddot{o}$/e hat die Bedeutung eines Wendens. Aus ihr sind wohl durch Erweiterung die Wurzeln entstanden, die zu unseren Wörtern "wieder", "wenden", "werden", "wechseln" geführt haben. Übrigens liegt auch dem hebräischen šenajim, "zwei", die Bedeutung "wieder" zugrunde, wie der Zusammenhang mit šanah, "Jahr" ("Wiederkehr"), ersichtlich macht.

Schalls in der Natur ein relativ seltener Sonderfall gegenüber der Unzahl verschiedenster Geräusche und Klangmischungen. Ihn zu erleben und zu erzeugen ist reizvoll, gehört aber in den vormusikalischen Bereich, solange der Ton allein bleibt.[13] Tritt ein zweiter Ton von deutlich unterschiedener Höhe hinzu - ereignet sich dasselbe und doch nicht dasselbe noch einmal, eben dieser erregende "Sonderfall Ton" -, dann ist das Tönen unter dem Erlebnis des "Da wieder!" nicht bloß auf eine neue Stufe gehoben, sondern in eine neue Dimension hinein versetzt worden, indem Ton mit Ton ins Verhältnis tritt, und es beginnt das sich immer weiter entfaltende Spiel der Töne miteinander.

Die Dialektik der Treppenmelodik

Die Treppenmelodik[14], die sich als eine charakteristische Ausprägung der Zweitönigkeit an verschiedenen Stellen des Erdballs unter Verwendung verschiedener Intervalle findet, zeigt uns ebendas handgreiflich, was wir als Grunderlebnis beim Auftauchen des zweiten Tones (der bekanntlich immer der tiefere ist) voraussetzen müssen. Der zweite Ton wird als ein "Da wieder!" erfahren und setzt sich "dawider" (beide Wörter sind nicht zufällig sprachgeschichtlich identisch!), indem er, der Sekundärton, zur Geltung eines Primärtones heranwächst und unter Verdrängung des ursprünglichen Primärtons einen neuen, noch tieferen Sekundärton aus sich heraussetzt.
Dieses eigentümliche, an das Prinzip der Dialektik gemahnende Spiel der Töne, bei dem ein zweiter sich gegen den ersten erhebt, um einen weiteren hervorkommen zu lassen, mit dem sich der Prozeß wiederholt, dieses Spiel fordert seinem Wesen nach geradezu heraus zum unbegrenzten Weiterspinnen. Das Mittel aber, um das Weitergehen zu ermöglichen, wenn beim Abwärtsgang der Stufen die untere Stimmgrenze auftaucht, das ist begründet in jenem anderen Da-wieder-Erlebnis, von dem wir zuerst sprachen. Es ist die Oktav, in die der Sänger der Treppenmelodik springt, um nach dem ihm eigenen Gesetz weitersingen zu können.

Physikalisch gegebenes und freies Intervall

Woher nimmt der Sänger die Oktav? Sie ist ja im Singen des Menschen, so wie es anfänglich aus ihm herausbricht, nicht vorhanden. Natürlicherweise kommen da sehr viel kleinere Abstände zum Vorschein, die stimmlich bequemer beieinander liegen. In der Bemessung des Stufenabstandes ist dem Menschen ein weiter Spielraum gegeben, innerhalb dessen er sich mehr oder weniger streng auf bestimmte

---

[13] Darüber, ob man rhythmisches Geschehen ohne konstitutive Tonhöhenunterschiede, etwa bloßes Trommeln, Rasseln, Stampfen, Schlagen bereits als Musik bezeichnen soll, lohnt es sich nicht zu streiten. Der singende Mensch hält sich jedenfalls in seiner Entwicklung nicht bei der "Eintönigkeit" auf, sondern setzt Verhältnisse von Ton zu Ton.
[14] Vgl. S. 23

Werte festlegt, so daß sie ihm - ähnlich wie die Muttersprache - zur "zweite Natur" werden. Es mögen diese oder jene Einflüsse beim Zustandekommen urtümlicher Stufen mitgewirkt haben, aber jedenfalls ist es der Mensch, der hier schafft und wählt. Seine eigene Körperlichkeit, seine Physiologie ist dabei ein wichtiger Faktor, sei es, daß die Wahl auf mittlere, bequeme, ausgeglichene Werte fällt, sei es, daß ein exzentrisches Streben spürbar wird. Vor allem hängt eine grundlegende und höchst erstaunliche Gemeinsamkeit in der ursprünglichen Melodie- und später in der Skalenbildung offenbar mit einer körperlichen Gegebenheit zusammen. Melodie fließt ursprünglich von oben nach unten. Ein Gestautes bricht sich Bahn, eine Spannung löst sich. Das entspricht dem natürlichen Spannungsabfall beim Ausatmen, an das das Singen gebunden ist. (Wohlgemerkt, es geht um eine Verflechtung und Strukturverwandtschaft von Körperlichem und Seelischem, nicht etwa darum, daß der zweite Ton tiefer sein muß, weil zu einem höheren der Atem nicht reicht.) Ja, woher nimmt nur unser Sänger die Oktav? Nach Maß, Richtung und Herkunft ist sie gerade das Gegenteil dessen, was dem Sänger sonst zu Gebote steht nach den Gesetzen, die sich ihm für das Miteinander der Töne gebildet haben: Abwärtsrichtung, kleinere Abstände, eingefleischt tradierte Setzungen, mit denen der physiologisch naheliegenden, aber psychologisch unmöglichen Beliebigkeit der Tonabstände der Boden entzogen wird. Eben um ihrer gänzlichen Andersartigkeit willen bringt die Oktav in der ausweglosen Randsituation der von der Stimmgrenze bedrängten Treppenmelodie die Rettung. Die Oktav wird nicht vom Menschen geschaffen oder erwählt, wird nicht als Notbehelf erfunden, sondern sie ist im entscheidenden Augenblick einfach da in der eindeutigen Klarheit des weißen Lichtes. Als ersten und stärksten Oberton hat sie der Mensch seit je im Ton unbewußt mitgehört. Jetzt fällt sie unserem Sänger als fertiges Geschenk der physikalischen Natur plötzlich in den Schoß. Die kleineren Abstände urtümlicher Melodieschritte kann der Mensch machen und verändern. Sie sind vom Anfang her in seine Hand gegeben, wie ihre disparate Verschiedenheit in verschiedenen Zonen und Zeiten beweist. Die Oktav dagegen ist eine in der Gesamtschöpfung wurzelnde Gegebenheit, unbemerkt allgegenwärtig wie die Luft, die den Menschen umgibt.

Die Dialektik der Oktav

Auch bei der Oktav können wir von einer Art von Dialektik sprechen. Der Widerspruch zwischen Hoch und Tief, zwischen Hell und Dunkel wird aufgehoben in der vollkommenen klanglichen Verschmelzung, wie sie nur der Oktav eignet. Indem der Mensch die im Ton als Oberton versteckte Oktav zur selbständigen Tonhöhe werden läßt, sagt er ein schöpferisches Ja zu dem, was ihm die außermenschliche Natur bietet. Im zeitlichen Nacheinander der gesungenen Oktav, und vom Gesang müssen wir immer ausgehen, vollendet sich die dialektische Spannung und ihre Überwindung. Jetzt wird der Hoch-Tief-Gegensatz greifbares Ereignis, jetzt erst bekommt das Dennoch der Einheit der Oktavtöne seine volle Mächtigkeit.

Die einende Gewalt der Oktav

In der Oktav steckt eine eigentümliche einende Gewalt. Daß der Ton in ihr über einen weiten Abstand hinweg gleichsam zu sich selbst zurückkehrt, hat tiefgreifende Wirkungen. In einer bestimmten, einzigartigen Weise eint das Oktavintervall den Primton und den Oktavton, in anderer, ebenso wichtiger Weise eint die Oktav aber auch alle Tonwertigkeiten, die der Raum von der Prim bis zur Oktav umschließt, und das heißt nicht weniger als alle Tonwertigkeiten, die es überhaupt gibt. Denn die Tonigkeiten - so der Fachausdruck für den mit der Tonhöhe verbundenen Eigencharakter eines Tones - wiederholen sich im Oktavabstand. Wie schon früher gesagt, wird durch die Oktav der Makrokosmos des ganzen weiten menschlichen Hörraums in einem Mikrokosmos zusammengefaßt. Ja, wir dürfen sagen, ohne diesen Mikrokosmos, der in dem kleinen, überschaubaren, singbaren Bereich einer Oktave sozusagen den Wesenskern aller Töne einfängt und der zugleich die Weite des gesamten Hörbereichs gliedert - ohne diesen Mikrokosmos wäre der Makrokosmos der hörbaren Töne gar kein Kosmos, sondern eine maßlos vielfältige und doch gestaltarme Masse.

Die einende Gewalt der Oktav wirkt aber in einzigartiger Weise auch in die menschliche Gemeinschaft hinein. Männer, Frauen und Kinder könnten nicht im einstimmigen Gesang eins werden ohne die Oktav. Der Gegensatz, in den die Stimme des jungen Mannes in der Reifezeit zu den Stimmen der Frauen und Kinder tritt, wird durch die Oktavgleichung "aufgehoben" - in dem von der Dialektik her bekannten Doppelsinne. Er wird nicht annulliert, aber überwölbt, so daß er dem einstimmigen und dem mehrstimmigen Gesang gewaltige neue Potenzen verleihen kann. Im Einzelfall kann der höhenmäßige Unterschied zwischen männlichen und weiblichen Stimmen natürlich sehr verschieden sein, im ganzen aber besteht eine wunderbare Harmonie zwischen dem Maß der physiologischen Veränderung des männlichen Kehlkopfs in der Pubertät und dem Maß des Intervalls, das auf dem Felde der Tonhöhen von der Physik wie von der Musik her das "Maß aller Dinge" ist.

Schließlich "eint" die Oktav aber auch die Menschheit über Räume und Zeiten, über Kulturkreise und Stilperioden hinweg. So tief die Unterschiede, so schroff die Gegensätze in Musikanschauung und Musikpraxis sein mögen, um eines kommt niemand herum, der der Oktav begegnet, nämlich um die Anerkennung der Tatsache, daß sie etwas ganz Besonderes ist. Mag sie auf archaischer Stufe dem Sänger der Treppenmelodie als Rettungsseil dienen, mag sie eine wahrscheinlich von mythologischen Vorstellungen her konzipierte hinterindische Skala zurechtbiegen, die ursprünglich an der Oktav vorübersegelte, ohne sie zu berühren, mag sie als Grundpfeiler und Grundmaß in voller Geltung stehen oder mag sie in atonaler Musik in Auflehnung gegen solche Ordnung als Tabu umgangen werden - inmitten aller Zerspaltenheit ein gemeinsames Empfinden für das Besondere der Oktav!

Die Dialektik der Zwei

Mit dem einenden Charakter der Oktav vergleichen wir nun den Eindruck, den das Wort "zwei" auf uns macht. Deutlich tritt das Trennende in den Vordergrund. Die beste Bestätigung liefern die aus diesem Wort entwickelten Weiterbildungen in unserer Muttersprache: Zweig, Zweifel, Zwist, zwischen. Bei "ent-zwei" braucht es sich durchaus nicht nur um zwei Teile zu handeln. Vielmehr wird bei dem Begriff und bald auch bei den Lauten über die mathematisch diesbezüglich ganz neutrale Bedeutung hinaus etwas Trennendes empfunden. Auch an das lateinische dis-, "auseinander", mit duo höchstwahrscheinlich urverwandt, wäre zu erinnern.
Im dialektischen Urerlebnis des "Da wieder"-"Dawider" ist das Einende und das Trennende in gleicher Weise vorhanden. Und so ist es auch, wenn wir einen Blick auf die Zwei als Strukturprinzip des Seins und des Bewußtseins werfen. Eine Symmetrie und eine Polarität, eine Ausgewogenheit und eine Zwiespältigkeit waltet in und über allem Sein und Geschehen. Denken wir an den Wechsel der Tages- und Jahreszeiten, an Herzschlag und Atemrhythmus, denken wir an die immer zwischen zwei Extremen schwingende Welle, angefangen von der des Wassers über die des Schalls bis hin zur elektromagnetischen Schwingung des Lichtes, denken wir an den Entscheidungscharakter des Augenblicks, das Rechte zu tun oder nicht zu tun, an die Polarität der Geschlechter oder an das Konzert zweier Kräfte, wenn ein Gestirn von einem größeren im Vorbeirasen angezogen wird, sich behauptet und doch nicht loskommt, so daß es nun in stetem Zweierrhythmus der Ellipsenbahn um das Großgestirn läuft - überall ein Ineinander von Einssein und Getrenntsein, von Gegensätzlichkeit und Zusammengehörigkeit.
Es wird kein Zufall sein, wenn in der Musik die auf dem Zweierverhältnis beruhende Oktav einend wirkt, in der Sprache dagegen an der Zwei im Lauf der Entwicklung zunehmend vor allem das Scheidende empfunden wird. Sprache differenziert mit ihren Lauten und mit ihren Begriffen, Musik proportioniert mit ihren Tonverhältnissen. Musik ist primär in der Empfindung, im Gefühl verwurzelt, und dem Gefühl wohnt primär ein Streben zum Einen inne. Sprache ist entscheidend verstandesmäßig ausgerichtet, und der Verstand ordnet durch Differenzieren und Gruppieren die Vielfalt der einen Wirklichkeit.[15]
Schlimm, wenn die Sprache zum abgebrauchten Begriffsmechanismus wird, wenn sie durch Verlust ihrer künstlerisch-musikalischen Potenzen verödet. Schlimm, wenn Musik sich in der Empfindung badet, stagniert, ertrinkt. Klarer Verstand und lebendige Empfindung müssen hier wie überall im Leben zusammenwirken. In unserem Zusammenhang aber haben wir zunächst die Wesensunterschiede herauszustellen, um mit Verstand und Gefühl die Eigenart musikalischer Maßnormen innerhalb des Gesamtgefüges gültiger Ordnungen überhaupt zu erfassen.

---

[15] "Verstehen", "Einsicht haben" heißt lateinisch "intellegere" und hebräisch "bin", ersteres mit der Vorsilbe "inter" gebildet, letzteres im Zusammenhang mit dem Worte "ben" stehend. Beide heißen "zwischen". An sprachlich und kulturell grundverschiedenen Stellen wird das rechte Scheiden als Wesensmerkmal der Verstandestätigkeit empfunden.

Die Oktavspirale

Überlegenheit der Spirale

Suchen wir nach der Figur, die mit der Oktav wesensverwandt ist, so bietet sich wie von selbst der Kreis an. Wir lassen einen Tonpunkt durch den Tonraum wandern, indem er kontinuierlich seine Frequenz erhöht. Er beschreibt somit eine Linie, die sich immer weiter von ihrem Ausgangspunkt entfernt. Und nun ergeht es unserem Punkt wie einem phantasiegeborenen Wanderer, der auf einer idealen Erdoberfläche immer haarscharf geradeaus marschiert und baß erstaunt ist, eines Tages wieder am Ausgangsort anzugelangen, der sich zwar vielleicht irgendwie verändert hat, aber doch eindeutig als derselbe zu erkennen ist. Nun, der Boden unter seinen Füßen war gekrümmt, ohne daß er es merken konnte. Ob an unserem wandernden Tonpunkt auch stetig eine geheime Kraft wirkt, die ihn schließlich zu seinem Ursprung zurückführt? Ob alle unterwegs berührten Zwischenwerte zwischen Prim und Oktav unter einem gemeinsamen Gesetz stehen, das die Krümmung hervorruft? Wir müssen es vorläufig dahingestellt sein lassen. Die Kreislinie ist jedenfalls die einzige willkürfreie Darstellung des Tatbestands einer völlig kontinuierlichen Wanderung, die ohne Umkehr zum Ausgangspunkt zurückführt. Der Kreis paßt auch deshalb einzigartig gut zur Oktav, weil er unter allen Figuren ebenso unvergleichlich hervorragt wie die Oktav unter allen Intervallen. Der Kreis, das Symbol des Völligen und Vollkommenen, den Erdkreis und Weltkreis symbolisierend ...
Das stimmt mit dem allumfassenden Wesen der Oktav herrlich überein - aber wo bleibt die Zwei in diesem Symbol? Es ist, als hätte sie sich gänzlich versteckt in der Figur aller Figuren. Es scheint ein schwerer Mangel zu sein, daß das Schwingungszahlverhältnis 1:2 in keiner Weise sichtbar wird. Der einseitigen Darstellung des qualitativen Gleichheitsmoments der Oktavtöne fällt das Quantitative des Tonhöhenunterschieds zum Opfer. Damit hat sich die Kreisfigur keineswegs erledigt. Einseitigkeit kann auch ein Vorteil sein, wenn sie nämlich unter bestimmtem Blickwinkel Wesentliches hervortreten läßt. Doch jetzt fragen wir nach der Figur, die beidem, dem Einssein und dem Unterschiedensein, gerecht wird.
Ist es die Schraubenlinie? Am einfachsten ist sie als Wendeltreppe vorzustellen. Nach jeder Vollwindung ist man, von oben her betrachtet (also in die Waagerechte projiziert), wieder am gleichen Orte, während man sich, an der Senkrechten gemessen, unentwegt über das Ausgangsniveau erhebt. Auf sehr einfache Weise wird hier die Tatsache des Zusammenwirkens zweier Komponenten im Oktavphänomen demonstriert. Es fehlt aber gerade das für uns entscheidend Wichtige, nämlich die Sichtbarmachung des konkreten Schwingungszahlverhältnisses 1:2, das der Oktav zugrunde liegt.
Ihre Beliebtheit zur Darstellung des Oktavphänomens verdankt die Schraubenlinie nicht ihrer sachlichen Aussagekraft, sondern psychologischen Momenten. Die von der Sprache und vom Notenbild her eingefleischte Vorstellung "hoher" und "tiefer" Töne legt es nahe, aus der Ebene des Kreises in die Dreidimensionalität der

Schraubenlinie aufzusteigen, wenn es um Tonhöhenunterschiede geht. Vergessen wir jedoch nicht, daß unbeeinflußte Kinder Töne mit unterschiedlicher Frequenz eher als hell und dunkel, groß und klein, dick und dünn empfinden und bezeichnen. Und vergessen wir entsprechend den Grundsätzen wissenschaftlicher Sparsamkeit nicht, daß wir die zweite Dimension erst dann verlassen dürfen, wenn sie zur Erklärung des Phänomens nicht mehr ausreicht. Die Dreidimensionalität ist in unserem Falle nicht nur überflüssig, sondern einer allseitigen Abbildung der Verhältnisse sogar abträglich. Nur die Spirale in ihrer Zweidimensionalität vermag durch Art und Maß ihrer Weitung sinnvoll und eindeutig auch die Schwingungszahlverhältnisse abzubilden, während bei der Schraubenlinie das analoge Element der Figur, nämlich der Steigungswinkel, willkürlich und somit nichtssagend gewählt werden muß.

Unsere Spirale muß so gestaltet sein, daß sich ihr Radius im Verlauf einer jeden Vollwindung von 360° auf das Doppelte verlängert. Das Gleichheitsmoment der Oktavtöne kommt dann durch das Aufeinanderfallen ihrer Radien nicht weniger deutlich zum Ausdruck als beim Kreis oder bei der Schraubenlinie. Die verschiedene Länge der Radien aber bildet zusätzlich exakt die Schwingungszahlverhältnisse ab.

Bezüglich des Winkels, den Radien miteinander bilden, ist kein Unterschied zwischen Kreis und Spirale. Er drückt immer die Intervallgröße aus (also zum Beispiel der rechte Winkel die Vierteloktav, der Doppelvollwinkel von 720° die Doppeloktav und so weiter).

Ich habe *diese* Spirale noch nicht auf Musikalisches angewandt gesehen. Unter den unendlich vielen (logarithmischen) Spiralen kommt man aber schon rein mathematisch auf sie, wenn man für die Maßbestimmung den hervorragendsten Ausschnitt der theoretisch unendlichen Spirale wählt, nämlich eine Vollwindung, und für das Maß des Anwachsens der Radien das elementarste Verhältnis ganzer Zahlen. Siehe *Abbildung 6*.

Reziproke Spiralen

Auf unserer Abbildung ist in die theoretisch nach beiden Richtungen hin unbegrenzte Spirale hinein ein einziger vom Mittelpunkt ausgehender Strahl gezeichnet. Auch jeder andere vom Mittelpunkt ausgehende Strahl würde von der Spiralperipherie laufend so geschnitten werden, daß von zwei beliebigen benachbarten Schnittpunkten der eine doppelt so weit vom Spiralmittelpunkt entfernt ist wie der andere. Um zu verdeutlichen, daß in dem einen Strahl (theoretisch unbegrenzt) viele aufeinanderfallende Radien versteckt sind, wurden die Radien neben der Spirale auseinanderprojiziert.

Die rechte Spirale ist das genaue Spiegelbild der linken und vermag dadurch das Reziprokverhältnis von Wellenlänge und Wellenfrequenz abzubilden, demzufolge - wie auch beim Licht - lange und kurze Wellen derselben Art genau gleichschnell laufen, eine entscheidende Voraussetzung für den geordneten Empfang akustischer Sinneseindrücke über eine Entfernung hinweg. Auf die musikalisch-qualitative Aussagekraft der zweifachen Gestalt der Spirale wird später einzugehen sein. Zunächst betrachten wir die linke Form.

Das Verhältnis von Quotient und Intervallgröße

Schreibt man die Schwingungsquotienten[16] unserer Oktavtürmung als Potenzen von 2, dann springt in die Augen, daß Intervalle in demselben Maße wachsen wie die Exponenten ihrer Quotienten oder, was dasselbe ist, daß sich Intervalle größenmäßig zueinander verhalten wie die Logarithmen ihrer Quotienten.[17] Der Satz gilt für alle Intervalle. Da wir aber ohnehin mit Oktavsuperpositionen beschäftigt sind, machen wir es uns zunutze, daß er hier am einfachsten zu demonstrieren ist.

Quotienten	dieselben als Potenzen von 2	Intervalle
1	2^0	0 Oktaven = Prim
2	2^1	1 Oktav
4	2^2	2 Oktaven
8	2^3	3 Oktaven
16	2^4	4 Oktaven
.	.	.
.	.	.

Bemerkt sei, daß sich unsere Intervallempfindung hiermit in quantitativer Hinsicht nach der Maßgabe des Weber-Fechnerschen Gesetzes verhält, nach welchem das Unterschiedlichkeitsempfinden für Sinnesreize von der Proportion abhängig ist, in der die physikalisch meßbaren Reizursachen zueinander stehen. Licht wird zum Beispiel als heller geworden empfunden, wenn sich die Amplitude der Lichtwellen im Verhältnis von mindestens 100:101 erweitert hat. Der absolute Betrag der Amplitudenerweiterung ist dagegen nicht maßgeblich - so wie der Oktavsprung an

---

[16] Schwingungsquotient eines Intervalls heißt die Zahl, die angibt, wie oft der höhere Ton schwingt, während der niedrigere eine Schwingung macht. Es geht dabei nur um eine handlichere Schreibung des einem Intervall zugrundeliegenden Schwingungszahlverhältnisses, für die Oktav 2 statt 1:2, für die Quint 3/2 statt 2:3. Daß sich beim Ausdividieren der beiden Schreibweisen reziproke Werte ergeben, ändert an den Proportionen nichts und hat den Vorteil, daß dem größeren Intervall der größere Wert entspricht.

[17] Ob wie in unserer Tabelle die Zwei oder wie in den üblichen Logarithmentafeln die Zehn oder noch ein anderer Wert als Basis gewählt wird, ist mathematisch belanglos. Die dekadischen Logarithmen verwandelt man z. B. in Logarithmen zur Basis 2, indem man sie durch den in der Tafel zu findenden Wert lg 2 = 0,3010 dividiert. Für $\log_2 2$ ergibt sich dann $0{,}3010 : 0{,}3010 = 1$. Da bei Division sämtlicher Verhältnisglieder durch die gleiche Zahl das Verhältnis unverändert bleibt, können wir mittels Division durch 0,3010 alle gewünschten Logarithmen zur Basis 2 erhalten.

eine feste Proportion, nämlich 1:2 gebunden ist, nicht an die Steigerung um eine absolute Anzahl von Hertz. Daß die Oktave sachlich treffend aus allen Intervallen herausgehoben dargestellt werden konnte, hatte zur Voraussetzung, daß unsere Spirale zunächst alle Tonabstände[18] in quantitativer Hinsicht unter ein gleiches Gesetz stellt. Jeder Punkt der Spirallinie entspricht (relativ, je nach Wahl des Ausgangspunktes) einer bestimmten Tonhöhe und jeder Abstand zwischen zwei Punkten entspricht einem Tonabstand, der nach demselben Gesetz wie die Oktav zu vermessen ist. Was wir für die Vielfachen der Oktav gezeigt hatten, daß ihre Quotienten sinnvoll als Zweierpotenzen aufzufassen sind, das muß auch möglich und sinnvoll sein, wenn wir nun daran gehen, die Oktav zu teilen.

Unsere Figur legt uns - im Gegensatz zur physikalischen Natur der Töne - als allererstes die Teilung in zwei Halboktaven ("Tritonus")[19] nahe, denn ihr Radius liegt als einziger auf derselben Geraden wie der der Oktav. Der Quotient ist $\sqrt{2} = 1{,}414...$[20] Siehe *Abbildung 7*.

Partialtönigkeit und Kommensurabilität

Es ist von höchster Bedeutung, daß sich bei *jeder* Teilung der Oktav oder eines anderen Intervalls in gleichgroße (oder sonstwie kommensurable) Teile irrationale Quotienten (nichtperiodische unendliche Brüche) ergeben.[21] Bis heute ist das Empfinden weit verbreitet und tief eingewurzelt, daß eigentlich nur die Intervalle mit rationalen Quotienten gut und richtig seien. Begründet ist dies schon in der physikalischen Eigenart des Tones. Die Schwingung, die ein Ton hervorruft, ist normalerweise von gleichgroßen Teilschwingungen überlagert. Diesem Obertonphänomen zufolge schwingt zum Beispiel eine Saite nicht nur als ganze, sondern gleichzeitig in sich überlagernden Teilschwingungen in zwei Hälften, drei Dritteln, vier Vierteln usw. Es ergibt sich also eine Reihe von zusammengehörigen Schwingungen, deren Frequenzen der Reihe der natürlichen Zahlen entsprechen, ein in

---

[18] Der Terminus "Intervall" bleibt am besten den Tonabständen vorbehalten, die sich in irgendein musikalisches System einfügen. Dies ist natürlich nur bei einem Bruchteil der unterscheidbaren Tonabstände der Fall.

[19] Der Herkunft nach ist der Name "Tritonus" nur für die übermäßige Quart = 3 Ganztöne, z. B. f-h, berechtigt. Mehr und mehr wird der Ausdruck aber allgemein für einen Abstand von annähernd einer Halboktav gebraucht, insbesondere auch für die verminderte Quint. Auf dem Klavier ist der Tritonus genau als Halboktav normiert.

[20] Quadratwurzel bedeutet ja nichts anderes, als daß das Verhältnis zwischen eins und dem unter dem Wurzelzeichen stehenden Radikanden in zwei gleiche Verhältnisse geteilt wird. 1 : 1,414... ist derselbe Wert wie 1,414... : 2. Wurzeln lassen sich aber auch als Bruchpotenzen schreiben: $\sqrt{2} = 2^{1/2}$, $\sqrt[3]{2} = 2^{1/3}$ usw. Die Exponenten von Bruchpotenzen zur Basis 2 zeigen also an, der wievielte Teil einer Oktav der betreffende Tonabstand ist.

[21] Einzige Ausnahme bilden die Quotienten, die einen Potenzwert mit ganzzahligem Exponenten darstellen, z. B. die None $9/4 = (3/2)^2 = 3/2 \times 3/2 = 2$ Quinten. Der Oktav gegenüber bleiben auch solche Intervalle natürlich in einem irrationalen Größenverhältnis.

dieser Weise wohl einzigartiges Phänomen in der Natur. Zu Recht ist es von berufenem Munde ehrfurchtgebietend genannt worden. Eine deutliche Vorzugsstellung nehmen musikalisch diejenigen Intervalle der Teiltonreihe[22] ein, deren Quotienten mit den niedrigsten Zahlen auskommen, allen voran die Oktav mit 2/1 und die Quint mit 3/2. Auch das Ohr selber hat als ein Stück Physis am Obertonphänomen aktiven Anteil, indem es von sich aus subjektiv Obertöne bilden kann, die im physikalischen Klang des Erregers fehlen. Dennoch ist die einseitige Idealisierung der Naturtonverhältnisse und die dadurch bedingte Abwertung anderer Tonbeziehungen ein blockierendes Hindernis für das Erkennen der Maß- und Zahlenordnung des musikalischen Tonmaterials, um die es uns geht.

Zweierlei wird so leicht vergessen. Erstens: Das mathematisch Irrationale in Gestalt von unendlichen Brüchen statt schöner, glatter, natürlicher Zahlen kommt nicht erst dadurch ins Spiel, daß man wie wir oben oder wie die temperierte Stimmung die Oktav "stur" und "widernatürlich" in gleiche Teile teilt, sondern die Irrationalität steckt in den Dingen selber. Alle Intervalle (außer den Vielfachen der Oktav) stehen zur Oktav in einem irrationalen Größenverhältnis, zum Beispiel macht die Quinte 58,4962331... % der Oktav aus. Natürlich ist solch eine "Genauigkeit", die doch mathematisch immer ungenau bleibt, im Blick auf die Praxis reine Spinnerei. Unterschiede von weniger als 1/400 Oktav können wir nicht mehr wahrnehmen, so daß mit der Angabe 58,5 % bereits die Hörbarkeitsgrenze für Tonhöhenunterschiede unterschritten ist. In der Praxis, auch in der mathematischen, sind irrationale Werte jederzeit durch annähernd gleiche rationale zu substituieren und umgekehrt. (Darauf beruht ja das gesamte logarithmische Rechnen!) Wichtig bleibt aber die Grundtatsache, daß sich Intervallgrößen und Intervallquotienten in einem über das Mathematische hinausgehenden Sinne nicht auf einen Nenner bringen lassen. Und nun das entscheidende Zweite: Bestimmte stetig wirkende Ordnungskräfte des menschlichen Geistes äußern sich aus musikalischen und aus jenseits der Musik liegenden Gründen auch in einem Streben nach klaren, kommensurablen, also ganzzahligen Verhältnissen der Intervallgrößen, wie sie die Teiltonreihe

---

[22] Für das Ensemble der Töne, deren Quotienten sich wie die Folge der ganzen Zahlen verhalten, gibt es mehrere Benennungen.
a) Von Obertönen spricht man, wenn es sich um mitklingende Teilschwingungen handelt (s. o.).
b) Von Naturtönen spricht man, wenn bei Blasinstrumenten durch verschieden scharfes Anblasen bewirkt wird, daß die eingeschlossene Luftsäule nicht als Ganzes, sondern statt dessen in soundsoviel gleichlangen Teilen schwingt. Fanfaren bringen nur Naturtöne hervor. Dasselbe Prinzip liegt den Flageolett-Tönen der Saiteninstrumente zugrunde. Wird die Fingerkuppe leicht auf einen entsprechenden Teilpunkt der Saite (1/2, 1/3, 1/4, ...) gesetzt, so wird die einheitliche Gesamtschwingung verhindert. Anstatt dessen schwingen je nachdem zwei Hälften, drei Drittel oder dergleichen.
c) Handelt es sich um die ganzzahlige Quotientenfolge als solche, so spricht man von Teiltönen (= Partial- oder Aliquottönen). Der Ausdruck Teilton hat den Vorteil, daß es bei der Zählung konform mit den Quotienten geht: 1. Teilton - Quotient 1 - Prim, 2. Teilton - Quotient 2 - Oktav usw. Dagegen hat der 1. Oberton den Quotienten 2. Beim Rechnen und Vergleichen empfiehlt es sich daher, statt "1. Oberton" kurz "Ton 2" zu sagen.

mathematisch gerade nicht bietet. Diese Dialektik gilt es zu erfassen und ernst zu nehmen. Wenn Vertreter strenger Atonalität ihre Musik unter theoretischer und praktischer Absehung von den Naturtonverhältnissen entwerfen (ausgenommen die Oktav, bei der ihnen das nicht gelingen will), wenn sie alles aus der Physis des Tones Ableitbare für die Systembildung abtun mit dem Satz: "Wir kennen etwas Höheres als die Natur, nämlich den Geist!", dann ist das im dynamischen Verlauf des gesamten Musikgeschehens eine unausbleibliche Reaktion auf einseitige Verliebtheit in eine Rangordnung der Töne, die sich unter starkem Echo des Gefühls auf die Physis des Tones und der Töne gründet.

Musik ist keine Natur-, sondern eine Kulturerscheinung und daher primär Sache des Geistes. Die Frage ist nur und wird es immer bleiben, ob, in welcher Art und in welchem Maße der Mensch oder eine bestimmte Stilepoche oder ein Kulturkreis das gestaltend aufnimmt oder aufnehmen soll, was die Physis für das Gewinnen einer Tonordnung anbietet. Nicht nur beim Produzieren und Reproduzieren von Musik, sondern auch in der Systembildung will der Geist schöpferisch sein. In exotischer Fanfarenmelodik haben wir zwar auf früher Stufe den Fall vor uns, daß ein Ausschnitt der Teiltonreihe sozusagen wie ein Fertigprodukt der Natur (der Natur des Tones bewunderungswürdig abgelauscht!) als Tonvorrat fürs Musizieren übernommen wird,[23] aufs Ganze gesehen gilt es jedoch, daß beim Werden eines Tonsystems, zumindest eines höheren, weitere Gestaltungsprinzipien im Spiele sind, die nicht den Gegebenheiten der Teiltonreihe entspringen.

Intervallhalbierung

Sollte hinter dem Tritonusverhältnis, das uns unsere Figur geometrisch als etwas Besonderes nahelegte, ein solches Ordnungsprinzip stecken? Wenn ja, dann hat unsere Spirale auch außerhalb der Oktav qualitative Aussagekraft, und daran würde ihr eigentlicher Wert hängen, geht es doch bei unseren Figuren in der Zielstellung nicht ums Darstellen von quantitativen Verhältnissen, sondern um die Beziehung von Quantitativem (Maß und Zahl) zu Qualitativem (Tonerlebnis).

Daß die Oktav in unserer Spirale als qualitativ hervorgehoben erscheint, kann uns nicht wundern. Wir wußten ja um ihre Einzigartigkeit und haben die Figur entsprechend entwerfen können. Daß alle übrigen Tonabstände sich quantitativ (Verhältnis von Quotient und Intervallgröße) der so gewählten Spirale notwendigerweise einfügen, haben wir oben dargetan. In welchem Verhältnis aber die musikalischen Qualitäten der übrigen Tonabstände stehen und wie dies - ob dies durch die Spirale zum Ausdruck kommt, darüber ist nichts von vornherein ausgemacht. Es könnte ja sein, daß der Verlauf einer Linie, auf der sich die Inter-

---

[23] Beim Clarinblasen und wohl auch in der Alphornmelodik gleichen die höherzahligen Naturtonintervalle (die ja beim Blasen einigermaßen variabel sind) eher Mosaiksteinen, bei denen es weniger auf die genauen Maße des Einzelsteins ankommt als vielmehr auf die rechte Zusammenrückung der Steine zu einem Bilde.

vallqualitäten sinnvoll anordnen lassen, ganz anders als Kreis und Spirale aussehen müßte oder daß eine solche Linie und Figur überhaupt nicht zu finden wären. Tatsächlich aber ist der Tritonus qualitativ ebenso der Antipode der Prim/Oktav, wie er sich quantitativ in unserer Figur als solcher darstellt. Als klarste Konsonanz und diffuseste Dissonanz gehören die beiden Intervalle polar zusammen. Dem Pol der Stabilität liegt der Pol der Vieldeutigkeit und Labilität gegenüber. Der Tritonus läßt sich zwar auf mancherlei Weise auch aus der Teiltonreihe heraus- bzw. in sie hineinlesen (wie das schließlich bei jedem beliebigen Tonabstand möglich ist), aber sein Wesen wird damit kaum getroffen. Er ist die "ent-zwei"-gemachte Oktav. Wir erinnern uns an das über die Unversöhnlichkeit des "dawider" und über die Ableitungen aus dem Worte "zwei" Gesagte.

Offenbar wirkt das Zweierprinzip bei der Intervallteilung anders als bei der Saitenteilung. Bei dieser sagt die Zwei: "Noch einmal dasselbe!" ("Da wieder!"), bei jener sagt sie: "Genau das Gegenteil!" ("dawider"). Symmetrie und damit Harmonie im allgemeinsten Sinne einerseits und Polarität, also stetig Spannung erzeugende Gegensätzlichkeit andererseits, dies beides liegt in der Zwei, wo sie strukturell bedeutsam ist. Bald tritt die eine, bald die andere Seite hervor. Meist jedoch, vielleicht sogar immer, ist dabei beides irgendwie auch im Sinne einer Synthese verwoben.

Daß Intervallhalbierung ein eigenes Ordnungsprinzip von spezifischer Wirkung ist, erweist sich am klarsten bei der Halbierung des Intervalls, das der Oktav unbeschadet ihrer Einzigartigkeit nächstverwandt ist, also der Quint. Die neutrale Terz, die dieser Größenordnung entspricht, ist zum Beispiel im vorderen Orient häufig. Wenn wir auch zu ihrer musikalischen Qualität keinen unmittelbaren Zugang haben, da sie unserer Musik wesensfremd ist, so läßt sich doch erkennen, daß ihr Charakter dem der klar obertönigen Quint auch qualitativ entgegengesetzt sein muß.

In unserer Figur (Abbildung 7) haben wir außer der Senkrechten, die das Radienpaar von Oktav und Tritonus darstellt, auch die Waagerechte eingezeichnet. Sie entspricht dem Radienpaar der kleinen Terz und der großen Sext (temperiert). Ersichtlich ist dies von der Figur her der nächstmögliche willkürfreie Schritt der Teilung, der letztmögliche, der durch eine einzige hinzugefügte Linie eine gleichmäßige Teilung zustande bringt, die Teilung in vier Quadranten. Somit haben wir nun in Gestalt der kleinen Terz auch den halbierten Tritonus vor uns (ohne zu behaupten, daß dies *die* Ableitung der kleinen Terz sei!).

Wenn die Intervallhalbierung bei Oktav und Quint einen qualitativen Gegensatz hervorbrachte, dann lockt es, nachzuprüfen, ob die kleine Terz als "Halbtritonus" einerseits eine dem Tritonus entgegengesetzte Qualität hat, andererseits aber auch eine deutliche qualitative Mittelstellung zwischen Prim/Oktav und Tritonus einnimmt, wie es quantitativ der in der Figur abgebildeten Intervallgröße entspricht. Ebenso müßte sich dann die große Sext verhalten. Und so ist es tatsächlich. Dieses Intervallpaar (kleine Terz - große Sext), das gegeneinander gestellt den Tritonus und zusammengefügt die Oktav ergibt, ist einerseits von der Wasserhelle der Oktav

55

und von der Undurchsichtigkeit des Tritonus sehr weit entfernt (wir wagen nicht, zu behaupten "gleich weit", da es um Qualitäten geht) und andererseits bilden diese Intervalle, jedenfalls in unserem "abendländischen" Musikempfinden, einen ausgesprochenen Gegensatz zum Tritonus. Am deutlichsten wird das bei der kleinen Terz. Sie bindet Töne locker, schwebend, wie spielend und doch deutlich aneinander (Rufterz, Kinderliedmotiv bei Spielen!) - im Gegensatz zum Tritonus, der einzigartig fesseln und abstoßen, schmeicheln und verletzen kann.[24]

Sonderstellung des Tritonus

Ein Blick nur darauf, wie es mit dem Tritonus im Abendland in den letzten zweieinhalbtausend Jahren gegangen ist. So wie in den Tönen unserer Durtonleiter (im Sprung f-h), lag das Tritonusverhältnis schon in den altgriechischen diatonischen Leitern und in den mittelalterlichen Kirchentönen vor. Alle diese Skalen weisen ja die gleichen Abstandsverhältnisse auf, daß nämlich abwechselnd auf zwei und drei Ganztöne ein Halbton folgt. Nie aber ist der Tritonus in alter Zeit ein Intervall wie andere gewesen. Es geht eine Linie von seiner Verfemung im Mittelalter als diabolus in musica bis zu seiner Charakterisierung durch einen der bedeutendsten Komponisten und Theoretiker unseres Jahrhunderts als "scheinheilig, undeutlich und aufdringlich". Einst ließ man ihn, obwohl latent vorhanden, in Theorie und Praxis nicht zum Vorschein kommen. Weder in der melodischen Folge noch späterhin im harmonischen Mehrklang durfte er anfangs erscheinen, und die Theorie wendete, wand sich so, daß sie ihn nicht zu sehen brauchte. Als er aber schließlich den mehr oder weniger gleichberechtigten Eintritt gefunden hatte, der ihm von der innersten Gesetzmäßigkeit unseres Musiksystems her auf die Dauer nicht zu verwehren war, erwies er sich als außerordentlich fruchtbar für die Weiterentwicklung, ohne daß er je aufgehört hätte, "gefährlich" zu sein.

---

[24] Die Beobachtung, daß Intervallhalbierung sich (im Gegensatz zur Frequenzhalbierung!) mit qualitativem Kontrast verbindet, läßt sich nicht uneingeschränkt machen. Wo es sich im Grunde nur um rückgängig gemachte Verdopplung handelt wie bei der halben None = 1 Quint oder beim Verhältnis der Doppeloktav zur einfachen, kann man derlei nicht erwarten, ebensowenig bei der Teilung von Sept und Sext, was u.a. mit ihrem sekundären Charakter gegenüber ihren oktavkomplementären Intervallen zusammenhängt. Fraglich bleibt auch, ob man die Gegensätzlichkeit große Terz - große Sekund (typisch harmonisch - typisch melodisch) und große Sekund - kleine Sekund (frei atmend - leidenschaftlich geladen) in diesem Zusammenhang sehen darf, weil sich bei kleineren Intervallen (der Tritonus bildet den Grenzfall) der Unterschied zwischen Intervallhalbierung und Intervallteilung im Sinne der Partialtönigkeit zunehmend verwischt. Der eindeutigste Fall von Qualitätskontrast bei Intervallhalbierung bleibt das Oktav-Tritonus-Verhältnis. Er ist als polar anzuerkennen, unabhängig davon, wie weit und wie deutlich im übrigen ähnlich gelagerte Fälle von Kontrastpaaren aufweisbar sind.

Fortlaufende partialtönige Zweiteilung

Eine andere Zweiteilung der Oktav erhebt nun freilich im Namen der Physik und der Musik den (von uns auf Seite 52ff. schon relativierten) Anspruch, vor allen anderen *die* gültige zu sein. Sie geschieht durch den Teilton 3, der den zweiten Oktavstreifen der Teiltonreihe (2:4) in das Intervallpaar Quint (2:3) und Quart (3:4) teilt. In jedem höheren Oktavstreifen erfolgt eine weitere Zweiteilung der Intervalle, die im nächstniedrigeren vorlagen. Es ergibt sich folgendes Schema laufender Zweiteilung:

8	9	10	11	12	13	14	15	16
4		5		6		7		8
2				3				4
1								2

Mit dem Hereintreten der Drei kommt ein neuer Prozeß in Gang. Im Vergleich zu diesem Neuen war die Zwei steril, denn den Tönen im Abstand von einer oder mehreren Oktaven fehlt die Eigenfarbe, die Mannigfaltigkeit, sie sind quasi eins. Die Oktav ist wie eine Arena. Sie steht fest als der wohlabgemessene Raum, in dem die Töne in ihrer Mannigfaltigkeit spielen und kämpfen. Oder besser, sie ist wie ein idealer Erdkreis, dem noch das Leben, die Individuation, die Buntheit fehlt, der aber, obwohl in sich vollkommen, auf bewegtes Leben hin angelegt, zur Beherbergung des Vielfältigen prädestiniert ist. Es wird von schicksalhafter Bedeutung sein, was die Drei, der erste natürliche Teiler des ersten natürlichen Intervalls, mit ihrer irrationalen Intervallteilung anrichtet, in welchen Größen- und Qualitätsverhältnissen die nun entstehenden Intervalle Quint und Quart zueinander, zur Oktav und zu den übrigen Intervallen stehen.

Ehe wir dem nachgehen, betrachten wir noch einmal das obige Zahlenschema und sehen auf den ersten Blick die Drei an der ihr gebührenden hervorragenden Stelle zwischen den rechts und links das Feld einrahmenden Zweierpotenzen. Beim zweiten Blick mag uns mißfallen, daß die Zahlen in den einzelnen Oktavstreifen gleichabständig angeordnet sind, obwohl die von den entsprechenden Quotienten gebildeten Intervalle nach oben hin bekanntlich immer kleiner werden. Beim dritten Blick merken wir denn doch, daß uns eine gute Ordnung sozusagen unterlaufen ist. Jede Zahl ist der Mittelwert ihrer Nachbarn, und zwar in der Waagerechten das arithmetische Mittel, in der Senkrechten das geometrische. Am schönsten sehen wir das in unserem nach oben hin beliebig erweiterungsfähigen Schema bei der Sechs. In der Waagerechten gilt als Maß die denkbar einfachste

Differenz zwischen Zahlen, nämlich 1, in der Senkrechten die denkbar einfachste Proportion, nämlich 2:1. Die Gleichabständigkeit in der Waagerechten ist kein "Fehler", sondern bringt den Gesichtspunkt ins Blickfeld, daß von Teilton zu Teilton ein arithmetisch gleicher Schwingungsbetrag zuwächst.

Spezielle Aussagekraft der beiden Spiralen

Bemerkt sei an dieser Stelle, daß auch unsere (linke) Oktavspirale (Abbildung 6) die durchgehende Gleichheit des Zuwachses an Hertz von Teilton zu Teilton zwar versteckt, aber treffend abbildet, nämlich durch Teilung der Spiralperipherie in gleichlange Abschnitte von Teilton zu Teilton. Zum Beweis bedarf es nur kurzen Nachdenkens: Die Vollwindungen übereinandergetürmter Oktaven sind in unserer Spirale zwar verschieden groß, aber alle nur denkbaren Oktaven sind einander im mathematischen Sinne ähnlich, das heißt, sie sind genau gestaltgleich. Verdoppelt sich also bei der Oktav die Länge des Radius, so verdoppeln sich ebenso irgendwelche anderen Längen, die in der Figur auftauchen, also auch die Länge der Spiralperipherie. Da nun die höhere Oktavwindung sich bei doppelter Länge im Sinne der Teiltonreihe in doppelt so viel Teile teilt (und der Verlauf der Windung vollkommen kontinuierlich ist), ergibt sich, daß die Abschnitte der Spiralperipherie, die durch die Kette der Schwingungszahlverhältnisse 1:2:3:4:5... gebildet werden, gleich lang sein müssen. Siehe *Abbildung 8.*

Objektiv sind also in der Oktavspirale die Maße der Teiltonreihe enthalten. Subjektiv aber, vom Augenmaß her, ist die Längengleichheit der Peripherieabschnitte nicht eindeutig zu erkennen, weil die Gestalt der Abschnitte verschieden ist, bei der Oktav eine Vollwindung, bei der Quint mehr als eine halbe, bei der Quart weniger. Die linke Spirale in Abbildung 8 zeigt die Grenzen der einzelnen gleichlangen Abschnitte bis zum Ton 8 deutlich markiert. Je weiter wir in der Teiltonreihe aufsteigen, desto mehr verliert sich die Eigengestalt. An der äußersten Wahrnehmbarkeitsgrenze für Obertöne (Ton 16) sehen die benachbarten Abschnitte 14:15:16 zum Beispiel schon so aus: Siehe *Abbildung 9.*

Das Auge ist desorientiert. Der größere Winkel wirkt im Ganzen der Figur nicht größer, sondern eher kleiner, während man das tatsächliche Verhältnis sofort erkennt, wenn man die Spitze der Figur, rechtwinklig zum Radius 15 abgeschnitten, für sich betrachtet. Die Peripherieabschnitte lassen, vollends wenn man sie (wie in der Figur rechts) von ihren Radien isoliert, für das Auge kaum mehr erkennen, in welcher Richtung sich die Spirale weitet. Diese Undeutlichkeit fürs Auge steht in Parallele zur Unsicherheit in der musikalischen Beurteilung und Verwertung höherer Teiltonverhältnisse. Freilich spielen bei der Deutlichkeit eines Intervalls und seinem Stellenwert im Tonsystem noch wesentliche andere Faktoren mit, so daß die Entsprechung von Optischem und Akustischem nur für den Gesamtverlauf gilt, ohne daß jedes Einzelintervall allein nach dem früheren oder späteren Auftauchen in der Teiltonreihe zu bewerten wäre.

Wenden wir nunmehr den Blick zur rechten Spirale (Abbildung 8), dann kommt das schnelle Absinken der Bedeutsamkeit der Teiltonverhältnisse bei wachsender Anzahl nicht nur durch die Gestalt der einzelnen Peripherieabschnitte zum Ausdruck (die Intervalle sind in beiden Spiralen gestaltgleich), sondern viel sinnfälliger durch die Verringerung der Größe der Abschnitte im Quadrat ihrer Anzahl. Die zwei Abschnitte der zweiten Oktavwindung sind zusammen nur halb so groß wie die Windung der ungeteilten Oktav für sich allein; entsprechend hat die darauffolgende viergeteilte Windung nur ein Viertel der Länge der ersten, äußeren Windung. Die Einzigartigkeit der Oktav kommt hier frappant zum Ausdruck. Die Windung der ungeteilten Oktav ist nämlich gerade so lang, wie es die Windungen eines daraufgesetzten imaginären Turmes von unendlich vielen Oktaven mit unendlich mal unendlich vielen Unterabschnitten wären. Die Summe der unendlichen Reihe 1/1, 1/2, 1/4, 1/8... hat ja den Grenzwert 2.

Symbolkräftig kommt hier zum Ausdruck, daß die Oktav in ihrem Wesen das Ganze der Tonbeziehungen in sich birgt. Sie ist, wie schon früher gesagt, der Mikrokosmos, in dem nicht nur die Weiten des realen menschlichen Hörbereichs abgebildet, zusammengefaßt, symbolisiert sind, sondern auch die gegen das Grenzenlose vordringenden Gesetze der Maß- und Zahlenordnung, die im menschlichen Geist verankert sind. Man mag an das Goethewort denken: "Willst du dich am Ganzen erquicken, mußt du das Ganze im Kleinsten erblicken." Die Oktav ist ja ein Kleines im Vergleich zum gesamten Hörbereich. Aber dieses Kleine ist zugleich ein allumfassendes Größtes und als solches das unverrückbare Maß aller Tonbeziehungen. Materie und Energie setzen sich aus kleinsten Bausteinen zusammen, im Intervallaufbau steht das Umfassende vor dem Umfaßten, das Ganze vor den Teilen. Die Oktav ist Kleinstes und Größtes in einem. Sie ist Kleinstes, Engstes, wenn wir die verschiedenen Obertonquotienten (2, 3, 4 usf.) ins Verhältnis zum Quotienten des Grundtons (1) setzen; und sie ist Größtes, Weitestes, wenn wir, wie es musikalischer Maßordnung entspricht, die Quotienten benachbarter Partialtöne (2/1, 3/2, 4/3 usf.) als konstitutiv erkennen.

Fragen wir vergleichend, was die linke und die rechte Spirale besonders aussagen, dann bringt die linke stärker die Gleichheit aller Naturintervalle einschließlich der Oktav vor dem einen Gesetz der Teiltönigkeit zum Ausdruck, die rechte die "relativ absolute" Stellung des einen Intervalls, das alle andern umfaßt und ihnen Maß und Ordnung gibt.

Auf der linken Seite wird die Energie ins Auge gefaßt. Groß erscheint da die stärkere Aufspaltung, die, wie am besten der Bläser weiß, die größere Energie erfordert. Auf der rechten Seite kommt das dem energetischen Vorgang zugrunde liegende materielle Verhältnis unmittelbar zum Vorschein. Die rechts abgebildeten Wellenlängenverhältnisse sind ja von der schwingenden Materie nicht nur abhängig (wie die Frequenzen auch), sondern sie haben in der geteilten Saite, also in massiver Materie, ihr maßgetreues Vorbild. Jahrtausende, ehe man von Luftschwingungen und Obertönen etwas wußte, hat man in der Nachfolge des Pythagoras den wunderbar erscheinenden Zusammenhang von einfach-niedrigzahliger Saitenteilung und fundamentalen musikalischen Eindrücken am Monochord beobachtet und weitreichende Spekulationen daran geknüpft. Beim Monochord handelt es sich um eine zwischen zwei festen Stegen über einen Resonanzkasten gespannte Saite, die durch einen verschiebbaren Mittelsteg beliebig teilbar ist. Unsere rechte Spirale ist nun als "Monochord neuen Typs" auffaßbar, bei dem der Mittelsteg (Spiralmittelpunkt) fest ist, die Außenstege jedoch beweglich auf dem Spiralband reiten. Die zwei Radien eines Intervalls sind also als Teile einer Saite zu verstehen, die im Spiralmittelpunkt abgeknickt ist.[25] Bei hinreichender Raffinesse ließe sich ein solches Monochord sogar praktisch bauen. Uns ist jetzt nur die Erkenntnis wichtig, wie gut eine Figur in einer über das Schematische hinausgehenden Weise den Zusammenhang von materiell Vorfindlichem und musikalisch Empfundenem darzustellen und aufzuhellen vermag.

Der Oktavkreis als Projektion der Spiralen

Nachdem wir jede der beiden Spiralen auf ihre Besonderheit hin untersucht haben, fragen wir nun, wie sie sich, da sie doch denselben Tatbestand abbilden, bildlich miteinander vereinen lassen. Dazu setzen wir die Radienlängen in beiden Spiralen, die gleiche Intervalle meinen, zueinander in Beziehung, also 1/2 und 2, 1/4 und 4 und so weiter, und sehen, daß sie multipliziert als reziproke Werte sämtlich 1 ergeben. Es legt sich also als konstanter Radius 1 und somit der Kreis nahe, von dem wir ausgegangen waren. Der Kreis ist, wie schon früher gesagt, eine einseitige Darstellung der Tonverhältnisse, weil die Abbildung der Quotienten wegfällt, zugleich bedeutet er aber auch eine höhere Abstraktionsstufe. Es ist von der Sache her berechtigt, im Kreis die Projektion der Spirale(n) zu sehen und nicht umgekehrt. Stellen wir uns vor, wir drehten uns im Mittelpunkt der Spirale und sähen diese ähnlich wie eine uns umgebende Mauer - sie würde uns als Kreis erscheinen. (Von der perspektivischen Verkleinerung bei wachsendem Abstand dürfen wir absehen.) Erst wenn wir uns im Mittelpunkt der Spirale in die Höhe heben könnten, wäre die Spiralenform der Mauer zu erkennen. Es wird sich zeigen, daß das Kreissymbol nicht nur manches vereinfacht, sondern in seiner Einseitigkeit Einsichten vermitteln kann, zu denen von der Spirale aus kein direkter Weg führt.

---

[25] Es könnte auch das Spiralband selbst die Funktion der Stege übernehmen. Die beiden Saitenenden muß man sich durch Gewichte beschwert und über das Spiralband herabhängend vorstellen, den Mittelpunkt als dünnen Stift, in dem die Saite gewinkelt wird.

Quantitative Betrachtung des Oktav-Quint-Problems

Die Größenverhältnisse

Mit der Drei als Quotient kommt eine neue Primzahl ins Spiel. Damit ist besiegelt, daß Oktav und Quint in ihrem Größenverhältnis nicht auf einen Nenner zu bringen, daß sie intervallgrößenmäßig inkommensurabel sind. Wäre es anders, dann müßte irgendwann einmal ein Turm von x Oktaven genau die Höhe von y Quinten haben. Weil sich aber jede Zahl eindeutig in Primfaktoren zerlegen läßt und der Faktor 3 im Oktavturm nicht auftaucht, ist eine solche Übereinstimmung unmöglich. Die Frage, ob und wie sich das Größenverhältnis von Oktav und Quint dennoch in einer faßlichen Zahlenbeziehung gültig darstellen läßt, muß, wie wir schon sagten, von dem Odium frei gemacht werden, als ginge es nur darum, das Ohr möglichst geschickt um die einzig wahren, idealen, aber leider unverträglichen partialtönigen Werte zu betrügen.

Die sogenannte gleichschwebende temperierte Stimmung teilt die Oktav in zwölf gleiche Halbtöne, von denen sieben auf die Quint und fünf auf die Quart entfallen. Die temperierte Stimmung führt damit technisch ebendas durch, was die Sprache in griechisch-lateinischer Tradition seit eh und je über die Intervallgrößenverhältnisse aussagt. Nimmt man - sozusagen probeweise - die Ausdrücke tonus und semitonium größenmäßig für bare Münze, dann besteht die Quint aus drei Ganztönen und einem Halbton, die Quart aus zwei Ganztönen und einem Halbton. Somit ergibt sich für Oktav : Quint : Quart eben das Größenverhältnis 12:7:5 (lies: Halbtöne). Und nun das Verblüffende: Die Annäherung dieser übereinstimmend aus antiken sprachlichen Bezeichnungen und aus neuzeitlicher temperierter Stimmung resultierenden Werte (12:7:5) an die Größenverhältnisse der natürlichen Oktav, Quint und Quart ist so groß, daß auch ein geübtes Ohr den Unterschied nur in Schwebungen wahrnimmt. Belassen wir der Oktav die Größe 12, dann entfallen auf die natürliche Quint 7,0196... temperierte Halbtöne und auf die natürliche Quart dementsprechend 4,9804... Die Abweichung beträgt also nicht ganz 1/50 des temperierten Halbtons, das heißt knapp den 600. Teil der Oktav. Der Schwellenwert für Tonhöhenunterscheidung liegt aber in günstigen Fällen bei 1/400 Oktav, beim lebendigen Musikhören noch viel höher.

Cent- und Millioktavrechnung

Die genannten übergenau-ungenauen Werte für die natürliche Quint und Quart formen wir der heute üblichen Bezeichnungsweise folgend bequem in Cent (C) um. 1 C = 1/100 temperierter Halbton, also 1/1200 Oktav. Auf ganze Cent abgerundet ist demnach die natürliche Quint 702 C groß, die natürliche Quart 498 C.[26]

---

[26] Es sieht für manchen Laien gefährlich aus, ist es aber nicht, wenn man feststellt, daß diese Werte zum Logarithmensystem mit der Basis $^{1200}\sqrt{2}$ gehören. Genau diese Basis entspricht am

Bezeichnend für die undialektische, physikalistische Überbewertung der partialtönigen Intervalle ist es, daß sich die Theoretiker im vorigen Jahrhundert und bis in unseres hinein weitgehend gegen die "mechanische" Zwölftelung der Oktav für akustische Berechnungen gewehrt haben. Mußte man schon sehen, daß in der Praxis die temperierte Stimmung gesiegt hatte, so meinte man doch, die temperierten Werte von den Gefilden echter, musikalisch begründeter Intervalle fernhalten zu müssen. So wie es einst dem diabolus in musica, dem (wie auch immer berechneten oder praktizierten) Tritonus erging, den wir ja als halbierte Oktav verstanden, so ging es später der ausgereiften Zwölftelung der Oktav. Ein tiefsitzender Horror vor der "widernatürlichen" Siegkraft der Zwölftelung scheint bis heute nicht ausgestorben zu sein. Man teilte deshalb die Oktav zu Maßzwecken ohne Rücksicht auf musikalische Vorstellungen ausschließlich im Sinne des dekadischen Systems in 1000 Millioktaven. Damit verbaute man die Sicht auf naheliegende kommensurable Intervallwerte (in unserem Falle 702:498 ≈ 7:5). In absichtlicher Vorläufigkeit haben wir das auf Seite 45 einmal ähnlich getan mit der Angabe, die Quint mache 58,5 % der Oktav aus, also 585 Millioktaven. Unter solcher mathematisch richtigen Größenangabe kann man sich musikalisch nichts vorstellen. Wohl aber hat der musikalisch Bewanderte eine klare Vorstellung von den Intervallen, die in temperierter Stimmung als Vielfache des Halbtons (= 100 C) erscheinen und gewinnt von da aus eine Orientierung über die Lage irgendwelcher gemessenen oder errechneten Tonhöhen. Wo wir freilich - wie im Folgenden sehr bald - die zweifelsfrei grundlegende Realität der Zwölferordnung vergleichend erst begründen wollen, kann auf die musikalisch neutralere Millioktavrechnung nicht verzichtet werden.

---

besten den musikalischen, akustischen und praktischen Gegebenheiten. Die 2 unter dem Wurzelzeichen besagt, daß das Intervall mit dem Quotienten 2, also die Oktav, als Grundmaß hinter dem ganzen System steht (wie auch in Abb. 7). Die 1200 aber besagt, in wieviel gleiche Teile dieses Grundmaß der Oktav (in Abb. 7 waren es nur 4 Teile!) geteilt wurde, um mathematisch genügend genaue und musikalisch möglichst gut vorstellbare Werte für beliebige Intervalle zu erhalten. Letzterem entspricht die Einteilung in 12 Halbtöne, jeder mit dem Quotienten $\sqrt[12]{2}$. Sodann, bei der Unterteilung des Halbtons in kleinste Einheiten, folgt man mangels bestimmter musikalischer Erfordernisse den Gegebenheiten unseres dekadischen Zahlensystems, wobei die Teilung durch 100 im allgemeinen den Anforderungen genügt. (Die Werte zur Basis $\sqrt[1200]{2}$ sind dieselben wie die zur Basis $\sqrt[12]{2}$ mit um zwei Stellen nach rechts versetztem Komma: 7,02 temperierter Halbton = 702 C.)
Heinrich Husmann hat äußerst praktisch zu handhabende Centtafeln herausgebracht, die nichts anderes sind als den Erfordernissen des musikalischen Rechnungswesens angepaßte Logarithmentafeln. Statt Quotienten zu multiplizieren bzw. zu dividieren, braucht man die entsprechenden Cent nur zu addieren bzw. subtrahieren und gewinnt obendrein eine Vorstellung von den Intervallgrößenverhältnissen.

Die Quintsuperposition

Es war von vornherein ein Turmbau zu Babel, wenn wir im Gedankenexperiment zwei sich berührende Türme hochziehen wollten, von denen der eine aus lauter Oktaven, der andere aus lauter Quinten besteht und die irgendwann einmal abschließend die völlig gleiche Höhe erreichen sollten. Auch wenn Vater des Gedankens ausschließlich der Wunsch gewesen wäre, die Größe *einer* Quint im Vergleich zu *einer* Oktav festzustellen, wären wir aus mathematischen Gründen notwendigerweise zur Idee der Intervalltürmung, der Superposition gekommen. Nun sehen wir aber und registrieren es als wichtig und durchaus nicht selbstverständlich, daß Superpositionen gleichgroßer Intervalle - speziell der Oktav und der Quint - auch für die Systembildung von größter Wichtigkeit sind. Das elementare Streben in Richtung auf Kommensurabilität der Intervalle hat also, wenn es den solcher Ordnung zumindest mathematisch widerstrebenden partialtönigen Intervallen begegnet, zwei Mittel, sich durchzusetzen, erstens die Angleichung an oder Gleichsetzung mit ähnlichen kommensurablen Werten und zweitens die Superposition gleichgroßer Intervalle. Beides geschieht an keiner Stelle auf Grund von solch staunenswerten Übereinstimmungen mathematischer, physikalischer, physiologischer und psychologischer Tatbestände, wie dies beim Zusammentreffen des Oktav- und Quintprinzips der Fall ist.

Superposition und Partialtonreihe

Es lassen sich zwar auch aus der Partialtonreihe theoretisch beliebig viele Intervallsuperpositionen herausschälen, wenn man die einzelnen Partialtöne ins Verhältnis zum Ton 1 setzt, also 1:2, 1:3, 1:4, 1:5... und wenn man dann Potenzfolgen solcher Intervallriesen bildet, unter denen die Oktav der kleinste ist. Intervallsuperpositionen gewinnen wir also aus den Folgen:

$$1 : 2 : 4 : 8 \quad \text{(Oktaven)}$$
$$1 : 3 : 9 : 27 \quad \text{(Quinten)}$$
$$1 : 4 : 16 : 64 \quad \text{(Doppeloktaven)}$$
$$1 : 5 : 25 : 125 \quad \text{(Großterzen)}$$

Wir sehen sofort, daß die Doppeloktav nur ein bedeutungsloser Ableger der Oktav ist, da sie keinen neuen Primfaktor enthält. Ferner aber ist ersichtlich, daß mit Ausnahme der Oktav die Superpositionen musikalisch bedeutsamer Intervalle (Quint, große Terz; nicht Duodezime und Septendezime!) nicht unmittelbar vorliegen, sondern erst durch Oktavreduzierung zu gewinnen sind:

$$\text{Quint} = 1 : 3/2 = \text{Quotient } 3/2$$
$$\text{Große Terz} = 1 : 5/4 = \text{Quotient } 5/4$$

Nur die Oktavsuperpositionen sind eine unmittelbare und musikalisch bedeutsame Gegebenheit der Partialtonfolge. Für das systematisch konstitutive Auftreten von Folgen anderer gleichgroßer Intervalle - wie auf frühester Stufe schon in der Treppenmelodik und auf hoher Entwicklungsstufe die unseren siebenstufigen Skalen zugrundeliegenden Quintfolgen - reicht die Partialtonreihe als Begründung nicht aus. Typisch für die Partialtönigkeit ist und bleibt die Intervallfolge der "Überteiligkeitsreihe", innerhalb deren die Inkommensurabilität der aufeinander folgenden Intervalle Gesetz ist:

Töne	Quotienten:	1	:	2	:	3	:	4	:	5
	Tonbeispiele:	c		c'		g'		c''		e''
Intervalle	Namen:			Oktav		Quint		Quart		Große Terz
	Größen:			1200 C		702 C		498 C		386 C

Folge optimaler Quinttemperaturen

Der praktische Triumph der Oktavzwölftelung, in der gleichschwebend temperierten Stimmung auch mathematisch durchgeführt, und die trotzdem nie ganz zur Ruhe kommenden Bedenken und Anläufe dagegen sind Grund genug, den zahlengesetzlichen Zusammenhängen zwischen Natur und Temperatur genauer nachzuforschen. Wir gehen dazu gedanklich hinter unsere Feststellung zurück, daß zwischen der natürlichen und der temperierten Quint nur ein kaum hörbarer Unterschied besteht, erkennen allein die natürliche Quint = 701,96 C als Gegebenheit an und stellen die temperierte Quint = 700 C in Vergleich zu allen übrigen theoretisch denkbaren Möglichkeiten, durch Temperierung der Quinten x Quinten gleich y Oktaven zu machen, wobei x und y ganzzahlig sein sollen oder, was dasselbe ist, wobei das irrationale Größenverhältnis von Oktav und Quint auf Kosten der Quint rational gemacht werden soll. Diese Notwendigkeit besteht zumindest für das Stimmen von Instrumenten mit unveränderlicher Intonation, die ohne Beschränkung auf bestimmte Tonarten gut spielbar sein sollen. Bei unserer Zielstellung interessieren uns zwar die praktischen Probleme der Stimmung höchstens indirekt, aber gewisse dahinterstehende Zahlengesetzlichkeiten gehören zu unserem Thema.

Wir schreiben systematisch fort von kleinsten Werten für x und y unter Inkaufnahme größter Abweichungen von der natürlichen Quint zu immer besser angenäherten Quintwerten unter Inkaufnahme immer höherer, komplizierterer Werte für das Verhältnis x:y.

Gehen wir von c quintaufwärts, so bringt schon die zweite Quint d' (2 x 702 C = 1404 C) eine erkennbare Annäherung an die erste Oktav (1200 C). Die Abweichung beträgt +204 C. Ein besseres Resultat erreichen wir erst mit der fünften Quint h" (3510 C), die mit einer Abweichung von nur -90 C der dritten Oktav = 3600 C nahekommt. Bis zur zwölften Quint müssen wir gehen, um uns einem Oktavvielfachen noch mehr zu nähern. 12 x 702 C = 8424 C sind nur 24 C mehr als die 8400 C der siebenten Oktav. Wir stellen die Werte zusammen:

$$2 \text{ Quinten} = 1 \text{ Oktav} \quad +204 \text{ C}$$
$$5 \text{ Quinten} = 3 \text{ Oktaven} \quad -90 \text{ C}$$
$$12 \text{ Quinten} = 7 \text{ Oktaven} \quad +24 \text{ C}$$

Die Reihe läßt sich mathematisch in beiden Richtungen erweitern. Eine Quint nähert sich einer Oktav mit -498 C (= Quart) Abweichung. Und null Quinten haben keinerlei Annäherung an einen Oktavwert, was sich nur durch die Abweichung 1200 C ausdrücken läßt. Der Suchzeiger geht sozusagen den ganzen Oktavkreis ab, findet nichts und kapituliert deshalb bei 1200 C. Das Vorzeichen entspricht einer Gesetzmäßigkeit des Vorzeichenwechsels, die sich uns auch weiterhin bestätigen wird.

1	2	3	4	5	6	7	8
Super- positionen x Qui. = y Okt.		Abweichung (Komma) in Cent / in Milliokt.		Faktor f	Temperierte „Quinten"		
					Größen in Milliokt. / in Cent		Namen
0	-	+ 1200	+ 1000	-	-	-	-
1	1	- 498,04	- 415,04	2	1000	1200	Oktav
2	1	+ 203,91	+ 169,92	2	500	600	Tritonus/verm.Quint
5	3	- 90,22	- 75,19	2	600	720	"Maßquinte" (Husmann)
12	7	+ 23,46	+ 19,55	3	583,33	700	"temperierte" Quint
41	24	- 19,84	- 16,54	1	585,37	702,44	Jankó-Quint
53	31	+ 3,62	+ 3,01	5	584,91	701,89	Mercator-Quint
306	179	- 1,77	- 1,47	.	584,96	701,96	"reine" Quint
.	.	.	.	.	.	.	.
.	.	.	.	.	.	.	.
a + (b x f) = c		a − (b x f) = c			1000(x:y) 1200 (x:y)		← Ableitungsformeln

Die Buchstaben a, b, c bezeichnen drei beliebige aufeinanderfolgende Glieder in den Spalten 1, 2, 3 oder 4. Das Größenverhältnis Abweichung a : Abweichung b ergibt ganzzahlig nach unten abgerundet den Faktor f, der mit b multipliziert und zu a addiert in Spalte 1 und 2 ein immer größer werdendes c ergibt (wachsende Superpositionen). In Spalten 3 und 4 dagegen entspricht die Subtraktion des b x f von a einem immer kleiner werdenden c (schrumpfende Kommata).

Erläuterung der Tabelle der Quinttemperaturen

In der Tabelle sind über die zuvor betrachteten Superpositionspaare hinaus noch die drei nächsthöheren optimalen Werte hinzugegeben, die den mathematisch gesetzmäßigen Verlauf der Reihe bis in den Bereich hinein zeigen, in den sich kein irgendwie praxisbezogener Theoretiker je hat versteigen müssen.[27]
Die Spalten 1 und 2 zeigen, wieviel Quinten (x) mit wieviel Oktaven (y) verglichen werden.
Die Spalten 3 und 4 zeigen den Rest, die Abweichung, das heißt, um wieviel Cent beziehungsweise Millioktaven x Quinten größer beziehungsweise kleiner sind als y Oktaven. Die Cent zeigen bequem die Größenordnung der Abweichungen an, die, wie man sieht, anfangs gängige Intervallgrößen haben (Oktav, Quart, Ganzton, Halbton).
Die Transkription in Millioktaven (1200 C = 1000 Mio) wurde beigegeben um der Spalten 6 und 7 willen. Diese zeigen an, welchen Wert eine "Quint" erhalten muß (= wie wir die Quint temperieren müssen), damit die x Quinten genau die Größe der y Oktaven bekommen.[28] Den Wert erhalten wir, wenn wir die Zahl der Oktaven durch die Zahl der Quinten teilen. Schreiben wir y:x in Dezimalen und rücken das Komma um drei Stellen nach rechts, so erhalten wir die Größe der betreffenden "Quint" in Millioktaven. Die Rückverwandlung in Cent (Mio:C = 5:6) erleichtert wiederum die größenmäßige Orientierung. Spalte 8 benennt die so entstandenen Quinttemperaturen.
Mittels des "Faktors" in Spalte 5 läßt sich die Reihe der Superpositionen (Spalten 1 und 2) und der Abweichungen (Spalten 3 und 4) berechnen.
Vorgegeben ist in der gesamten Tabelle nur das Größenverhältnis Oktav:Quart (in Cent ausgedrückt 1200:498,04, in Millioktaven 1000:415,04; vgl. Spalten 3 und 4 oben), das wiederum auf das Verhältnis Oktav:Quint = 1200:701,96 zurückgeht. Diese beiden Intervallwerte 1200 und 498,04 nennen wir a und b. Wir finden sie als Ausgangspositionen oben in Spalte 3 (beziehungsweise als Millioktaven geschrieben in Spalte 4).
Wievielmal a größer ist als b, und zwar ganzzahlig nach unten abgerundet, das ist der Faktor f. Mit diesem müssen wir b multiplizieren und das Ergebnis von a abziehen.[29] Dann erhalten wir c, den Wert der Abweichung bei der nächsthöheren Superposition unserer Reihe.

---

[27] Herr Prof. Feilke (Bremen) ermittelte unter Zugrundelegung einer Quint von 701,5000865 C noch drei weitere Glieder unserer Folge. Es erscheinen 665, 15601 und 31867 Quinten.
[28] Temperaturen, die diesen Anforderungen nicht genügen, also insbesondere alle ungleichschwebenden, können unter dem Gesichtswinkel unseres Themas beiseite bleiben. Ebensowenig sollen uns andersartige Oktavteilungen interessieren, die in künstlicher Weise an der fundamentalen Bedeutung der Quint oder gar der Oktav vorübergehen.
[29] Die Formel müßte von Spalte 1 bis 4 durchgehend a + (b x f) = c heißen, wenn wir den Vorzeichenwechsel in Spalte 3 und 4 mathematisch korrekt einbezögen. Bei der Ermittlung des jeweiligen Faktors würde dies jedoch nur einen Umweg bedeuten. Maßgeblich ist das Größenverhältnis der Kommata.

Nach diesem Gesetz, in Formel gebracht a - b x f = c, ist aus beliebigen in unserer Reihe (senkrecht) benachbarten Abweichungen (a und b) die nächstgeringere Abweichung c zu errechnen.[30]
So wie in Spalte 3 (oder 4) die nächstgeringere Abweichung mittels des Faktors f berechnet wurde, so dient dieser Faktor auch zur Ermittlung der zugehörigen Quint- und Oktavsuperpositionen. Begreiflicherweise tritt in der Formel jetzt ein Plus statt des Minus auf, denn geringere Abweichung korrespondiert mit höheren Superpositionen: a + b x f = c. Die Formel gilt für jede der Superpositionsfolgen (Quinten und Oktaven) für sich, mit dem Unterschied, daß bei den Quinten die Folge mit Null beginnt, bei den Oktaven dagegen erst eine Stufe später mit Eins. Daß die Werte so eingesetzt werden müssen, wird durch den gesetzmäßigen Aufbau des Ganzen bestätigt. Nach unserer Formel ergeben sich die Folgen:

für Quintsuperpositionen a + b x f = c	für Oktavsuperpositionen a + b x f = c
0	
1	1
0 + 1 x 2 = 2	1
1 + 2 x 2 = 5	1 + 1 x 2 = 3
2 + 5 x 2 = 12	1 + 3 x 2 = 7
5 +12 x 3 = 41	3 + 7 x 3 = 24
usf.	usf.

Die Reihen unserer theoretisch unbegrenzt fortsetzbaren Tabelle ermitteln und demonstrieren die Werte, die das irrationale Größenverhältnis Oktav:Quint unter Verwendung möglichst niedriger Zahlen möglichst genau wiedergeben.[31]

Affinität zu $\sqrt{2}$-Verhältnissen

Nach obiger Erklärung der Tabelle von Seite 65, die dem interessierten Nichtfachmann entgegenzukommen versucht, gehen wir an die inhaltliche Auswertung.
Es hat seinen Reiz zu sehen, daß der Wert der 306stufig temperierten Quint am Ende der Tabelle (Spalte 7 unten: 701,96 C) auf 1/100 C = 1/120000 Oktav genau

---

[30] Als Beispiel errechnen wir in Spalte 3 aus der zweiten und dritten Zeile die vierte: a = 498,04; b = 203,91; a:b = 2,... = f = 2; 2b = 407,82; a - 2b = 90,22 = c.
[31] Die Tauglichkeit unserer intuitiv gefundenen, mathematisch vielleicht schwer beweisbaren Formeln mag man daraus ersehen, daß ein so verdienstvoller Forscher wie von Hornbostel im Handbuch der Physik als nächste die 53-Stufigkeit überbietende Temperatur die 347stufige angab. Sie liefert jedoch bei höherem Quotienten ein schlechteres Ergebnis als die 306-Stufigkeit. Sollten die Formeln wider Erwarten irgendwo in der Literatur zu finden sein, so wäre der Autor für einen Hinweis sehr dankbar.

mit dem der partialtönigen Quint übereinstimmt (Spalte 3 oben: 1200 C - 498,04 C = 701,96 C). Auch sonst ist manches Interessante zu entdecken. Wichtig für uns ist, daß der variable Faktor f am Anfang dreimal hintereinander Zwei heißt. Dies läßt sich auf keine allgemeinere mathematische Gesetzmäßigkeit zurückführen, sondern ergibt sich sozusagen "zufällig" aus dem konkreten Größenverhältnis von Oktav und Quint. Unsere Formel für die Berechnung der jeweils nächsthöheren optimalen Quintsuperposition a + b x f = c nimmt also im Bereich des Faktors 2 die Form a + 2b = c an. Diese Formel aber liefert die Zahlenfolge, aus der sich die Bestwerte für $\sqrt{2}$ bei möglichst kleinem Zähler und Nenner gewinnen lassen nach der Formel (a + b) : b ≈ $\sqrt{2}$.

In der folgenden Tabelle genügen die untereinander stehenden Zahlen der ersten drei Kolumnen der Forderung a + 2b = c, während die vierte und fünfte Kolumne abwechselnd einen kleineren und einen größeren Wert bietet dergestalt, daß zwei benachbarte den irrationalen Wert $\sqrt{2}$ mit erstaunlicher Schnelligkeit immer enger in die Zange nehmen. Der übliche dezimale Merkwert 1,414 (mit dem Nenner 1000!) ist nach seiner Genauigkeit bereits im fünften Glied mit dem Nenner 29 erreicht.

(a + b) : b	≈ $\sqrt{2}$	, im Dezimalen:
(0 + 1) : 1	= 1	= 1,0
(1 + 2) : 2	x = 3/2	= 1,5
(2 + 5) : 5	= 7/5	= 1,4
(5 + 12) : 12	= 17/12	= 1,416
(12 + 29) : 29	= 41/29	= 1,413793103
(29 + 70) : 70	= 99/70	= 1,414285714
(70 + 169) : 169	= 239/169	= 1,414201183

Die Zwölf bildet die Grenze[32] jenseits deren sich die grundlegende Zahlenfolge zur Ermittlung optimaler Werte für $\sqrt{2}$ von der Zahlenfolge der für Quinttemperaturen optimalen Quintsuperpositionen trennt:

---

[32] Für den mathematisch Interessierten sei bemerkt, daß der nächste auf 7/12 = 0,5833... Oktaven folgende Quintwert der $\sqrt{2}$-Annäherungsfolge, nämlich 17/29 = 0,5862... Oktaven eine weitere Annäherung an die natürliche Quint = 0,584962... Oktaven ergibt. Für unsere Tabelle scheidet er jedoch aus, da er (zufolge Nichtbeachtung des Faktorwechsels) keine Temperatur der Quint zugunsten der Oktav darstellt. Die Zirkelabweichung von 29 Quinten gegenüber 17 Oktaven ist mit -37 Mio weit größer als bei der zwölfstufigen Temperatur mit +20 Mio. Es kann also kommensurable "Bestwerte" für die Quint außerhalb der Werte unserer Tabelle geben. Nie kann jedoch ein Quintwert der Tabelle an Genauigkeit durch einen beliebigen Bruch mit niedrigerem Zähler und Nenner überboten werden. 17/29 ist zwar genauer als 7/12, aber ungenauer als 24/41 = 0,5854... Oktaven. Höhere Glieder der $\sqrt{2}$-Folge ergeben keine weiteren Annäherungen an die natürliche Quint. Logischerweise muß mit dieser Annäherung "einmal Schluß sein", eben weil die Folge auf ein anderes Ziel als auf die natürliche Quint hinläuft.

```
                              29    70   169 ...
   0    1    2    5    12 <
                              41    53   306 ...
```

So sehr sich diese beiden Zahlenfolgen oberhalb der Zwölf quantitativ und qualitativ voneinander trennen, so nahe - bis unter die Grenze der Unterscheidbarkeit hinab - sind sich dennoch die Werte für Quint und Quart, ob wir sie nun unter Absehung vom Faktor einfach aus $\sqrt{2}$ gewinnen oder ob wir durch höhergetriebene Superpositionen Werte erhalten, die den partialtönigen praktisch gleich sind (siehe die "reine Quint" von 701,96 C am Schluß der Tabelle auf Seite 65).
Der Quart kommt, wenn wir sie aus $\sqrt{2}$ berechnen wollen, der Wert $\sqrt{2} - 1$ zu. Wir können ihn in der letzten Spalte unserer Tabelle der $\sqrt{2}$-Werte direkt ablesen: Was hinter dem Komma steht, läßt den Wert der Quart erkennen, nämlich 414,21... Mio = 497,05 C. Die Quint hat dann den Wert $2 - \sqrt{2}$ = 585,79 Mio = 702,95 C. Ein Cent nur macht also der Unterschied gegenüber den partialtönigen Verhältnissen aus!
Es könnte müßig erscheinen, daß wir einer fiktiven Intervallgrößenberechnung aus der Quadratwurzel überhaupt Raum gegeben haben, und es würde tatsächlich müßig, wollten wir uns noch weiter in dieses unabsehbare Gebiet versteigen. Bemerkenswert bleibt aber, daß $\sqrt{2}$ - als Schwingungsquotient den Gegenpol zur Oktav, den Tritonus abgebend - jetzt im Bereich der Intervallgrößen auftaucht, und zwar in spezifischer Weise. Sie zeigt mit frappanter Genauigkeit die natürliche Größe des Intervallpaares an, das der Oktav am verwandtesten ist, nämlich der Quint und Quart, während $\sqrt{2}$ als Schwingungsquotient das der Prim/Oktav innerlich und äußerlich fernststehende Intervallpaar (übermäßige Quart und verminderte Quint) musikalisch gültig wiederzugeben imstande ist.

Zwölf als Grenze einer Gegenläufigkeit

Wichtiger noch ist ein anderes. Gerade so weit, wie unsere beiden Zahlenfolgen identisch sind, also sozusagen so lange, als $\sqrt{2}$ ihr Plazet zwischen Quinten und Oktaven gibt, haben die Abweichungen von x Quinten gegenüber y Oktaven *in Halbtönen meßbare Größen* in völliger Übereinstimmung mit den Intervallgrößen, die durch die uralten Bezeichnungen von tonus und semitonium gegeben und in der zwölfstufigen Temperatur mathematisch und technisch durchgeführt sind.
Daß im Superpositionsbereich bis zur Zwölf ein zahlengesetzlich in sich geschlossener Komplex vorgegeben ist, zeigt sich überdies in dem Reziprokverhältnis zwischen den Quintanzahlen und den Halbtonanzahlen, die als Differenz zwischen jeweils x Quinten und y Oktaven verbleiben:

x Quinten nähern sich y Oktaven bis auf z Halbtöne		
0	-	12
1	(1)	5
2	(1)	2
5	(3)	1
12	(7)	0

Bei den höheren Superpositionen zerbricht dieses Verhältnis, weil der "Faktor" wechselt.
Das wichtige Ergebnis unserer vielleicht langwierig scheinenden Ermittlungen betreffs des Größenverhältnisses der beiden grundlegenden Intervalle Oktav und Quint besteht darin, daß sich schon rein zahlengesetzlich, loslösbar von aller Physik, Physiologie und Musik, eine Besonderheit der Zwölfteilung der Oktav zeigt. Der Zusammenklang aller voneinander unabhängigen "Zeugen" für die Besonderheit der Zwölf ist das eigentlich Staunenswerte.

Einschätzung der niedrigzahligen "Temperaturen"

Ehe wir dem weiter nachgehen, überblicken wir noch einmal anhand der letzten Spalten der Tabelle von Seite 65 die Größenverhältnisse der andersstufig temperierten Quinten. Am Anfang finden wir gar keine Quinten, wohl aber zwei Intervalle, die zur reinen Quint in einem charakteristisch gegensätzlichen Verhältnis stehen. Von der Prim/Oktav ist die Quint größenmäßig weit entfernt (im Oktavkreis dem Gegenpol der Oktav unmittelbar benachbart), in ihrem konsonanten Charakter dagegen sind sich die Intervalle nächstverwandt. Beim Tritonus ist es umgekehrt: größenmäßige Nachbarschaft und qualitative Gegensätzlichkeit zur Quint.
Oktav und Tritonus mußten tabellarisch den wirklichen Quinttemperaturen laut Zahlengesetz vorgeschuht werden. Auf der nächsten Zeile treten wir mit der Zerdehnung von fünf Quinten auf drei Oktaven in den Bereich realer Quinttemperaturen ein. Jedenfalls leitet Husmann die gleichmäßig fünfgeteilte Oktav, wie sie sich (neben vielen anders strukturierten) in Hinterindien findet, von einer "Maßquinte" von 720 C ab. Oktavreduziert ergibt das eine Skala mit fünf Stufen zu 240 C. Siehe *Abbildung 10*.
Die Werte liegen weitab von den uns zur zweiten Natur gewordenen. Der Name "Quinte" rechtfertigt sich gar nicht von der Stufenzahl her (da wäre es eine "Quarte") und nur mangelhaft im Blick auf die Intervallgröße, verändern doch 18 C bei einem so verstimmungsempfindlichen Intervall wie der Quint den Charakter. Versteht man aber unter "Quint" nicht mehr nur das zwischen einer ersten und fünften Skalenstufe eingeschlossene Intervall und nicht nur eine bestimmte Intervallgröße, sondern verallgemeinernd das zur systematischen Teilung des Oktavraums führende Intervall, dann dürfte der Name "Maßquinte" voll berechtigt sein.

Einschätzung der höherzahligen Temperaturen

Wie kommt es, daß trotz der Vorzüglichkeit der zwölfstufigen Temperatur (vierte Zeile) Gelehrte wie der Ungar Jankó und der Engländer Mercator und vor und nach ihnen auf verschiedenen Wegen viele andere nach besseren Temperaturen und ihrer Realisierung auf einem Instrument suchten? Gewiß am wenigsten, um die einzelne Quint für das Ohr noch besser zu machen. Der eigentliche Grund, warum Theoretiker und Praktiker insbesondere der Orgelstimmung über der Tonstufenbemessung durch Jahrhunderte nicht zur Ruhe kamen, liegt darin, daß seit dem Wichtigwerden des Dreiklangs für die mehrstimmige Musik neben der Oktav und Quint auch die Terz als partialtönig eigenständige Größe (große Terz 5/4 = 386 C) Anerkennung forderte. Ihre Hereinnahme potenziert die Problematik der unabweisbaren Aufgabe, innerhalb der Oktav eine musikalisch voll zufriedenstellende und technisch-instrumental gut praktikable Tonauswahl zu treffen, denn der Unterschied zwischen einer Naturterz von 386 C und einer pythagoräischen von 408 C, wie sie sich aus vier Quinten minus zwei Oktaven ergibt, ist irritierend.
Bis zu den nächsthöheren Gliedern unserer Superpositionsfolge, also bis zur 41stufigen oder dann lieber gleich zur 53stufigen Temperatur muß man sich versteigen und hat sich auch im experimentierenden Instrumentenbau verstiegen, um bei uneingeschränkter Modulationsfähigkeit annähernd naturreine Terzen neben guten Quinten zu erlangen. Die 306stufige Temperatur schließlich ist ein völlig abstraktes Gebilde. Nur um die mathematische Gesetzmäßigkeit der Zahlenfolge aufzuweisen, haben wir uns bis in diesen Bereich begeben. Halb scherzweise nennen wir die so gewonnene "temperierte" Quint "rein", weil hier der Unterschied zwischen beiden um ein Vielhundertfaches geringer ist als unser Tonhöhenunterscheidungsvermögen.
Es soll nicht geleugnet werden, daß man zum Beispiel mit der 53stufigen Temperatur vielerlei an Klangwirkungen erreichen kann, sowohl im Sinne der Partialtönigkeit als auch dann, wenn man sie ganz anderen Tonalitäten oder Atonalitäten dienstbar machen wollte. Zu bestreiten ist aber, daß irgendeine noch so hoch geschraubte Temperatur, Reinstimmung oder auch nur theoretische Tonhöhennormierung die instinktive und intuitive Geschmeidigkeit und Zielsicherheit künstlerisch freier Intonation in ihre Normen bannen könnte.

Überlegenheit der Zwölf-Quinten-Superposition

Vergleichen wir nun die Skalen, die aus den verschiedenen Superpositionen zu gewinnen sind! Die Skala des fünfgeteilten Oktavkreises mit ihren "Quinten" von 720 C und "Sekunden" von 240 C existiert zwar real im fernen Hinterindien, ist aber so weit von den Maßen der Partialtönigkeit (mit Ausnahme der Oktav) entfernt, daß kein Mensch sie als gute, als mögliche Stellvertretung für Naturtonintervalle anerkennen könnte. Umgekehrt ist es bei den "Skalen" (jetzt kommt *dieses* Wort in Anführungsstriche!) mit 41 oder 53 Stufen - von 306 gar nicht zu reden. Sie vermögen eine Vielfalt von partialtönigen Intervallen mit sehr guter Annäherung zu treffen, aber ihr Tonensemble ist höchstens als Vorratsskala zu bezeichnen. Das System ist von vornherein nur für das Musizieren mit Auswahlen aus dem Tonvorrat berechnet. Nun geschieht es freilich, daß ursprüngliche Vorratsskalen im Lauf der Entwicklung zu Gebrauchsskalen werden. Auf Seite 25f. wurde dies bereits ausgeführt. Ebendort ist aber auch zu ersehen, daß ein solcher Prozeß für die im experimentierenden Instrumentenbau schon vor einem Jahrhundert realisierte 41- bzw. 53-Stufigkeit keinesfalls zu erwarten ist. Ihre "Stufen" von 30 beziehungsweise 23 C sind eher Molekülen zu vergleichen, die im Verein konkret vorfindliche Körper bilden. Der Sinn solcher Miniintervalle besteht nur darin, daß ihrer mehrere zur guten Annäherung an partialtönige Intervalle zusammengefaßt werden.

Die zwölfstufige Skala liefert als einzige Intervalle, die einerseits zur Stellvertretung der partialtönigen wirklich geeignet sind (bei der Quint und Quart bis unter die Grenze der Unterscheidbarkeit) und die andererseits in ihrer Gesamtheit die Qualität einer vollgültigen Gebrauchsskala bekommen können und bekommen haben - nicht erst in der Atonalität, sondern mindestens seit der entwickelten Enharmonik, im Ansatz aber schon in der frühen Chromatik.

Der Quintenzirkel

Zwölf Tonschwerpunkte

Immer wieder tritt die Besonderheit der Zwölf hervor. Bei der Temperierung von zwölf Quinten auf sieben Oktaven liegt eben eindeutig der Schnittpunkt, an dem die rivalisierenden Forderungen "Möglichst einfache Intervallgrößenverhältnisse!" und "Möglichst gute Annäherung an die Naturtonverhältnisse!" optimal zusammenzubringen sind. Entscheidend wird jedoch für uns die Frage sein, ob es sich hierbei lediglich um einen anerkanntermaßen günstigen und geschickten Kompromiß handelt, der trotzdem den faulen Geruch des Kompromisses nie ganz los wird, oder ob wir es mit einem Ordnungsgefüge eigener Qualität und Würde zu tun haben.

Zur Würde der Zwölfordnung der Töne gehört es, daß ganze zwölf feste Tonhöhen innerhalb der Oktav "alles" vermögen. Aber es wäre in dieser Ordnung keine Würde, keine Tiefe, wenn wir sie mit dem Erreichen der zwölfstufig-gleichschwebenden Temperatur für ausgelotet hielten. Mit ganzem Gewicht will die Dialektik berücksichtigt sein, daß auch das Umgekehrte seine Geltung hat: Zahllose Tonhöhen innerhalb der Oktav sind musikalisch berechtigt und klingen uns aus unserer realen Musik gültig entgegen. Sie ergeben sich nicht nur durch weiterreichende Ableitungen aus der Naturtonreihe, sondern in der Praxis quellen sie viel stärker aus der oben schon angesprochenen freien, künstlerisch treffenden Tonhöhensetzung.

Heutzutage gibt uns die Elektroakustik die Mittel in die Hand, Art und Ausmaße dieser künstlerischen Freiheit besser festzustellen und aufzuhellen. Neben dem Gesang ist es vor allem das Spiel großer Geiger, das sich zu analysieren lohnt. Es zeigen sich erstaunliche Freiheiten und erstaunliche Gesetzmäßigkeiten. Kein hochqualifizierter Sänger oder Geiger intoniert, wenn er unbegleitet ist, temperiert und ebensowenig partialtönig. Und die Abweichungen von dieser oder jener Norm sind bei vollendeter Ausführung nicht nur zu tolerierende Bedeutungslosigkeiten, sondern verraten ein fast immer unbewußtes künstlerisches Gestalten. Dieselben Menschen fügen sich aber im Ensemble mit temperierten Instrumenten zusammen, ohne sich musikalisch beeinträchtigt zu fühlen.

Das Erstaunlichste bleibt eben doch die Fähigkeit von zwölf Tonpunkten - nicht mehr sind nötig und nicht weniger dürfen es sein -, musikalisch gültig die ganze unabsehbare Vielfalt der Tonhöhen unseres abendländischen Musiksystems zu vertreten, und zwar so, daß das lebendige Musikgeschehen "ja" dazu sagt. Wie die Oktav den ganzen siebenmal größeren musikalisch deutlichen Tonraum in eigentümlicher Weise einfängt und symbolisiert, ohne seine Weite zu negieren oder abzuwerten, so fangen die zwölf Tonschwerpunkte innerhalb der Oktav die "siebenmal siebzig", die unbegrenzt vielen Tonhöhen ein, die, musikalisch so oder so berechtigt, um sie herum gelagert sind - ohne daß die Individualitäten deshalb vernichtet werden müßten.

Quintenzirkel und musikalischer Hörbereich

Soeben wurde wieder die wundersame Tatsache ins Spiel einbezogen, daß dem menschlichen Ohr ein Raum der Größenordnung von sieben Oktaven oder zwölf Quinten musikalisch aufgeschlossen ist (innerhalb dessen die Töne in ihrer Höhe hinreichend unterscheidbar sind). Das Ohr vermag also gerade die Weite eines ausgebreiteten Quintenzirkels richtig deutend zu umspannen. Der Stellungnahme zu diesem Tatbestand kommt deshalb besondere Bedeutung zu, weil wir hier im akustischen Bereich verbleiben, über den eigentlich musikalischen aber hinausgeführt werden in das weite Feld der Phänomene, die in anderen Bezirken der Wirklichkeit vielfältig ebendiese Zahlen Sieben und Zwölf typisch hervortreten lassen.

Es ist klar, daß die Gesetzmäßigkeiten des Zwölfquintenkreises völlig unabhängig davon sind, daß sein Umfang mit dem physiologisch gegebenen Umfang des musikalischen Hörbereichs übereinstimmt. So wie die 41- und 53-Quintenkreise fernab von jeder Realisierbarkeit dennoch ihren relativen musikalischen Sinn haben und oktavreduziert auch instrumental verwirklicht worden sind, so würden alle innermusikalischen Gesetzmäßigkeiten der Zwölferordnung gültig bleiben, auch wenn unserem Ohr engere und weitere Grenzen gesetzt wären. Es tritt also hier im Prozeß in Sachen Bedeutsamkeit der Sieben und Zwölf plötzlich ein neuer, von allen innermusikalischen Ermittlungen unabhängiger Zeuge auf, in hohem Maße verblüffend und - verdächtig. Einen rational faßbaren Grund oder musikalischen Nutzen hat diese Übereinstimmung nicht. Und trotzdem bewegt sich etwas in einem, der sich der Tatsache solcher Koinzidenz innerlich öffnet.

Unwillkürlich wird man an die vielfältige symbolische Verwendung gerade der Sieben und Zwölf erinnert, die in sehr früher Zeit ihre Wurzeln hat und bis heute auch praktisch nachwirkt (Stunden, Wochentage, Monate). Nichts deutet aber darauf hin, daß ein frühes Wissen um Intervallgrößenverhältnisse zur besonderen Schätzung der Sieben und Zwölf einen Beitrag geliefert habe. Vielleicht, ja wahrscheinlich kannte nicht einmal Pythagoras (den die einfachen Saitenlängenverhältnisse grundlegender Intervalle und nicht die "Intervallbreiten" faszinierten) den Quintenzirkel mit seiner Problematik, wenn auch das Komma von 23,5 C, um welches zwölf partialtönige (= pythagoräische) Quinten größer sind als sieben Oktaven, den Namen des Philosophen trägt. Die Symbolik der Sieben und Zwölf war dagegen zu seiner Zeit schon uralt.

Hat umgekehrt die Symbolik dahingehend gewirkt, daß unser Klavier zum Unterschied von seinen Vorfahren auf einen Umfang von sieben Oktaven erweitert wurde? Nein, die Technik war inzwischen so weit fortgeschritten, daß der ganze musikalisch brauchbare Hörraum auf einem einzigen Saiteninstrument darstellbar wurde.[33] Wenn dann einen Neuerer des Instrumentenbaus doch ein beglücktes und

---

[33] Der Bereich der sieben Oktaven, innerhalb dessen Einzeltöne ohne Verwechslungsgefahr erkennbar sind, ist auf dem Klavier etwas nach unten verschoben. Das hat instrumentale Gründe. Bei den höchsten Tönen des Klaviers merkt man, daß die Grenze der Erkennbarkeit noch nicht

zugleich ehrfürchtiges Staunen angekommen sein sollte über die quintgezeugte Wiederkehr des Tones zu sich selbst an den Enden des Hörbereichs - fast möchte man es auch ohne direkte Zeugnisse postulieren! -, dann ist dies vom historischen Werdegang her nur ein Akzidens.

Man muß sich wundern, daß so viele der theoretisch und praktisch mit musikalischer Tonordnung Befaßten sich nicht wundern über die vielen am Wege und auf dem Wege liegenden Wunder. Mit einer Simplicitas, die davon nichts sieht und keinen Willen zum Sehen hat, mit Pragmatismus, der bedient ist, wenn's nur klingt und klappt, ist nicht zu rechten. Wenn aber auch Denker auf musikalischem Gebiet das meiden, was auf verwunderlich übergreifende Zusammenhänge und Ordnungen hinweist, dann scheint mir dahinter etwas wie ein Gefühl zu stecken, man müsse gegenüber aller Spekulation einen beträchtlichen Sicherheitsabstand wahren. So entsteht leicht ein Vakuum zwischen ausgesprochener Spezialwissenschaft und phantastischem Schweifen und Konstruieren. Die nicht unbegründete Angst vorm Phantasieren darf aber nicht blind machen gegenüber Tatbeständen, die an unsere Denkgewohnheiten überraschende Anfragen stellen.

Das Quint-Quart-Paar

Sehen wir die Figur des in den Oktavkreis eingefügten Quintenzirkels an *(Abbildung 11)*! Zwölf Sehnen, deren jede die Kreislinie im Verhältnis 5:7 teilt, schließen sich zu einem regelmäßigen Zwölfstern zusammen. Jede der zwölf Strecken markiert, recht verstanden, nicht ein Intervall, sondern eine Oktavteilung, nämlich die in Quint und Quart. Allzusehr pflegt bei den Überlegungen über Zahl- und Maßordnung in den Grundlagen der Musik die Quart in den Hintergrund zu treten, beinahe als sei sie nur ein Abfallprodukt von Oktav und Quint. Dem Wesen nach ist sie Partner der Quint. Betrachten wir die Tonhöhen auf der Peripherie im Uhrzeigersinn als steigend angeordnet, dann betrifft zum Beispiel die Sehne der Quint d-a gleicherweise auch die Quart a-d', und zwar beide Intervalle steigend und fallend, je nachdem, welches Sehnenende wir als Ausgangspunkt betrachten und in welcher Richtung wir uns von dort aus auf der Peripherie zum andern Sehnenende bewegen. Es ist also in der Gestalt des Quintenzirkels gleichzeitig der Quartenzirkel mit dargestellt. So wie der Quintenzirkel den musikalisch für Einzeltöne brauch-

---

erreicht ist (weshalb beim Flügel mit seiner vollkommeneren Technik der Bereich bis c^5 erweitert werden konnte). Die Töne an der oberen Grenze fallen so aus dem Rahmen des Klavierklangs, daß sie darum unbrauchbar werden. Die tiefsten Töne des Klaviers dagegen, die für sich allein vom Standpunkt der musikalischen Erkennbarkeit aus bereits unbrauchbar sind, tun vor allem als Oktavkoppeln noch gute Dienste. Um die sieben Oktaven herumgelagert ist die nach oben hin weite und in der Tiefe schmale Zone der hörbaren, aber musikalisch nicht auffaßbaren Töne. Die zwei höchsten Oktaven des etwa zehneinhalb Oktaven umfassenden Gesamthörbereichs gehen im Alter verloren. Auch bei sonst ungemindertem Gehör und Musikgenuß hört man dann zum Beispiel das Zirpen der Grillen nicht mehr.

baren Frequenzbereich umspannt, so umspannen die fünf Oktaven des Quartenzirkels etwa den Raum, in dem die grundlegenden Akkorde auch in enger Lage hinreichend deutlich unterscheidbar sind. Es liegt in der Natur der Sache, daß diese Grenze nicht scharf zu bestimmen ist.

Kombinieren wir beide Zirkel, indem wir abwechselnd eine Quint aufwärts und eine Quart abwärts gehen oder umgekehrt, so lassen sich alle Zirkeltöne unter Wahrung des Verwandtschaftsverhältnisses auf knapp eineinhalb Oktaven zusammendrängen und werden damit singbar.[34] Siehe Beilage, *Notenbeispiel 1*.

Ein eigentümliches Paar sind Quint und Quart, einerseits so eines Wesens, daß es leicht zu Verwechslungen kommt, und doch polar verschieden. Die Quart drängt aufwärts, vorwärts, nach außen. Daß sie zu einem typischen Liedanfang und zum Feuerwehrsignal geworden ist, hat denselben tiefliegenden Grund. Sie ist wie eine Initialzündung. Beim Quartsprung nach oben begibt sich der zweite Ton sogleich aus dem natürlichen Kraftfeld des ersten heraus oder, besser gesagt, er wird vom ersten herausgeschleudert und auf eigene Füße gestellt. Ein anfangs erklingender Ton ist ja als solcher zunächst Basiston. Beim Oktav- und Quintsprung nach oben wird er als solcher bestätigt, denn bei der Oktav, zum Beispiel c-c', liegt der höhere Ton direkt in der Obertonreihe des unteren und bei der Quint c-g indirekt durch Oktavreduktion der Duodezime c-g'. Der Ton f dagegen taucht unter den Obertönen von c nicht auf. Es steckt in der Quart eine gewisse Unruhe, obwohl sie wie die Quint von ältesten Zeiten her als Konsonanz gilt und als stabiles Rahmenintervall für Skalenteile und für Melodiebewegungen eine große Rolle spielt.

Die Quint strebt nicht mit gleicher Intensität nach unten wie die Quart nach oben, aber sie ruht stärker in sich. Man kann sich in den Zusammenklang der "hohlen" Quint ganz anders hineinvertiefen als in die Quart. Man kann spüren, daß da etwas wie ein Schoß ist, in den etwas hineinsinken und aus dem etwas herausgeboren werden kann. Quint und Quart sind ein einmalig exklusives Paar. Sie sind eines Ursprungs im Ton 3 und füllen als partialtönig benachbarte Intervalle den Raum der allumfassenden Oktav aus, so daß nichts anderes darin Platz hat. Sie sind eines Wesens und doch gegensätzlicher Prägung. Wir haben hier eine Parallele zur

---

[34] Bei diesem Experiment, mit einem sauber singenden Chor durchgeführt, sind zwei wichtige Feststellungen zu machen, erstens nämlich, daß man nach sechs Quint-Quart-Doppelschlägen, also bei der Berührung des dreizehnten Tones, richtig auf dem um eine Oktave versetzten Ausgangston landet. Sind kleine Abweichungen feststellbar, so deuten sie kaum auf das pythagoräische Komma von 23,5 C hin, um das zwölf partialtönige Quinten größer sind als sieben Oktaven. Zweitens aber tritt der gegensätzliche Charakter von Quint und Quart klar zutage. Die quintabwärts-quartaufwärts sich bewegende Tonfolge wird den in den Intervallen selbst ruhenden Strebekräften ungleich besser gerecht als die Folge von steigenden Quinten und fallenden Quarten. Diese wirkt vergleichsweise spröde und ist für weniger Geübte auch schlechter zu singen. Der Grund liegt auf der Hand. Der ursprünglichere Ton im Sinne der Partialtonreihe oder besser die ursprünglichere Tonigkeit hat das Schwergewicht. Bei einem Quint-Quart-Paar wie c-g-c', dessen Frequenzen sich wie 2:3:4 verhalten, tendiert die Quint 2:3 nach unten zum Ton 2, die Quart 3:4 aber nach oben zum Ton 4, der als Oktave dieselbe Tonigkeit hat wie Ton 2.

geschlechtlichen Polarität innerhalb der musikalischen Grundbeziehungen vor uns. Spaßig und doch auch traurig ist es, wie Salinas im 16. Jahrhundert die Quart für weiblich erklärt, weil sie "umbra et serva", das heißt "Schatten und Dienerin" der als männlich verstandenen Quint sei, und wie Mattheson dies im 18. Jahrhundert aufnimmt und feststellt, die Quarte werde dementsprechend oft "schlavisch genug tractieret". Wie doch eine Jahrtausende alte meist schrankenlose Vormachtstellung des männlichen Geschlechtes Dinge auch in den Köpfen hochbedeutender Musiktheoretiker auf den Kopf stellen kann!

Das Quint-Quart-Paar ist einzigartig produktiv. Erst durch den für diese Intervalle konstitutiven Ton 3 wird die Vielheit der Tonqualitäten initiiert, nachdem zuvor das Zweierprinzip der Oktav das eine Bett für alles Musikalische geliefert hatte. Auf einem ersten Quint-Quart-Paar basieren sowohl die weiteren einander benachbarten Intervalle der Obertonreihe (Überteiligkeitsreihe) als auch die Quint- und Quart-Türmungen, von denen schon soviel die Rede war. Superpositionen anderer partialtönig zu verstehender Intervalle wie Terz oder Septime sind bezüglich fortlaufender Tonzeugung praktisch unfruchtbar, ihre Bedeutung liegt anderswo.

Deutung der Drei

In der Drei dürfen wir die Zahl einer ersten und zugleich unendlich fruchtbaren Fülle sehen. Wir mögen an das frühkindliche Erlebnis der Drei als "viele" denken[35] oder an das zweieinhalb Jahrtausende alte Wort des Laotse: "Eins hat Zwei gezeugt, Zwei hat Drei gezeugt, Drei zeugte alle Dinge" - oder aber an Hegels dialektischen Dreischlag von Thesis, Antithesis und Synthesis, mit dem er (und nach ihm Marx) das Weltgeschehen überhaupt strukturell zu erfassen suchte.

Deutung im Blick auf das Metrum

Drei als Vollzahl - jedem fallen die Beispiele ein. Erinnert sei aber noch an die Eigenart des Dreischlags in der Musik. Im Mittelalter hieß er "tempus perfectum" und wurde durch einen vor die Noten gesetzten Kreis symbolisiert. Sein Tempo war schneller als das des durch den Halbkreis symbolisierten, auf dem Prinzip der Zwei beruhenden "tempus imperfectum". So wie sich alle Tonorte aus dem Prinzip der Zwei und Drei (Quintenzirkel im Oktavkreis) gewinnen lassen, so lassen sich alle komplizierten Taktarten, wie wir sie auf europäischem Boden zum Beispiel in Bulgarien häufig finden, in Zweier- und Dreiergruppen gliedern. Der 7/8-Takt beispielsweise kann in 2+2+3 oder 3+2+2 Achtel eingeteilt sein.

Der zweiteilige Takt schreitet, der dreiteilige schwingt, tanzt, trägt weiter. Der zweiteilige ist vergleichsweise hart und durch den regelmäßigen Wechsel von

---

[35] Vgl. S. 44

betont und unbetont durchschaubar. In seiner "Objektivität" ist er fähig, in der lebendigen Musik das Grundmaß für das Allerverschiedenste abzugeben, ist darum auch der häufigste. Beim dreiteiligen Takt hat das Verhältnis der drei Schläge zueinander, mit dem Zweischlag verglichen, etwas Geheimnisvolles an sich. Der Takt ist hier mehr als nur objektives Maß. Es ist, als belebte und formte der Dreischlag als solcher die Musik, die seinem Maße verschrieben ist, stärker, als man das vom zweiteiligen Takt sagen könnte.

Der Zweischlag geht (unbeschadet der reichen Nuancen, die sich durch seine Potenzierung etwa im paarigen Viervierteltakt ergeben) weiter, wie die Uhr, wie die Zeit weitergeht. Der Dreischlag ist nicht einfach da wie der Zweischlag, sondern schafft sich aus sich selbst heraus in lebendigem Impuls stetig neu. Die Zeit ist im Dreischlag stetig neu geschenkte, geschöpfte Zeit. Der Zweischlag ist somit stärker dem "chronos" der Griechen, der bedingungslos ablaufenden Zeit zuzuordnen, der Dreischlag dagegen dem "kairos", der auf bestimmte inhaltliche Füllung hin angelegten Zeit.

"Chronos" und "kairos" bedingen einander. Ohne eine Welt der Spannungen, des Werdens und Vergehens, der besonderen Situationen, das heißt aber ohne "kairos" im weitesten Sinne könnte Zeit nicht einmal gedacht werden. Über alle Spannungen aber, über Werden und Vergehen hinweg spannt die Zeit ein völlig spannungsloses Maß, eben den "chronos".

Wir sprechen von drei Zeitstufen, Vergangenheit, Gegenwart und Zukunft. Sofern Zeit aber Ausdehnung hat, gibt es nur zwei Zeiten, Vergangenheit und Zukunft, die durch den wandernden Gegenwartspunkt getrennt sind. Lediglich psychologisch empfinden wir die aus der nahen Vergangenheit in die nahe Zukunft reichende Phase als "Gegenwart", die dem allein "wirklichen", aber in seiner steten Flucht und in seiner Ausdehnungslosigkeit völlig unfaßbaren Gegenwartspunkt den Stempel aufdrückt.

Ein Hineinempfinden der Drei in ein Zweigegliedertes liegt auch vor, wenn wir den dreiteiligen Takt als schwingend, wiegend empfinden, obwohl das Schwingen und Wiegen objektiv im Zweischlag begründet sind. Ist es am Ende kein Zufall, daß sich inmitten des unablässigen Kommens und Gehens der Tänze im Laufe vieler Generationen *ein* Tanz unentwegt lebendig erhalten hat, der Walzer? Er ist der tänzerisch schwingend auskomponierte Impuls des sich fortzeugenden Dreischlags. Von seinem kultischen Ursprung hat sich der Tanz gelöst. Das Urerlebnis der Drei aber wirkt in allen Bereichen fort.

Deutung im Blick auf die Sprache

Einen Zusammenhang sehen wir auch zwischen dem rundend Bewegten, Belebten, Lebenschaffenden der Dreiheit und dem Zahlwort für "drei". Indogermanisch kann man nach Abzug der Endung dafür trei- ansetzen. Man möchte einwenden, daß in der Wurzel ve-/vo-, die wir in d^{u}o fanden, das rundend Bewegte der

Bedeutung nach (*wenden*!) ebenso vorliege und für uns vielleicht vom Klang her besser nachzuempfinden sei als bei den scharfkantigen Lautverbindungen tr- und kr-, denen wir uns gleich zuwenden werden. Die Wurzel ve- drückt die Wendung aus, die wie von selber geschieht, tr-, kr- eine Wendung, die *gemacht* wird, bei der verändernde, gestaltende oder zerstörende menschliche oder außermenschliche Kraft erkennbar wird. Um es gleichsam bildlich und doch nicht nur bildlich zu sagen: In dem explosiven Anlaut hört man das Einstechen des einen Zirkelarms in den Sand, wodurch der Anfang gesetzt und der Halt für das Ganze gegeben wird. In dem folgenden Dauerlaut, der, einzig in seiner Art, durch ein Vibrieren der Zungenspitze in eine Vielfalt gleicher Lautteilchen zersprüht, ist die Bahn des bewegten Zirkelarms, der im Sand "die Kurve kratzt", akustisch abgemalt. Dazu etwas Untermauerung:

Die Wurzel t(e)r- bedeutet "bohrend drehen". Sie ist deutlich lautmalend, ebenso wie die sicher nicht zufällig so ähnliche Wurzel k(e)r- "drehen", "krümmen". Zu t(e)r- gehören zum Beispiel lateinisch terere und serbokroatisch trti "reiben" ebenso wie das deutsche "drehen".

Deutlicher als ter- greift die Wurzel ker- in ihrer lautmalerischen Kraft über den Rahmen des Indogermanischen hinaus. "Kreis" ist zwar nur ein mittelbarer Verwandter, spricht aber zusammen mit dem bedeutungsgleichen ungarischen kör, dem hebräischen kikkar, dem lateinischen circus (vergleiche auch curvus) und dem russischen krug eine eindeutige Sprache.

Mit Einbeziehung eines vielerorts nachweisbaren Liquidenwechsels r < l oder umgekehrt rücken auch griechisch kýklos "Kreis" und slawisch kolo "Kreis", "Rad" in die Nähe. Ja auch zu finnisch kolme "drei" und zum etymologisch identischen ungarischen hàrom stellt sich die Beziehung her. Der Wandel von k in h, wie wir ihn vom ursprünglichen indogermanischen Laut hin zum germanischen kennen (zum Beispiel caput - Haupt), kommt auch zwischen Finnisch und Ungarisch vor (zum Beispiel kala - hal "Fisch"). Für die ugrofinnische Ursprache dürften der explosive Anlaut von kolme und das vibrierende r von hàrom anzunehmen sein.

Ein Zer- oder Verteilen drückt das r im Zusammenwirken mit den vorangehenden Konsonanten zum Beispiel auch in streuen, Spreu, sprühen aus. Ein "immer weiter", bei dem Widerstand zu bewältigen ist, liegt in der Wurzel per-/pro- (vergleiche fern, fort, Furt oder das griechische péran "darüber hinaus", "übermäßig").

Etwas widerlich bedrohlich Andringendes drückt speziell die Verbindung mr aus: mar heißt hebräisch "bitter" und ungarisch "beißt", "ätzt"; lateinisch amarus "bitter" und mors "Tod", dazu deutsch Mord; hebräisch mara "widerspenstig sein", tschechisch mrzet "verdrießen", mrzký "schändlich", mrznout "frieren". Das r malt das immer wieder Bohrende der Angelegenheit. Sollte auch der Name des Kriegsgottes Mars in diesem Zusammenhang zu sehen sein? Oder auch Meer und Moor (beide auf dieselbe ursprünglich kurzvokalische Wurzel zurückgehend) als das Lebensbedrohliche?

Bei der Analyse von lautmalenden Phänomenen lassen sich der Natur der Sache nach oft keine scharfen Grenzen zwischen Möglichem, Wahrscheinlichem und

Sicherem ziehen. Dennoch können solche Betrachtungen helfen, dem Wesen menschlicher Sprache und der dahinterstehenden ursprünglichen Empfindungswelt näherzukommen. Es ist nicht zwingend, aber es ist des Bedenkens wert, ob nicht in "treies", dem ersten wirklich pluralischen Zahlwort, lautlich die sich zur Fülle hin öffnende Vermehrung gemalt ist. Das würde dann in gleichem Maße mit dem urtümlichen Empfinden Primitiver, mit der geheimnisträchtigen Weisheit des Lao Tse, mit der weltbewegenden Theorie der Dialektik und mit der einzigartigen Potenzierungskraft der Quint und ihres Partners, der Quart, zusammenstimmen.

Die Quint-Halbton-Korrelation

Nach sieben Umläufen um den Oktavkreis langt also eine Folge von zwölf (unmerklich verkleinerten) Quinten oktavreduziert wiederum am Ausgangspunkt an. Es ist klar, daß die "Einschlagstellen" der einzelnen Quinten auf der Peripherie, also die Spitzen des Zwölfsterns, sich auch bei Reduktion des Ganzen auf einen einzigen Oktavumlauf gleichabständig über die Peripherie verteilen müssen, da hier ein homogenes Vorgehen (Türmung gleicher Intervalle) zu einem homogenen Ergebnis (geschlossene Figur) führt. Durch ein sehr weites Intervall, die Quint, ist also ein sehr enges, der Halbton, ans Tageslicht gefördert worden. Die beiden stehen in einem eigentümlich gegensätzlichen Verhältnis zueinander. Quint bedeutet nächste Verwandtschaft (Konsonanz) der Töne, die nur von der Prim/Oktav übertroffen wird, und gleichzeitig größten Abstand (Distanz) von der Prim/Oktav, der nur vom Tritonus übertroffen wird. Halbton bedeutet geringste Distanz, die nur von der Prim (Nulldistanz) übertroffen wird, und gleichzeitig stärkste Spannung, die nur von den diffusen Strebungen des Tritonus übertroffen wird.

Das Verhältnis dieser Intervalle scheint polar und eigentümlich vertauschbar zu sein. Wir können ja bei der Figur unseres Zwölfsterns mit Rücksicht auf die Nächstverwandtschaft die benachbarten Tonpunkte auch als quintabständig auffassen. Der Umfang beträgt dann sieben Oktaven. Der Halbton aber erscheint mit Rücksicht auf das gespannte Verhältnis seiner Partnertöne siebenmal größer als die Quint, denn sieben Quinten, zum Beispiel c-cis, ergeben (oktavreduziert) einen chromatischen Halbton, ebenso wie fünf Quinten (entsprechend der Halbtonanzahl der Quart) einen diatonischen Halbton ergeben, zum Beispiel c-h. Siehe *Abbildung 12*.

Schreibt man beide Verstehensmöglichkeiten an die Spitzen desselben Sterns, so erscheint abwechselnd derselbe Ton und ein gegensätzliches Tonpaar (Tritonusverhältnis). Setzen wir schließlich Halbton und Quint ins Verhältnis zu den zwischen ihnen liegenden Intervallen, so zeigt sich etwas Verblüffendes. Miteinander verglichen stehen ein Halbton und eine Quint im Größenverhältnis 1:7, n Quinten und n Halbtöne aber stehen oktavreduziert im Verhältnis 1:1, wobei man für n alle Zahlen zwischen Eins und Sieben außer Fünf einsetzen kann. Die Ausnahme der Fünf erklärt sich daher, daß 1:5 das Größenverhältnis des Halbtons zum Partner der Quint, zur Quart ist, und daß beide Intervalle unter demselben Gesetz stehen. Mit leichter Mühe kann man daher die folgende Tabelle umformen, indem man sinngemäß "aufwärts" und "abwärts" beziehungsweise "Quint" und "Quart" vertauscht.[36]

1 Halbton aufwärts = 5 Quinten abwärts, z. B. c-des
2 Halbtöne aufwärts = 2 Quinten aufwärts, z. B. c-d
3 Halbtöne aufwärts = 3 Quinten abwärts, z. B. c-es
4 Halbtöne aufwärts = 4 Quinten aufwärts, z. B. c-e
5 Halbtöne aufwärts = 1 Quinte abwärts, z. B. c-f
6 Halbtöne aufwärts = 6 Quinten auf-(und ab-)wärts, z. B. c-fis; c-ges
7 Halbtöne aufwärts = 1 Quinte aufwärts, z. B. c-g

Im "Singular" sind also Quint und Quart dem Halbton ganz unähnlich, im "Plural" dagegen sind sie durch den wohlbegründeten Zaubergriff der Oktavreduktion im Effekt identisch. Um diese wundersamen Verhältnisse dem Verständnis noch mehr aufzuschließen, wird es nötig sein, eine scheinbar völlig andere Darstellungsweise zu entwickeln. Zuvor aber sei noch einmal das genetische Verhältnis von Halbton und Quint und sodann das Verhältnis von Teilbereichen des Quintenzirkels zum vollen Zirkel klargestellt.

Aus der rechnerischen Vertauschbarkeit von Quinten und Halbtönen können wir zwar zumindest eine polare Zusammengehörigkeit dieser Intervalle folgern, können unter Umständen auch Rückschlüsse auf Grundstrukturen der Wirklichkeit und der psychischen Wirklichkeitserfassung ziehen, dürfen aber nie meinen, die Beziehungen zwischen Quint und Halbton mit dem Begriff der Quasi-Vertauschbarkeit schon vollständig ausgelotet zu haben. Die Partialtönigkeit, die einem von Grund auf anderen Gesetz unterliegt als der Quintenzirkel, gibt der Quint gegenüber dem Halbton eine Würde, die in dem vertauschbaren Verhältnis 1:7 keinen Ausdruck findet. Die Zahl 7 als Maß der "Intervallbreite" kommt der Quint zu wegen ihres Größenverhältnisses zur Oktav 7:12, nicht aber deswegen, weil ein Kleinstintervall "Halbton" gegeben wäre, das siebenmal aufeinandergesetzt eine Quint produzierte. Im Thema unserer Betrachtungen sprechen wir nicht von ungefähr von Maß- und Zahlenordnung des Tonmaterials. Verdeutlichend könnten wir Maßzahlen und Anzahlen sagen. Im zweiten Kapitel haben wir zum Beispiel bewußt einseitig von Tonanzahlen sprechen müssen. Als wir dagegen Superpositionen von Intervallen vornahmen und miteinander verglichen, ging es vom Ansatz her um Maßzahlen. Es

---

[36] Radikale Konsequenz könnte fordern, den Halbton mit der großen Septime ebenso als Paar zu betrachten wie Quint und Quart, da beide Paare sich zur Oktav ergänzen. Tatsächlich könnte man unsere Tabelle auch auf "große Septime" umschreiben oder das Spiel der Intervalle bis zur Oktav fortsetzen. Von einer Partnerschaft wie bei Quint und Quart kann aber sonst nirgends die Rede sein, da nur diese beiden Intervalle als Paar die Oktav im Sinne der Partialtonreihe ausfüllen. Bei einer Erweiterung der Tabelle springt für das Erfassen des Prinzips nichts Neues heraus.

ist bei Quint und Halbton wie bei den Kraftlinien eines magnetischen Feldes. Die Pole sind gegensätzlicher Art, aber im Bild des Magnetfeldes sind sie nicht voneinander zu unterscheiden.

Die Quint hat eine klare Beziehung zur Partialtönigkeit, der Halbton eine vielfach gebrochene. Ja, wir werden sagen müssen, daß er im Grunde seines Wesens gar nicht von der Partialtönigkeit her zu verstehen ist. Der Quint darf man nicht das Recht wegnehmen wollen, das sich ihr einzigartiger Nachbar, die Oktav, schlechterdings nicht wegnehmen läßt, nämlich die Gründung auf ein lapidares Schwingungszahlverhältnis, auf das Verhältnis zwischen den ersten beiden Primzahlen. Der Halbton dagegen ist mit mehr oder weniger gutem Recht in einer ganzen Menge von partialtönigen Nachbarintervallen zu finden. Als halbtönig läßt sich jedes Nachbarpaar der folgenden Relationskette auffassen, unter die wir gleich die Intervallgrößen in Cent schreiben:

$$14 : 15 : 16 : 17 : 18 : 19 : 20$$
$$120 \quad 112 \quad 105 \quad 99 \quad 94 \quad 88$$

Wird der chromatische Halbton nur aus Quinten gewonnen, so ist er 114 C groß. Wird hingegen nach dem Maß der "natürlichen" Stimmung die partialtönige Terz = 386 C zur Geltung gebracht, so ergibt sich ein Halbton von 71 C mit dem Schwingungszahlverhältnis 24:25. Bei der Quint wackelt das ganze Gebäude eines Tonsystems, wenn sie einmal einen anderen als wenigstens annähernd ihren eindeutigen partialtönigen Wert bekommt. Beispielsweise wird in C-Dur bei "natürlicher" Stimmung ausgerechnet die im Musikleben als grundlegend verwendete Quint d-a auf 688 C zusammengestaucht. Welches Orchester wird d-a in dieser Weise stimmen, um hernach besser C-Dur spielen zu können? Nehmen wir vollends die künstlerisch freie Intervallbemessung hinzu, so ist kaum ein anderes Intervall flexibler als der Halbton und kaum eins stabiler als die Quint.

Quintierende Skalenbildung

Der Quintdoppelschlag

Wie von selber wird wohl jeder, der in einen Kreis den Zwölfstern einzeichnen soll, "ganz oben" den Ausgangspunkt nehmen, vielleicht in unbewußter Anlehnung an die Ordnung des Zifferblatts, aber eigentlich doch aus demselben Grunde, der auch für das Zifferblatt maßgebend war. Beide Male ist da ein Kreis. Zu dessen Wesen gehört es, daß alle Punkte der Peripherie "gleichberechtigt" sind. Aber wie man beim Zeichnen der Kreislinie an einem Punkt den Anfang machen muß, so muß auch das in den genannten Fällen Gemeinte an einem so oder so zu wählenden Punkte seinen Anfang nehmen und an ebendiesem Punkte auch sein Ende finden. Diesem Punkte möchte man eine ausgezeichnete Stellung geben. Unwillkürlich macht man es sich zunutze, daß wir aus physiologischen und psychologischen Gründen schwer anders können, als daß wir in das Bild eines vorgestellten Kreises ein oben und unten hineinsehen, das mit dem Kreis als solchem nicht gegeben war. Wenn wir das Bild des Kreises dann auf einem rechtwinklig genormten Blatt Papier realisieren und dadurch ein Oben und Unten anschaulich werden lassen, so tun wir damit technisch nur das, was zwar nicht im Kreis als solchem, wohl aber in unserer lebendig konkretisierenden Vorstellung der Kreisfigur schon vorgegeben war. Der höchste und der tiefste Punkt sind die ausgezeichneten, und dem höchsten darf insofern ein Vorrang eingeräumt werden, als die Vorstellung "oben" sich mit der von Kraft und Licht verbindet. Siehe *Abbildung 13*.

Zeichnen wir nun vom höchsten Punkt aus eine erste Quint-Quart-Linie vom d zum a (d wählen wir, weil es zentral und neutral in der Mitte der Stammtöne liegt, sowohl in Quint- wie auch in Sekundordnung), so ergibt sich eine Figur, die nach symmetrischer Ergänzung durch eine zweite gleichgeartete Linie geradezu schreit, und wir haben zu fragen, ob dem ein musikalisches Bedürfnis entspricht. Fügen wir also als Zweites die Linie der Unterquint d-g hinzu. Damit tun wir etwas "typisch Menschliches". Wir nehmen etwas, was sich in der Natur findet, aber setzen dieses Etwas so ein, wie es die Natur nicht tut, und gewinnen dadurch neue Möglichkeiten. Die Quint ist in der Natur des Tones angelegt, aber nur die Oberquint zu d, also a, steckt als Partialton in d. Die Unterquint g konstruiert der Mensch unter Verwendung des natürlichen Maßes eigenwillig und doch einem tiefen Gesetz folgend dazu. Das g ist kein Partialton von d. Diese kräftige Eigenwilligkeit charakterisiert denn auch den sich auf der Unterquint aufbauenden Subdominantdreiklang. Er stemmt sich gegen den Tonikaklang, ohne sich ihm endgültig zu verweigern. Der Dominantklang dagegen fließt wie von selbst aus der Tonika heraus und in sie zurück. In Übereinstimmung mit dem visuellen Bedürfnis haben wir offenbar den richtigen Weg eingeschlagen, wenn wir die Quinten von einem Zentrum her sich symmetrisch und eben damit gegensätzlich entfalten ließen.

Unser erster Doppelquintschlag liefert keine Skala, aber etwas wie ein Gerüst für Künftiges und einen Baustein dazu, nämlich den - Ton. Wie verrückt, daß wir den

Abstand zwischen g und a, um in unserem Beispiel zu bleiben, kurzerhand und verwechslungsgefährlich "Ton" nennen! Wer denkt schon daran, daß tónos Spannung heißt? An der Vielzahl der gespannten Saiten der Kithara oder Lyra lernten die Griechen die klingende Musik - und bei der Teilung der einen gespannten Saite des Monochords ging ihnen etwas auf von dem zutiefst erstaunlichen Zusammenhang von Musik und Zahl. Der (Ganz-)Ton muß wohl etwas Besonderes sein, daß er einfach Ton heißen darf. Seine innere Spannung ist nicht eng und heftig wie die des Halbtons, nicht weitbogig wie die der Quint, sondern von einem urgesunden Mittelmaß, in unserem Tonsystem der Hauptbaustein der Melodie und weltweit in ähnlicher Ausprägung und Bedeutung verbreitet.

Unser Dreitongebilde ist keine reale Ausprägung dreitöniger Musik, die es ja auf früher Stufe vielfach gibt. Es ist vielmehr ein Gebilde, das zwar nicht historisch, wohl aber strukturell unseren quintgezeugten Skalen vorausliegt.

Pentatonik

Mit dem nächsten Doppelschlag von Quinten machen wir den Sprung aus dem strukturtheoretischen Bereich in den der realen Musik. Der Fünftönigkeit gelingt das, was unseren drei Tönen abging, eine gute Aufteilung des Oktavraums. Im Sinne der lebendigen Musik ist gute Aufteilung nicht etwa identisch mit Gleichmachung aller Stufen, wie sie sich fünfstufig in Hinterindien[37] oder zwölfstufig in der Atonalität findet. Ungleich fruchtbarer und verbreiteter sind Skalen, die mit Intervallen von zwei oder höchstens drei verschiedenen Größen den Oktavraum in guter Gestalt ausfüllen. Den Maßen exotischer Musik gehen wir nicht weiter nach, sondern konzentrieren uns auf das überragende Bauprinzip der Quint, was nicht als Geringschätzung anders strukturierter Musik mißverstanden werden möchte.

In den Größenverhältnissen und der Anordnung der Intervalle ist die quintgezeugte fünfstufige Skala ideal. Das Maß des Schwingungszahlverhältnisses der Quint 2:3 kehrt wieder im Größenverhältnis der kleineren zur größeren Stufe. Die beiden sind deutlich unterschieden, aber nicht scharf kontrastiert, wechselvoll wohlgeordnet über den Oktavraum verteilt. Der Name "kleine Terz" für die größere Stufe ist der Sache nach unpassend. Sekunde bedeutet doch "benachbarter Leiterton" und sodann "zum Nachbarton sich hinstreckendes Intervall". Im Sinne der Pentatonik ist also die kleine Terz eine größere Sekunde.

Der Intervallvorrat hat sich gegenüber dem quintgezeugten Dreitonverband um die Terzen vermehrt, die "kleinen Terzen" d-f und a-c und dazu die große Terz c-e, die die offenen Enden der Quintreihung überbrückt. Über das Quint-Terz-Problem wird noch zu sprechen sein. Auf jeden Fall ist die Spannung der großen Terz viel geringer als die des Ganztons g-a, der die offenen Enden der zwei Quintschläge

---

[37] Vgl. S. 70

verband, geschweige denn als die des Tritonus f-h, den wir mit dem nächsten Quintdoppelschlag erreichen. Uns, die wir von der Siebenstufigkeit geprägt sind, erscheinen pentatonische Skalen und Melodien geradezu wohltuend. Wir empfinden etwas frei und freundlich Spielendes, aber gleichzeitig auch unantastbar Erhabenes. Die fünf Töne lassen das Verlangen nach Mehrstimmigkeit weniger aufkommen, als das bei der Heptatonik der Fall ist. Es ist, als ob die Skala schon in der Einstimmigkeit harmonisch wäre. Wollte man sich vom Gefühl mitnehmen lassen, so könnte man von einem verlorenen Paradies sprechen, in dem Harmonie und Melodie noch eines waren. Wie eindrucksvoll, daß diese Skala ebenso alter europäischer Musik zugrunde liegt, wie sie das chinesische Musikleben seit Jahrtausenden beherrscht![38]
Daß die Sechsstufigkeit (Guido von Arezzo) eine Übergangserscheinung bleiben mußte, ist ihr schon durch das Diagramm auf den Leib geschrieben, sowohl bei den tangierenden Kreisen[39] als auch bei ihrem "Stern" im Oktavkreis.[40]

Heptatonik

Wir vollziehen nun den entscheidenden dritten Quintdoppelschlag und gewinnen als weitere Intervalle den Halbton (e-f; h-c) und den Tritonus (f-h).[41]
Hinter unserem Loblied auf die Pentatonik stand die alte Wahrheit, daß jeder Gewinn durch eine Preisgabe bezahlt werden muß. Aber ein gewaltiger Gewinn ist die Heptatonik eben doch. Mit den neugewonnenen Intervallen sind bestimmte Zielpunkte erreicht, über die hinaus noch so viele Quintschläge nicht führen können. Der Halbton ist kleinste, für alle Intervalle anwendbare Maßeinheit, und im Tritonus ist quantitativ und qualitativ der Gegenpol zur Prim/Oktav erreicht.
Es ist - wenn wir zwischenhinein einmal das Schema des Quintdoppelschlags verlassen dürfen -, als ob die Quint-Quart-Linie vom Ausgangspunkt auf den gegenüberliegenden Punkt der Peripherie und damit auf eine Halbierung der Oktav zielte, aber danebenschösse. Erklärlich, denn sie teilt das Oktavverhältnis nicht in zwei gleiche Verhältnisse, wie es sich für jede Intervallhalbierung gehört,[42] sondern sie symbolisiert zwei Intervalle, die das Oktavverhältnis 1:2 = 2:4 arithmetisch 2:3:4 (statt wie der Tritonus geometrisch in $1:\sqrt{2}:2$) halbieren. Der Halbton ist also neben allem, was er sonst noch sein kann, auch die Differenz zwischen arithmetischer und geometrischer Teilung der Oktav. Die Quint gibt nach dem Fehlschuß nicht auf, sondern probiert ihre Kräfte weiter und weiter und kommt nach sechs Schüssen, also beim siebenten Ton, doch ins Kraftfeld des wesensfremden Tritonus, natürlich kommaverschieden, sofern wir sie nicht um die bekannten 1,96 C verkleinert

---

[38] Vgl. Abbildung 1A
[39] Vgl. Abbildung 2B
[40] Vgl. Abbildung 1B
[41] Vgl. Abbildung 1A
[42] Vgl. S. 52

haben. Wenn wir nicht gar zu gelehrt sind, macht es Spaß, auf unserer Figur den Weg der Quinten durch die Stammtonreihe vom f bis zu dessen Tritonus h zu verfolgen.

Das Oktavteilungsbündel im Oktavkreis

Die bisher nicht erwähnten Intervalle des Oktavraums, die Sexten und Septimen haben quantitativ keine und qualitativ nur beschränkte Eigenbedeutung, da sie sich mit den Terzen und Sekunden (so wie die Quint mit der Quart) zur Oktav ergänzen und deshalb durch die gleiche verschieden deutbare Sehne im Oktavkreis darstellbar sind. Die Quotienten solcher Paare stehen wechselseitig im Verhältnis des doppelten reziproken Wertes: Quint = 3/2, also Quart 2/3 x 2 = 4/3, aber auch umgekehrt: Quart = 4/3, also Quint 3/4 x 2 = 6/4 = 3/2. Alle in der Zwölfordnung vorhandenen Intervallverhältnisse sind erfaßt, wenn von einer angenommenen Prim aus ein Halbkreis mit Sehnen (vom Halbton bis zum Tritonus) ausgestattet wird, da im zweiten Halbkreis keine neuen Sehnenlängen auftreten und gleichlange Sehnen den Oktavraum immer im selben Verhältnis aufteilen. Den Oktavkreis, in dem von einer Prim aus Sehnen zu allen übrigen Tonpunkten laufen, können wir folglich als eine in der Symmetrieachse bewegliche Klappfigur betrachten, und es wird späterhin zu prüfen sein, was dies über das rein Quantitative hinaus musikalisch zu bedeuten hat. Siehe *Abbildung 14*.

Natürliche Terz und Temperatur

Das Hinausschreiten über das Quintprinzip

So viel und so Großes war von den Potenzen der ersten Oktavteilung im Ton 3 zu sagen, daß es uns nicht wunder nehmen kann, wenn das alte und auch das spätere China, wenn die Pythagoräer und wenn (in Abhängigkeit von diesen, aber nicht aus bloßer Tradition) das Mittelalter alle Tonverwandtschaften auf die Quint gründete. Warum nicht weiter hinauf bis zur Fünf? So fragten sich schon einzelne antike Theoretiker. Dadurch ergibt sich ja für die große Terz der fabelhaft einfache Quotient $5/4$, während die pythagoräische große Terz $(3/2)^4$ oktavreduziert $81/64$ zeitigt. Doch mußte solche neuartige Berechnung im Bereich der spekulativen Theorie verbleiben, solange nicht in der wirklichen Musik etwas Neuartiges erschien, was die Einbeziehung der natürlichen Terz rechtfertigte oder gar nötig machte. Der Verlockung "einfache Zahlenverhältnisse" und dadurch womöglich "angenehmerer Klang" steht die mächtige Barriere "einheitliche Tonzeugung" (und dadurch wenigstens partielle Kommensurabilität von Intervallen) entgegen. Die zeitliche und räumliche Ausdehnung der ausschließlich quintgezeugten Musik und ihre geschichtlich erwiesene lebenformende Gewalt verbieten es uns, die Bedeutung solcher Barriere gering oder nur negativ einzuschätzen. Vor allem aber: Wenn die Naturterz einbezogen wird, dann kann die Berechtigung dafür nicht in der Dimension liegen, in der sich die Quint als Meisterin gezeigt hat, nämlich in der Zeugung einer wohlgeordneten und wohlbegrenzten Zahl klar differenzierter Tonwerte. Wir ersparen es uns, vorzuführen, was herauskäme, wenn wir die Erwartungen, die das Quint-Quart-Paar erfüllt, analog an andere Intervalle herantragen wollten.

Das Neue, das dem Ton 5 und damit den partialtönigen Terzen Eingang verschaffte, ist die Mehrstimmigkeit und in ihr die Zentralstellung des (Dur-)Dreiklangs. Waren schon Oktav und Quint mathematisch nicht auf einen Nenner zu bringen, so potenzierte die Hereinnahme der natürlichen Terz die Schwierigkeiten der theoretischen und leider auch der praktischen Tonhöhenbestimmung - keineswegs in der Vokalmusik, wo eine instinktsichere Geschmeidigkeit alle theoretisch aufweisbaren Unebenheiten im besten Sinne des Wortes überspielt, sondern speziell bei der Orgelstimmung, wo mit gutem Grund die pythagoräische Terz von 408 C als im Dreiklang zu hoch, ja als dissonant empfunden wird, wie denn die Terz dem Mittelalter ohnehin als dissonant galt. Die konsonante, glatt und friedlich klingende Naturterz von 386 C scheint das neugeborene Lieblingskind der frühen Neuzeit zu sein. Um sie in den gebräuchlichsten Klängen möglichst oft genießen zu können, legte man sich in der musikalischen Bewegungsfreiheit an anderen Stellen arge Beschränkungen und Verrenkungen auf (ungleichschwebende Temperaturen mit ihren "Wölfen"), bis endlich die gleichschwebende Temperatur den gordischen Knoten durchhieb. Von Bachs mächtigem Durchbruch im Wohltemperierten Klavier an bis auf diesen Tag hat es sich allen Naturtondogmatikern zum Trotz erwiesen, daß sich nicht nur die winzige Abweichung der temperierten Quint von der natürlichen (702 - 700 = 2 C), sondern auch die siebenmal größere Abweichung der großen Terz (386 - 400 = -14 C) ohne musikalischen Substanzverlust eliminieren läßt.

Harmonisch-melodische Divergenz

Die Eigenbedeutung der Naturterz liegt im Harmonischen. In der harmonischen Verbindung c-e-g liegt e tiefer als in der melodischen Verbindung c-d-e. Singt man die Folge c-g-e, so wird man ganz von selbst die dreiklangsmäßige Zusammengehörigkeit der Töne empfinden. Baut man dann neu ansetzend auf e ebenso die Dreiklangstöne e-h-gis auf und darauf in derselben Weise gis-dis'-his, so liegt his tiefer als c'. Singt man dagegen c-d-e und baut neu ansetzend auf e und hernach auf gis ebensolche Sekundfolgen auf, dann liegt his höher als c'. In der Statik des Dreiklangs ist also die Naturterz optimal, in der Dynamik des melodischen Fortschreitens dagegen ist das Bestreben zu erkennen, den Sekundschritt d-e dem der oktavreduzierten Doppelquint c-d anzugleichen. Wie wenig normativ aber beide Maße in der Praxis sein können, ergibt sich aus der Tatsache, daß Harmonie und Melodie einander in der mehrstimmigen Musik stetig durchdringen. Erstaunlich bleibt, was wir schon zur Genüge angesprochen haben: die instinktive Geschmeidigkeit freier Intonation und die gültige Vertretung aller zu einem der zwölf Tonorte gehörigen Einzeltonhöhen durch die Norm der zwölfstufigen Temperatur.

Das Quint-Terz-Komma im Temperaturvergleich

Daß, wie oben gesagt, der Unterschied zwischen partialtönigem und temperiertem Wert bei der Terz siebenmal größer ist (14 C) als bei der Quint (2 C), gilt natürlich nur annäherungsweise, wissen wir doch, daß Quint und Terz intervallmäßig in einem transzendenten Verhältnis zueinander stehen müssen, da ihre Quotienten 3/2 und 5/4 verschiedene Primfaktoren enthalten. Verblüffend ist aber die "Treffsicherheit", mit der der transzendente Wert dem einfachen rationalen Verhältnis 1:7 auf den Leib rückt. Die genaueste Angabe der Intervallgröße von Quint und großer Terz finden wir in Husmanns Centtafeln unter den "Standardintervallen" als 701,9550009 und 386,3137139 C. Der Überschuß der reinen Quint über die temperierte = 1,9550009 C macht versiebenfacht 13,6850063 C. Der Unterschied zwischen temperierter und partialtöniger Großterz beläuft sich auf 400 C - 386,3137139 C = 13,6862861 C. Das Siebenfache des Unterschieds bei der Quint = 13,6850063 C differiert davon um 0,0012798 C.
Auf reichlich 1/1000 C und auf knapp eine millionstel Oktav berechnet sich also die Abweichung vom rationalen Verhältnis 1:7. Oder anders gewendet: Die Differenz der beiden auf 13,686 C abrundbaren transzendenten Werte macht rund den

10700.Teil dieser Werte aus. Wir vergleichen damit ein so bestechend kleines Komma wie das bekannte zwischen 700 und 702 C, das sich auf 1/350 der verglichenen Werte beläuft, und stellen fest, daß unsere bei 13,686 liegenden Werte mit dreißigmal besserer Zielschärfe in der Nähe des anvisierten rationalen Verhältnisses 1:7 liegen.

Eine überraschende Intervallkoinzidenz

Ein Intervall beziehungsweise ein Intervallpaar muß es ja nun geben, in dem sich das "Zuviel" der natürlichen Quinten und das "Zuwenig" der natürlichen Großterz ausgleichen, so daß wir einen Intervallwert erhalten, der mit derselben außerordentlich genauen Größenangabe einmal einen temperierten und einmal einen aus partialtönigen Intervallen aufgebauten Wert bezeichnet. Es ist - nun darf man wirklich staunen - die intervallmäßige Teilung der Oktav im Verhältnis 5:7, denn wenn wir auf die eine im Sinne der Temperatur "zu kleine" Terz c-e den aus sieben "zu großen" Quinten oktavreduziert resultierenden chromatischen Halbton e-eis setzen, so ist der Ausgleich da im Wert von 500,00 C. Von eis bis zur Oktav c' verbleiben also 700,00 C.

Das Zahlenpaar Fünf und Sieben weckt einzigartige Erinnerungen. Auf Tonanzahlen bezogen ist es optimal für tonale Skalen (im weitesten Sinne des Wortes). Als Quotient ist es der Tritonus und vertritt somit partialtönig die Oktavhalbierung, in der als im Gegenpol zur Prim/Oktav die Intervallentwicklung grundsätzlich ihr Ziel erreicht.[43] Und als Intervallgrößenverhältnis stellt 5:7 die grundlegende erste Oktavteilung in Quart und Quint in kommensurabler Gestalt dar.

Soll es uns anfechten, daß unser aus partialtönigem Material erbautes Intervall von sieben Quinten plus eine Terz minus vier Oktaven von seiner Ableitung her keine Quart, sondern eine übermäßige Terz ist? Das wäre nur dann berechtigt, wenn wir die Wesensbedeutung des Quintenkreises mit seinen zwölf konstitutiven Tonorten rundweg leugnen wollten. Andernfalls staunen wir über die Fähigkeit der Tonorte, kommaverschiedene Werte an sich zu ziehen und bei identischer Tonhöhenbemessung so Verschiedenes auszudrücken, wie es musikalisch-inhaltlich zum Beispiel Quart und übermäßige Terz sind. Unter dem vorliegenden Aspekt ist einzig wichtig, daß es sich bei c-eis um ein Intervall von der Größenordnung 4 + 1 = 5 Halbtöne handelt.

Vor allem halten wir als erstaunlich fest, daß das Zahlenpaar Fünf und Sieben an solch charakteristischen Stellen wiederkehrt, ohne daß ein gemeinsamer mathematischer Ursprung der einzelnen Vorkommen feststellbar wäre. Die Prävalenz der Tonanzahlen Fünf und Sieben in den sehr verschiedenartigen entwickelten Tonsystemen des Erdballs ist schon in sich mathematisch nicht einheitlich erklärbar.[44] Als Quotient tritt 7/5 in Beziehung zu $\sqrt{2}$ (Oktavhalbierung) mit einem

---

[43] Vgl. Abbildung 14
[44] Vgl. S. 26ff.

Komma von 17,5 C. Es ist dies der niedrigstzahlige Quotient der Tritonus-Halboktav bei eindeutiger Erkennung. Und das Intervallgrößenverhältnis von Quint und Quart = 7:5, das mit der uralten Anwendung der Begriffe tonus und semitonium harmoniert, macht diese für die Tonzeugung grundlegenden Intervalle mit der Oktav und untereinander kommensurabel, indem es die nahebei liegenden partialtönigen Werte log 3/2 : log 4/3 = 702 : 498 (C) in sich hineinzieht.
Einen Augenblick halten wir ein und fragen uns, ob wir nicht in Spielereien abgeglitten sind, wenn wir Kommata, die zwischen temperierten und partialtönigen Intervallen bestehen, zueinander ins Verhältnis gesetzt und so ein Subkomma von 1/1000 C eruiert haben, das ein paar tausend Mal unterhalb des Schwellenwertes für Tonhöhenunterscheidung liegt. Wenn dann am Ende der Manipulation ein partialtöniger Wert (eine Terz plus sieben Quinten oktavreduziert) zufällig als bis zur fünften Stelle identisch mit einem temperierten erscheint, wohlgemerkt nicht mit irgendeinem, sondern mit dem einen einzigen, der die Oktav in der Weise kommensurabel teilt, daß alles Musikalische in solche Ordnung einfließen kann - dann, so kann man sagen, ist das eben ein Zufall. Natürlich, denn die Gesetze der Herkunft von 500,00 beziehungsweise 700,00 C sind beide Male grundverschieden. Man kann sich darauf berufen, daß die Wahrscheinlichkeitsrechnung die Möglichkeit jedes noch so unwahrscheinlichen Zufalls voraussetzt, etwa daß infolge zufälliger Gleichrichtung von regellosen atomaren Bewegungen ein Stein sich von selbst vom Boden hebt. Man kann sogar den Grad der Wahrscheinlichkeit eines solchen "Wunders" berechnen. Geschähe es wirklich, so würden die personifizierte Mathematik oder Physik sagen: "Berechenbar sehr geringe Wahrscheinlichkeit ist zufällig Wirklichkeit geworden." Der Mensch dagegen würde - staunen, mag er nun Wissenschaftler oder schlichter Laie sein.

Wahrscheinlichkeitsgrad einer Koinzidenz

Wir wollen dem Reiz folgen, die Zufalls-Wahrscheinlichkeitsfrage an unser Phänomen zu stellen. Je größer der Zufall und je zentraler (Extremfall: "einzigartig") das Phänomen ist, desto größer müßte ja wohl das Staunen sein.
Welche Anzahlen haben wir bei unseren Überlegungen in Rechnung zu stellen?
1. die Zwölfzahl der temperierten Werte,
2. die Anzahl der aus partialtönigen Terzen, Quinten und Oktaven aufgebauten Intervalle innerhalb einer Oktave. Hier ist die Frage, bis zu welcher Grenze man das Zusammenbauen für sinnvoll erachtet. (Schon diese Frage beweist, daß bei partialtöniger Abmessung dem Ermessen und der Willkür ein ganz anderer Raum gegeben ist als bei der zwölfstufigen Temperatur, die sich in völliger Klarheit aus allen anderen Möglichkeiten der Temperatur heraushebt.) Wir möchten uns von aller Willkür fernhalten und wählen als unverdächtigen repräsentativen Schiedsrichter für die Anzahl der partialtönigen Werte Hugo Riemann. Unverdächtig für uns, gerade weil ihm unsere Fragestellung völlig fernliegt. In der "Übersicht der

wichtigsten Tonbestimmungen" am Schluß seines Handbuchs der Akustik verwendet er in den einzelnen Intervallen bis zu drei Terzen und (in einem Falle) bis zu dreizehn Quinten. Das ist ein sehr weiter Rahmen. Die uns im Augenblick besonders interessierende übermäßige Terz c-eis kommt zum Beispiel viermal vor (unter Verwendung von 0, 1, 2 oder 3 Terzen gebildet). Innerhalb der Oktave c-c' liegen bei Riemann 106 Intervalle, denen er volle musikalische Gültigkeit zuschreibt, weil sich ihre Quotienten nur aus den Primfaktoren 2, 3 und 5 aufbauen.

3. haben wir in Rechnung zu stellen, wie groß die Anzahl der rein numerischen Werte ist, aus deren Menge heraus sich unsere 106 partialtönigen und zwölf temperierten Werte abheben. Mit Riemann teilen wir die Oktav zur Vermessung rein dekadisch in 100.000 gleiche Teile. Das heißt praktisch: Wenn wir den Wert der Oktav als 1 festlegen, dann stehen uns zur Oktavteilung alle fünfstelligen Dezimalbrüche von 0,00001 bis 0,99999 zur Verfügung.

Nun ist zu berücksichtigen, daß jeder Wert zwischen c und c' die Oktav zweiteilt in einen kleineren und einen größeren Teil, angefangen von der höchst ungleichen Teilung in 0,00001 und 0,99999 bis zur exakten Oktavhalbierung bei 0,50000. Es ist deshalb nicht nur möglich, sondern nötig, daß wir uns auf die Halboktav beschränken, also sechs temperierte und 53 partialtönige Werte im Rahmen einer numerischen Menge von 50.000, weil die Besonderheiten - in unserem Fall die Koinzidenz bei (umgerechnet) 500,00 C - in der zweiten Oktavhälfte mit zahlengesetzlicher Notwendigkeit (hier als 700,00 C) wiederkehrt, ohne doch eine zweite Besonderheit zu sein.

Schließlich dürfen wir aber nicht unbeachtet lassen, daß unter den sechs temperierten Werten der einzigartig bedeutsame des Quint-Quart-Paares von dem erstaunlichen Zufall betroffen wird.

Wie groß die Unwahrscheinlichkeit unserer Intervallkoinzidenz ist, soll uns

Das wahre Märchen vom unwahrscheinlichen Glück

zeigen: "Ein Königssohn wollte Brautschau halten. 50.000 Jungfrauen gab es im Lande, und jede wäre wohl gern Königin geworden. Doch da wurde streng gesiebt. Eine Prüfungskommission bestand aus Räten, die unfehlbar hellsichtig für Schönheit waren, aber blind für charakterliche Eigenschaften. Sie fand unter den 50.000 dreiundfünfzig makellos Schöne. Die andere Kommission aber bestand aus solchen, die den Charakter eines Menschen mit Sicherheit erfühlten, aber schönheitsblind waren. Sie fand unter den 50.000 nur sechs ganz Gute.

Dem Prinzen lag sowohl an Schönheit als auch an Güte. Er wußte, daß es für das Zusammentreffen von beidem in einem Menschen keine Regel gibt. Als Feind von Kompromissen mochte er sich aber nicht mit einer dreiviertelguten ganz Schönen oder mit einer dreiviertelschönen ganz Guten zufrieden geben. Er vertraute als echter Märchenprinz wacker auf sein Glück, es werde unter den 53 Schönen doch wenigstens eine ganz Gute sein. Kühne Hoffnung! Am nächsten Tage prägte er sich bei der Brautschau erst die sechs Guten ein. Das war leichter, weil es eben nur sechs waren und weil die viele Schönheit ihn wohl leicht verwirrt hätte. Und was glaubt ihr? Als er danach die Parade der 53 Schönen abnahm, erkannte er wirklich eine der sechs Guten wieder.

Der Prinz war einfach glücklich über sein Glück. Der Hofstaat stellte sich ebenso und war dabei zum größeren Teil sogar ehrlich, ohne doch das Glück recht eigentlich ausloten zu können. Der Hofastrolog guckte in sein Rohr und fand am Himmel eine Konstellation, die ihm im nachhinein solchen Glücksfall schlagend erklärte. Der Hofmathematikus konnte darüber nur lächeln, er war ein aufgeklärter Mensch. Nein, so sagte er, erklären könne man das Glück nicht, aber er mache sich anheischig, mathematisch zu ermessen, wie groß das Glück des hohen Paares sei.

Es war kein Hexeneinmaleins, mit dem er sein Gedankengebäude errichtete. Aber war es nicht doch Willkür, wenn er alle 50.000 Jungfrauen in ihren Chancen gleichsetzte, die Häßlichsten und Schlechtesten wie die Schönsten und Besten? Nun, wahre Schönheit und wahre Güte wissen nichts von sich selber, und der Einbildung bezüglich der eigenen Person sind schon hierzulande, geschweige denn im Märchenland, kaum Grenzen gesetzt. Also, wie sind die Chancen für eine jede dermaßen Gleichgestellte?

Wenn 53 aus 50.000 makellos schön sind, dann ist es eine aus 50.000 : 53 = 943,... So viele Jungfrauen müssen sich in die Chance teilen, als makellos schön anerkannt zu werden. Somit hatte jede die wenig tröstliche Wahrscheinlichkeit von 1/943 oder rund 1 Promille, erwählt zu werden. Viel schlimmer noch waren die Aussichten, als ganz gut festgestellt zu werden, denn wenn nur sechs aus 50.000 ganz gut sind, dann ist es durchschnittlich eine aus 50.000 : 6 = 8333,...

Keine Erwählte der einen Gruppe hatte irgendeine Sonderchance, auch in der anderen Gruppe dabei zu sein. Jede war beim zweiten Gang erneut eine x-beliebige unter 50.000. Daß sie auch bei der anderen Gruppe dabei wäre, war demnach noch 8333mal beziehungsweise 943mal unwahrscheinlicher als die Chance, zu einer der beiden Gruppen von Erwählten zu gehören. 8333 mal 943, das sind sage und schreibe 7.858.019, also weit über siebeneinhalb Millionen. So groß war also das Glück des jungen Paares. Es war ein Glück, das im Durchschnitt erst im 7.858.019. Falle fällig gewesen wäre. Doch halt, so groß war strenggenommen nur das Glück der Braut. Sie war eine von 50.000 gewesen, der Prinz aber hatte all den Jüngferlein als einziger gegenübergestanden. Seine Chancen waren also so groß, wie die aller 50.000 Jungfrauen zusammen. Entsprechend war aber auch die Außerordentlichkeit seines Glückes 50.000mal geringer. "Schon" der 157. Prinz hätte in seiner Lage im Durchschnitt dasselbe Glück gehabt wie er. Natürlich protestierte der gesamte Hof mit dem jungen Paar an der Spitze dagegen, daß das Glück der beiden nicht ein Ganzes, nicht gleichgroß sein sollte. Doch niemand konnte des Mathematikus kalte Gedankenschärfe besiegen. Der Prinz blieb unzufrieden, daß ihm nur das verhältnismäßig geringe Glück zuteil geworden sei, auf das er mit immerhin 1/157 Wahrscheinlichkeit rechnen durfte.

Eigentlich beinahe eine Unverschämtheit! Wer von uns wäre nicht glücklich, wenn er auf den ersten Griff aus 157 Losen den einzigen Gewinn zöge? (Wo es doch keine Garantie dafür gibt, daß der Prinz der Pechvögel wenigstens bei der 100.000. oder sonstwelcher "endlichsten" Auslosung dieser Art endlich das richtige Los ziehen *müßte!*) Sollen wir nun unseren Prinzen tadeln? Oder sollen wir ihn gerade loben, weil er das Maß seines Glückes nur ganz und gar mit dem seiner Braut verwoben sehen konnte? Vielleicht müßten wir ihn einfach bedauern, denn es ist nun einmal so: Wer 50.000 oder noch viel mehr Menschen nach seinen Plänen und Gedanken zitieren und dirigieren kann, der hat es viel schwerer, wirklich glücklich zu sein, als ein einfaches Menschlein, dem das Glück zulacht.

Doch Schluß mit schweifenden Gedanken! Wir wollen wissen, wie es mit dem Glück der beiden in der Märchenwirklichkeit wirklich weiterging. An dem 50.000mal größeren Glück der Braut im Vergleich zu ihrem Prinzen (und der Frage nach dessen Glück verdankt das ganze Märchen seine Existenz!) war jedenfalls nicht zu rütteln. Doch der Prinz erhielt wenigstens noch einen respektablen Trostpreis, und das geschah so:

Die Hochzeit wurde alsbald mit Feuereifer vorbereitet. Als nun am Polterabend das ganze Land im schönsten Aufruhr war, erschienen auch die 52 nicht ganz guten Schönen und ließen lauthals einen Preisgesang erschallen, die künftige Königin sei doch die Allerschönste im Lande - obwohl daheim das Spieglein an der Wand den meisten von ihnen etwas anderes gesagt hatte. Das Paar wußte, was man von schräg nach oben gerichteten Lobreden zu halten hat, verzieh das Stücklein Falschheit und hatte Spaß an der Sache. Dann aber wurde es ernst. Die fünf nicht ganz schönen Guten kamen. Ausbunde der Häßlichkeit waren es wohl nicht, doch mit der blendenden Schönheit von vorher waren sie weder quantitativ noch qualitativ zu vergleichen. Und siehe da, auch sie stimmten zur größten Überraschung einen zwar nicht so glänzenden und lauten, aber dafür um so redlicher überzeugenden Preisgesang an, der die Güte der künftigen Königin fundamental über ihrer aller Güte stellte. Schmeichelei? Wer hätte in ihrem Falle so etwas auch nur denken dürfen! Es war eben wirklich so, wie die fünf gesagt und gesungen hatten. Die Königin der Zukunft war einzig! Ein neues Glücksgefühl erfaßte den Prinzen, und der Mathematikus war schnell zur Stelle, um ihm zu bestätigen, das Glück beider habe sich versechsfacht, weil die unter den sechsen Erwählte in ihrer Güte von den Guten selbst als einzigartig erkannt worden sei. Das Prinzenglück hatte somit die 942. Stufe der Unwahrscheinlichkeit erreicht. Mit diesem seinen Los war denn der Prinz nach der vorangegangenen Ernüchterung vollauf zufrieden, und in Pracht und Freude wurde am nächsten Tage die Hochzeit gefeiert. Danach lebten sie glücklich miteinander, und wenn ... Nein, gestorben sind sie nicht. In all seiner Unwahrscheinlichkeit lebt das Paar heute noch im Zauberland der Musik, nicht oben, wo es singt und klingt, sondern in einem tief verborgenen Reich. Wenn sich einer auf der Suche danach wie auf der Suche nach einem einzig kostbaren verlorenen Ring in einen abgründigen Brunnen hinabläßt, wo die meisten oben Singenden und Springenden meinen, daß dort nur der Tod alles Klingens hausen könne, dann kommt man in ein unerwartet lichtes und dabei unergründlich geheimnisvolles Reich, in dem unser Paar allen Ernstes auch heute noch zu finden ist."

Der Turm der Siebenerverhältnisse

Eben hatten wir allen Grund, uns über den "seltenen Fall" von "Treffsicherheit" zu wundern, mit dem ein transzendentes Zahlenverhältnis sich dem rationalen 1:7 annähert. Wie wenig die kalkulierende Praxis mit dem Eintreten solch seltener Fälle rechnet, sieht man an den Schlössern, die sich auf das Wählen einer bestimmten dreistelligen Zahl hin öffnen. Wie würden wir starr vor Staunen stehen, wenn ein Dieb, der unsere Geheimzahl nicht kennen konnte, unser derart verschlossenes Gepäckfach auf den ersten Anhieb öffnete und mit unserem Koffer um die Ecke verschwunden wäre, ehe wir herzuspringen konnten! Nein, weder der Betreiber der Schränke noch wir selber rechnen mit solch seltenem Fall, wie er unserm Märchen zugrunde liegt.

Nicht weniger staunenswert als jene "Treffsicherheit" in *einem* Fall eines angenäherten Siebenerverhältnisses ist nun aber auch die Höhe des Turmes von Siebenerverhältnissen, der sich über unseren minutiösen Werten erhebt. Höchst charakteristisch war uns ja das Verhältnis 1:7 schon zwischen Halbton und Quint begegnet, zurückgehend auf die grundlegende Ineinssetzung von sieben Oktaven und zwölf Quinten. Nun gilt aber das Verhältnis 1:7 auch zwischen der Terzabweichung von 13,686 C und dem Halbton, dessen Werte um 100 C geschart sind, denn $13,686 \times 7 = 95,802$. Und schließlich ist die Reihe von Siebenerverhältnissen nach oben hin bei Oktavreduktion unbegrenzt fortsetzbar, denn sieben Quinten, zum Beispiel von c bis cis, ergeben nach Abzug der Oktaven wiederum einen Halbton.

Das erste Siebenerverhältnis führt von der Ununterscheidbarkeit (knapp 2 C) in den Bereich der hörbaren, intervallfärbenden Kommata; das zweite Siebenerverhältnis führt von dort zu zwei eng beieinanderliegenden, aber deutlich voneinander abgehobenen Tonindividualitäten; das dritte führt vom Intervall engsten Abstands (Distanz) zum Intervall engster Verwandtschaft (Konsonanz) zweier wesensverschiedener Töne. Die theoretische Möglichkeit, die Siebenerverhältnisse unbegrenzt fortzusetzen, führt zu nichts Neuem, unterstreicht aber in eigentümlicher Weise den polaren Zusammenhang von Distanz und Konsonanz.

Ton 5 und Ton 7

Der Charakter der Oktavstreifen

Der Partialton 5 war unser Thema, bei seiner intervallgrößenmäßigen Einordnung aber waren wir auf Siebenerverhältnisse gestoßen. Fünf und Sieben gehören jedoch auch rein partialtönig zusammen als die Primzahlen des dritten Oktavstreifens. Sie sitzen, wenn wir den arithmetisch gleichen Zuwachs an Hertz von Glied zu Glied zugrunde legen, symmetrisch in ihrem Oktavstreifen, wie wir es auf Seite 57 bereits vorführten. Dieser symmetrische Sitz der Primzahlen reicht noch bis in den vierten Oktavstreifen, also bis in die dritte Generation der Oktavteilungen. In der Oktave 8:16 sitzen 11 und 13 beiderseits dicht am Mittelpunkt 12. In höheren Oktavstreifen ist es mit solcher Symmetrie völlig aus, wie das Schema zeigt.

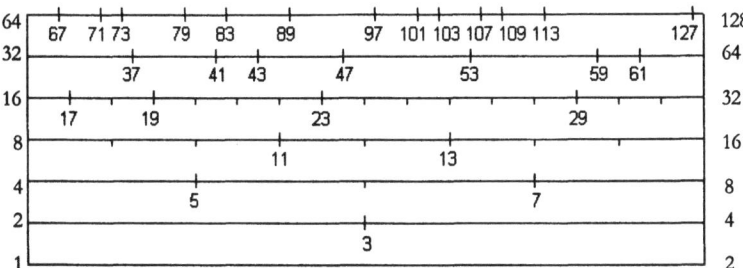

Daß diese Symmetrie einmal zerstört werden muß, ist mathematisch einsichtig zu machen, *wo* sie aber ihr Ende findet, das läßt sich ebensowenig wie die Primzahlfolge selber aus einer allgemeinen Formel ableiten, so einfach die tatsächlichen Verhältnisse auch anfänglich zu überschauen sind.
Offenbar haben nun die symmetrisch sitzenden Primzahlen jedes Oktavstreifens eine bestimmte Bedeutung. Der Ton 3 ist in dem bereits ausführlich besprochenen Sinne Quell der Tonvielheit. Die Töne 5 und 7 geben gegenüber den quintgezeugten Intervallen keine neuen, selbständigen Tonindividualitäten ab, sondern repräsentieren Farbwerte. Die Primzahlen des Oktavstreifens 8:16 haben die Bedeutung von Trennern. Unterhalb der 11 liegen die Ganztöne: 7:8 = übergroßer, 8:9 = großer, 9:10 = kleiner Ganzton. Oberhalb der 13 beginnen die Halbtöne, die bis in den fünften Oktavstreifen überlappen. Sie beginnen mit dem heftig angefochtenen, aber nicht ganz totzukriegenden chromatischen Riesenhalbton 14:15 = 130 C und enden mit dem ebenfalls chromatischen 24:25 = 71 C, um den sich Dur- und Mollterz in der sogenannten natürlichen Stimmung unterscheiden. Ton 11 und 13 selbst aber fügen sich mit 551 und 841 C der Zwölfordnung der Töne (die die Nähe von vollen Hunderten von Cent verlangt) schlechterdings nicht ein. Ton 11 spaltet den Halbton sogar mit beachtlicher Genauigkeit in zwei Vierteltöne.
Wir können also sagen: Ton 3 konstituiert die Zwölfordnung, 5 und 7 lassen sich (sehr unterschiedlich gut) der Zwölfordnung einfügen, 11 und 13 zersprengen sie,

haben aber doch eine positive Bedeutung, indem sie eine dringend nötige Tabuzone zwischen Ganz- und Halbtönen markieren.

Ton 11 und 13 sind wie die Götterdämmerung der Obertöne. Man muß sich nur einmal hineinhören in den Ton 11 eines Orgelklangs, dann wird man spüren, wie er alle bisherige Ordnung zerschneidet (wie das Ton 7 keineswegs tut). Nehmen wir es gut und gern als Zufall hin, daß der auf 13 folgende erste "unsymmetrische" Primzahlton 17 mit dem Ton 18 auf 1 C genau die Zwölfteloktav trifft und gleichsam mit dem Zeigefinger in Richtung Temperatur weist. Wie sind die sich stetig verkürzenden Abstände fester Bünde bei temperierten Saiteninstrumenten ursprünglich praktisch festgelegt worden? Jedes folgende Feld bemaß man auf 17/18 des vorhergehenden. Dann erreichte man beim zwölften Bund die Oktav.

Das Hineinlaufen der Partialtöne in die Kommensurabilität

Die Partialtönigkeit läuft sich nach oben hin tot, indem sie geradezu in die Temperatur hineinläuft. Daß der erste rein partialtönig betrachtet bedeutungslose und im Blick auf die Temperatur bedeutungsvolle Primzahlton 17 überdies der erste bestimmt nicht mehr hörbare primzahlige Oberton ist, paßt fast so schön in die Landschaft der Tonbeziehungen wie die Übereinstimmung des Quintenzirkels mit dem musikalischen Hörbereich.

Doch das Hineinlaufen der Partialtönigkeit in die Temperatur läßt sich noch viel besser dartun, wenn wir die extremen Naturtöner überbieten und die Frage stellen, auf welches Ziel die Distanzverhältnisse der partialtönigen Miniintervalle in höheren, spekulativen Oktavstreifen zulaufen. Es interessiert uns das Größenverhältnis einerseits der benachbarten und andererseits der am weitesten voneinander entfernten Intervalle innerhalb eines Oktavstreifens. Die benachbarten Intervalle werden einander immer ähnlicher, nähern sich also dem Verhältnis 1:1. Das unterste und oberste Intervall des Streifens aber nähern sich dem Verhältnis 2:1, da jede nächsthöhere Oktave in doppelt so viel Teile geteilt ist und das letzte Intervall eines Streifens der Gleichheit mit dem ersten des nächsthöheren Streifens zustrebt. Der Streifen der ersten Oktavteilung ist von Quint und Quart ausgefüllt. Dieses Paar ist sowohl benachbart als auch erstes und letztes Intervall des Streifens. Sein Größenverhältnis läßt sich mit nur 1 Cent Abweichung[45] als $\sqrt{2}$ bestimmen. Von 1:$\sqrt{2}$ aus streben also die obertönig benachbarten Intervalle zum Verhältnis 1:1, die entferntesten Intervalle des Oktavstreifens dagegen zum Verhältnis 1:2. Schreiben wir diese drei Verhältnisse reziprok und geben ihnen die Gestalt von Zweierpotenzen, so ergibt sich folgendes Schema:

---

[45] Vgl. S. 69

	1. Oktavteilung	∞. Oktavteilung
Benachbarte Töne	$2^{1/2}$	2^0
Entfernteste Töne		2^1

Wem der Rückgriff auf das Intervallgrößenverhältnis $\sqrt{2}$ an den Haaren herbeigezogen erscheint, der müßte dennoch die Schlüssigkeit der Asymptoten 1 und 2 für benachbarte und entfernteste Intervalle höchster Oktavstreifen anerkennen. Uns ist dieser Rückgriff auf $\sqrt{2}$ möglich, weil wir bei der Quint (und bei den weiteren Intervallen) ohnehin nicht zwischen einem richtigen natürlichen und einem verfälschten temperierten Wert unterscheiden, sondern das Wesen jenseits beider sehen. Das eröffnet uns die Möglichkeit, unter verändertem Blickwinkel auch einer dritten andersartig gezeugten Quintbemessung ein relatives Recht einzuräumen, wenn sich dadurch eine solche einheitliche Beziehung zu charakteristischen Potenzen der Urzahl ergibt, wie sie obiges Schema ausweist.

Partialtönige und temperierte Verhältnisse des dritten Oktavstreifens

Der "unendlichste" Oktavstreifen beweist seine eigene Unmöglichkeit dadurch, daß in ihm benachbarte Intervalle gleich und darum alle Intervalle gleich sein müßten - und doch müßte das letzte nur halb so groß wie das erste sein. Sehen wir nun, wie sich die partialtönigen Intervalle in die Zwölfordnung einpassen, dann steht vor uns das Ei des Columbus. Im dritten Oktavstreifen bereits, den wir mit den Tönen c-e-g-b-c' darstellen können, ist das erste Intervall zwei Ganztöne und das letzte einen Ganzton groß, während die beiden mittleren kleine Terzen sind. Im "Rahmen des Möglichen" ist hier also das Unmögliche, Unvereinbare Wirklichkeit geworden. Stellen wir die Ausmaße der Veränderungen, die die Primzahltöne durch die Temperatur erleiden, noch einmal tabellarisch zusammen, so ergibt sich bis zur Elf hin ein holpriger Weg in immer gleicher Richtung von ausgezeichneter Vereinbarkeit bis zum völligen Gegenteil. (Alle Töne sind oktavreduziert auf c bezogen; dann kommen ihnen die folgenden Cent-Zahlen zu:)

Ton		partialtönig	temperiert	Differenz
2	c	0	0	0
3	g	702	700	2
5	e	386	400	14
7	b	968	1000	32
11	-	551	-	49[46]

---

[46] Der elfte Naturton, der auf dem Alphorn tatsächlich verwendet wird (Alphorn-fa), fügt sich der Zwölfordnung nicht. Er halbiert beim Blasen grob die kleine Terz, wobei die wirklichen Intervalle unter Einwirkung des Anblasens von den theoretischen der Partialtonreihe (165 und 151 C) beträchtlich abweichen können.

Nehmen wir unser "Ei des Columbus", den Oktavstreifen 4:8, quantitativ und qualitativ noch etwas unter die Lupe!

	(70)		(50)		(34)	
386		316		266		232
|		|		|		|
4	:	5	:	6	:	7	:	8
c		e		g		b		c
|		|		|		|
400		300		300		200
	(100)		(0)		(100)	

Die Abstände von einem Partialton zum anderen werden nicht nur selbst immer kleiner, sondern auch das Maß ihrer Verengung verkleinert sich stetig, wie aus den eingeklammerten Zahlen zu ersehen ist. Bei der Einbindung unserer Töne in die Temperatur gibt es für Verkleinerung nur die Maßeinheit 100 C, so daß die obere und untere Differenzfolge unseres Schemas schreiend voneinander abweichen. Wir könnten dies vermeiden, wenn wir wie viele nicht erst dem Ton 11, sondern schon dem Ton 7 jede positive musikalische Funktion absprächen. Es scheint ja auch widersinnig, daß die zwei mittleren Intervalle, die um 50 C, also einen Viertelton voneinander abweichen, mit Anspruch auf musikalische Gültigkeit gleichgemacht werden, während g-b und b-c, die sich nur um 34 C unterscheiden, bei der Temperatur um 100 C voneinander abweichen. Ebenso toll erscheint das Zurechtbiegen von 386 und 232 C auf das Verhältnis 2:1.

Das Wesen des Septakkords

Ist das Ei des Columbus etwa doch faul? Die Grundfrage ist erstens, ob die Töne unseres Oktavstreifens ein musikalisches Etwas miteinander bilden, wobei die Singbarkeit als Kriterium dienen kann, und zweitens, ob dieses musikalische Etwas, wenn es in die Zwölfordnung eingebunden wird, sein Wesen und seine musikalische Brauchbarkeit behält. Beide Fragen sind mit "ja" zu beantworten, c-e-g-b-(c') ist als Septakkord in Übereinstimmung mit den Notennamen in beiden Bemessungen auffaßbar, wenn auch sofort die kritische Frage kommt, ob der Vierklang mit dem tieferen b nicht etwas im Wesen anderes, etwa gar keine Dissonanz sei in dem Sinne, wie es der hergebrachte Septakkord ist.

Wie ist denn der Dominantseptakkord aufzufassen? Ist der vierte Ton eine Beigabe aus dem Subdominantklang? Dann müßte sich doch wohl das Dominantische des Klanges in Richtung auf das Subdominantische hin verändern. Das Gegenteil ist der Fall. Das im Vergleich zu der eigenwilligeren Subdominante leicht und weich aus der Tonika heraus- und wieder in sie hineinfließende Wesen des Dominantklangs wird durch die Septime intensiviert. Nun hängt der gegensätzliche Charakter der beiden Dominanten offenbar damit zusammen, daß der Dominantklang obertönig in der Tonika enthalten ist, der Subdominantklang nicht. Er bestätigt die Tonika, indem er sich gegen sie stemmt. Das gesteigert dominantische Wesen des Septakkords ist so zu verstehen, daß das Verträgliche, Zusammenschließende, das in der Obertönigkeit von ihrem Anfang her liegt, bis zur letzten gefährlichen Grenze des Tones 7 gesteigert wird. Daß die natürliche Sept so tief liegt und dadurch so nahe an e heranrückt, paßt zu einer starken Leittönigkeit. Die Kraft der Zwölfordnung ist so groß, daß sie - ähnlich wie bei der enharmonischen Verwechslung von c und his im Quintenzirkel - die Subdominante f und das dominantpartialtönige f als sich berührende Extreme in eins setzt. Die Kraft der Zwölfordnung der Töne macht es, daß nicht der Größenunterschied von zwei Distanzen dafür maßgeblich ist, ob sie als dasselbe oder als verschiedene Intervalle aufgefaßt werden, sondern die größere Nähe der einzelnen Töne zu einem der zwölf Tonkristallisationszentren. Das Schema auf Seite 98 macht dies anschaulich. Das gefährlich große Komma dürfte bei freier Intonation des Septakkords zu einem Mittelwert der beiden f führen. Den Ursprung der Dominantwirkung des Septakkords aber haben wir in der Partialtönigkeit zu suchen.

Bauen wir die Stammtöne mit f beginnend in Terzordnung auf, so enden wir bei d:

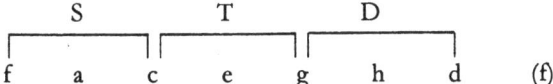

Jenseits aber finden wir im Terzabstand, wenn wir im Siebentonverband verbleiben wollen, ein durch den Anschluß an die Dominante qualitativ extrem verändertes f, aber eben doch f.

Polarität zwischen Fünf und Sieben

Der Unterschied der musikalischen Bedeutsamkeit der beiden Primzahltöne ist riesengroß. Beide liefern, wie wir sagten, "Farbwerte", aber so, daß man um die Anerkennung der Fünf ohne Künstelei nicht herumkommt, mit der Sieben dagegen nie recht fertig wird, wie die Geschichte der tonalen Theorie zeigt.
Im Ton 5 gipfelt durch den Zusammenklang mit den beiden ersten Primzahltönen 2 und 3 die vollendete Harmonie. Als "eigentlichste" Gestalt des Durdreiklangs hat man c-g-e' = 2:3:5 zu betrachten.
Der Ton 7 bringt so oder so die selbstgenügsame Harmonie aus ihrer Ruhe. C-e-g (um zu dieser komprimiertesten Form zurückzukehren) ist durch sein bloßes Erscheinen ganz von selbst "Tonikaklang". Wird aber der Ton 7 = b einbezogen, so rückt der ganze Klang aus seiner Zentralstellung heraus und wird zum Dominantklang in einem nunmehr zu erwartenden F-Dur. Wie symbolisch steht im Ton 7 die

Dissonanz gegen die mit dem Ton 5 abgesättigte Konsonanz auf und verlangt eine Wegbewegung, ein melodisches Fortschreiten. Obwohl auch völlig konsonante Dreiklänge - etwa als Kadenz - einen ausgeglichenen harmonisch-melodischen Reigen vollführen können, liegt doch im Wesen der Konsonanz zum Unterschied von der Dissonanz die Kraft des Ruhens, des auf sich Beruhenden, des Beruhigenden, während in der Dissonanz die Kräfte des Aufruhrs, der Veränderung fordernd in Erscheinung treten. Fünf und Sieben, als Quotienten im Tritonusverhältnis zusammen- und polar gegeneinanderstehend, sollte etwa dieses Zahlenpaar für den Menschen von Grund auf etwas mit der Polarität von beruhigenden und beunruhigenden Kräften - oder wie wir es auch nennen wollen - zu tun haben?

Grenzen des unmittelbaren Erfassens von Anzahlen

In diese Richtung weist schon der Gegensatz, daß die Anzahl 5 für den normal entwickelten Menschen mit einem Blick in den Griff zu bekommen ist, die Anzahl 7 dagegen nicht. Bei sechs ist es "wackelig" - eigentümliche Parallele zur Variabilität der Gestalt bei sechs tangierenden Kreisen.[47] Das unmittelbare Erkennen der Anzahl gleitet bei sechs leicht ins Abschätzen oder Kombinieren hinüber. Bei sieben ist es mit der unmittelbaren Sicherheit endgültig aus. Davon kann man sich durch ein einfaches Experiment überzeugen. Es werden den Versuchspersonen immer nur für einen Moment nacheinander verschiedene Anzahlen von dunklen Tupfen auf einer hellen Fläche gezeigt. Aufgabe ist es, blitzschnell die Anzahl zu erfassen ohne jedes Zählen oder Überlegen und ohne daß der geringste Zweifel bleibt. Damit die Anordnung der Tupfen das Erkennen der Anzahl weder verrät noch erschwert, wählen wir eine kometenschweifähnliche Aufreihung. Siehe *Abbildung 15*.

Das "Grabenerlebnis"

Der Graben, der im frühesten Stadium des bewußten Erlebens und unmittelbaren Erfassens von Anzahlen zwischen Zwei und Drei lag,[48] verschiebt sich also im Laufe der Entwicklung und bleibt dann zwischen Fünf und Sieben liegen. Warum geht die Entwicklung nicht weiter? Man meint, ein Stückchen müßte es doch zu schaffen sein, aber nichts deutet darauf hin, daß man bei höheren Anzahlen über routiniertes Schätzen hinauskäme oder künftig hinauskommen werde.
Wie stark die aufgezeigte Grenze in den Zahlen Fünf und Sieben selbst verwurzelt sein muß und nicht etwa nur die gegenwärtig erreichte Stufe einer prinzipiell unabgeschlossenen Entwicklung ist, ergibt sich aus einem Tierversuch. Man hat Amseln vor eine Anzahl von Futternäpfen gebracht, auf denen Pappdeckel mit verschiede-

---

[47] Vgl. Abbildung 2B
[48] Vgl. S. 44

nen Anzahlen von Tupfen lagen. Unter die Deckel mit einer bestimmten Tupfenzahl wurde regelmäßig Futter gelegt (wobei der Standort der Näpfe natürlich wechselte). Die Vögel merkten bald, worauf es ankam, und warfen mit dem Schnabel sofort den richtigen Deckel ab, um zum Futter zu gelangen, wenn ..., ja wenn nicht mehr als fünf Tupfen auf dem Deckel waren. Es kann also auch der ständige Umgang des Menschen mit seiner fünffingrigen Hand nicht schlechthin *der* Grund für die Überschaubarkeit der Fünf sein, so wichtig die Hand auch für das urtümliche Fünfererlebnis ist.

Ist nun die Amsel klüger als ein von der Zivilisation unberührter Botokude oder ein Kind in dem Stadium, in dem ihm jenseits der klaren Zwei eine geheimnisvolle Drei begegnet, die mit dem unfaßbar Vielen verschwimmt? Natürlich nicht, denn weder die Amsel noch sonst ein Tier sind imstande, abstrakte Begriffe wie den der Zahl zu gewinnen, wie er im frühmenschlichen Stadium im Ansatz bereits vorhanden ist. Im Erfassen konkreter Einzelheiten, die im Blickfeld liegen, sind dagegen viele Tiere und auch der Mensch auf früher Stufe dem "Vollmenschen", der zählen, rechnen, ökonomisch verfahren will, oft weit überlegen.

Der Mensch hat keine Aussicht, zu unmittelbarem Erfassen höherer Anzahlen aufzusteigen. Es wiederholt sich für ihn zwischen Fünf und Sieben dasselbe "Grabenerlebnis", das er auf sehr früher Stufe zwischen Zwei und Drei hatte. Zwei und Fünf verbinden sich ihm mit dem, was "diesseits" ist, mit dem, wie der Mensch selbst ist und was er selbst bewältigen kann. In der Drei und Sieben dagegen sieht er sich mit einem "Jenseitigen" im weitesten, nicht nur im religiösen Sinne konfrontiert. Es ist kein Zufall, daß Drei und Sieben über den Bereich des Christentums hinaus als "heilige" Zahlen eine besondere Rolle spielen.

Der Einfluß der Hand

Zwei und Fünf erlebt der Mensch elementar an sich selber, an der Paarigkeit seiner Gliedmaßen und an der Fünffingrigkeit seiner Hände, die er nicht nur ständig benutzt, sondern auch in einer den Geist beschäftigenden Weise von frühester Kindheit an so einprägsam vor Augen hat wie sonst keinen Teil seines Körpers. Auf der Stufe, die noch keinen Spiegel und keine Selbstbespiegelung kennt, erfährt der Mensch sich selbst in der Erfahrung seiner zwei fünffingrigen Hände.

Das spätere Bedürfnis nach rationaler und rationeller Bewältigung der anflutenden Zahlenmasse hat in Sprache und Mathematik zur Weltherrschaft des Zehnersystems geführt, das von den 2×5 Fingern der beiden Hände herrührt. Ernstlicher Konkurrent war nur und konnte nur das noch vielfach nachwirkende Zwölfersystem sein. Es hat den Vorteil, daß die nächst der Zwei wohl in jeder Hinsicht wichtigste Primzahl Drei in der Systemzahl aufgeht. Wie wichtig eine solche Kommensurabilität praktisch sein kann, zeigen seit alter Zeit die Winkelmaße, die für ihren Standard, den rechten Winkel, mit gutem Grund die Unterteilung nicht mittels der dekadisch sich empfehlenden 100 vornehmen, sondern mittels der dreihaltigen 90. Und etwas Analoges haben wir in unserem Jahrhundert erlebt, wenn die rein dekadische Millioktavrechnung durch die Teilung der Oktav in 1200 C verdrängt wurde. In beiden Fällen sitzen die dreihaltigen Teilungen dem dekadischen System auf, ohne es zu zerstören. Der Fünf, wie sie der Mensch erfaßt, muß tatsächlich eine besondere Macht und Anziehungskraft innewohnen, daß sie im Zahlensystem so über die Drei siegen konnte.

"Hand" als Zahlwort?

Es sollte nicht wundernehmen, wenn auch Zahlwörter für Fünf mit dem Begriff "Hand" in Zusammenhang stünden. Bei Papuastämmen auf Neuguinea und sicher nicht nur dort sind die Wörter für beides identisch. Im Indoeuropäischen scheint ein solcher Zusammenhang bei Fünf auf den ersten Blick nicht aufweisbar, wohl aber wird er von Etymologen[49] für Zehn angenommen. Das in älterer Sprache zweisilbige "zehen" klingt über die Jahrtausende hinweg noch heute an "zwei Hände" an, was also kein Zufall ist, denn so erklären Fachleute das als alte Form erschlossene de-km(t). Das römische Zahlenzeichen V meint "Hand" und X "zwei Hände". Auch das Zahlwort okto steht nach Auskunft von Kluge-Mitzka mit den Händen in Verbindung. Es ist eine alte Dualform, die mit der Wurzel ak-/ok-, "Ecke, Spitze", in Verbindung gebracht wird. Wir finden sie zum Beispiel in lateinisch acer und griechisch oxýs, "scharf", in Akropolis = "Stadt auf der Bergspitze" und natürlich auch in deutsch "Ecke". Okto bedeutet danach "zwei Spitzen- oder Eckenreihen". Damit könnten die 2 x 4 Fingerspitzen (also ohne die Daumen) oder deren Abdrücke oder die Knöchelreihen der beiden Fäuste gemeint sein.[50] Die Hand ist ja der einzige Körperteil, dem die Sprachen je nach Haltung gemeinhin verschiedene Namen geben. Neben der überall zu findenden Faust sei hebräisch kap<kaf für die hohle, offene Hand herausgegriffen. So legt sich die Vermutung nahe, daß das charakteristische Bild der zum Zeichen der erfüllten Fünfzahl ausgespannten Hand im Indoeuropäischen zwar nicht zu einem eigenen Namen der Hand, wohl aber zur Bezeichnung der mit solcher Gebärde gemeinten Anzahl geführt hat.

---

[49] Vgl. Kluge-Mitzka

[50] Auf den Gedanken, daß auch indoeuropäisch penque, "fünf", zusammengesetzt sein und mit der Hand zu tun haben könnte, brachte mich nichtsahnender ein munterer 5jähriger Knirps, mit dem ich wenige Minuten gemeinsam im Bus fuhr. Auf meine Frage nach seinem Alter streckte er mir sieghaft strahlend die gespreizte Hand entgegen. Es fällt auf, daß Kinder die Zahl 5 mit der Handfläche nach außen und gestreckten Fingern zeigen und dazu den Arm gern etwas vorstrecken, während Erwachsene ganz überwiegend den Unterarm steil stellen und den Handrücken zeigen. Interessant, nach dem Grund zu fragen, doch uns ist im Augenblick wichtig, daß wir dieselbe Handhaltung wie beim 5jährigen Kind auch beim Erwachsenen auf früher Entwicklungsstufe annehmen dürfen. Dann bietet sich zur Erklärung die Wurzel pen-, "spannen, strekken", an. Zu ihr gehört mit s-Erweiterung auch das deutsche "spannen"; ohne diese zum Beispiel das gleichbedeutende tschechische pnout wie auch lateinisch pendere, "(straff) herabhängen".

Fünf als "Zahl des Menschen"

Wo es gilt, den Menschen und die Menschenwelt zu "begreifen" - das Wort ist ja auch vom Bild der Hand genommen! -, da dienen ihm die fünf Sinne, da erfaßt er die Menschheit: Weiße, Schwarze, Gelbe, Braune und Rote in den fünf Erdteilen. Jedesmal fünf, das mag spaßiger Zufall sein, auffallend ist aber, daß der Mensch in Wirklichkeit nicht nur fünf Sinne hat, daß auf den Gedanken unserer Einteilung des Festlandes in fünf Kontinente ein Außerirdischer sicher nicht kommen würde und daß die Einteilung der Menschen nach fünf Hautfarben, von denen man gemeinhin spricht, einer soliden Rassenlehre kaum gerecht wird. Aber auch wenn wir diese Beispiele als Argumente streichen, der Mensch sieht sich und seine Welt in Verbindung mit der Fünfzahl. Leonardo da Vinci stellt den idealen Menschen mit gespreizten Beinen und waagerecht zur Seite gestreckten Armen in ein regelmäßiges Fünfeck hinein.

Fünfeck und Fünfstern (Goldener Schnitt)

Klarer noch als das Zahlwort für Fünf sagt die Figur des Fünfecks etwas über die qualitative Bedeutung der Fünf aus. Während bei den tangierenden Kreisen die Fünf zur eindeutigen Hervorhebung eines Kreises führte, begegnet uns jetzt diese Zahl in voller Ebenmäßigkeit - und dennoch so, daß wir die Figur als vollkommen empfinden, wenn sie sich uns mit einer Spitze oben darbietet, die eben dadurch *die* Spitze wird. Die Maßgerechtigkeit des Fünfecks geht über die aller anderen Vielecke in doppelter Weise hinaus. Die Zahl der Diagonalen gleicht hier der der Seiten, und die Diagonalen schneiden sich im Verhältnis des Goldenen Schnittes, das heißt so, daß die kleineren Abschnitte zweier sich schneidender Diagonalen zu den größeren Abschnitten in demselben Verhältnis stehen wie die größeren Abschnitte zu den ganzen Diagonalen. In der Technik spielt der Goldene Schnitt, soweit wir sehen, keine Rolle, um so mehr in der Kunst, vor allem in früheren Jahrhunderten. Zum Beispiel wird die Front des herrlichen Alten Leipziger Rathauses durch den Turm im Verhältnis des Goldenen Schnittes aufgeteilt (Teilungspunkt ist der Torbogen der Durchfahrt). Bis in den Anfang unseres Jahrhunderts war das Aktenformat unter ästhetischem Gesichtspunkt das des Goldenen Schnittes (rund 5:8), bis es aus praktischen Gründen durch das auf $\sqrt{2}$ beruhende DIN-Format (rund 5:7) ersetzt wurde, weil dies unter anderem den Vorteil hat, bei Halbierung die gleiche Gestalt zu behalten. Die Bedeutung des Goldenen Schnittes für die besondere ästhetische Wirkung des Fünfecks und Fünfsterns ist nicht ernstlich zu bestreiten. Solchen Figuren entsprechen qualitativ geprägte Archetypen in unserer Seele, wie wir das an früherer Stelle schon bei den einander tangierenden Kreisen annehmen mußten.

Maße und Zahlen in politischer Symbolik

Wie tief ein solcher Archetyp sitzt, wie stark aber auch das Empfinden für ihn durch die jeweilige Situation verändert werden kann, zeigte in unserer Zeit nichts so deutlich wie gerade der Fünfstern. Als Pentagramm spielte er einst eine hervorragende Rolle in der Magie. Diese wollte Dinge, die sonst dem Zugriff des Menschen entzogen sind, mittels ihrer Künste in die Verfügungsgewalt des Menschen bringen. "Es liegt in deiner Hand!" so lockte sie. In unserem Jahrhundert fand sich dieser Stern als Symbol bei den beiden Weltmächten USA und UdSSR, die in gegensätzlicher Weise von der Überzeugung eines Menschheitsauftrags geprägt waren. Die ausstrahlende Schönheit der Proportionen des Symbols, die den Menschen anspricht und anzieht, verband sich inhaltlich mit dem Gefühl, den Weg zum wahren Menschsein erleuchtet zu sehen und siegesgewiß gehen zu können.

Auch im politischen Hakenkreuz steckt die Fünf, aber in völlig anderer Art. Es ist eine radikal mittelpunktbezogene Figur, von deren Zentralpunkt vier gleichartig charakteristische Punkte gleich weit entfernt sind. Die Fünf, Zahl des Menschen, wird hier mit der Härte des Quadrats in Verbindung gebracht, wie das beim alten Sonnenrad mit seinen Rundungen nicht der Fall war. Die Sonderstellung des einen unter den fünfen, die uns bei den tangierenden Kreisen begegnete, die uns an unserer Hand in der Sonderstellung des Daumens als Optimum der Zweckmäßigkeit vor Augen steht und die wir subjektiv infolge unserer Schwereempfindung selbst in eine so ebenmäßige Figur wie in den Fünfstern hineintragen (*eine* Spitze ist für uns "oben"!), diese Sonderstellung, die *ein* Aspekt der Fünfzahl ist, wird im Hakenkreuz radikal vereinseitigt. Die vier Haken scheinen durch Vermeidung der Senkrechten und Waagerechten in Bewegung und greifen in strenger Bindung an den Mittelpunkt hart zu.

Dem viereckigen Symbol entsprach ein Vierjahresplan. Im Osten rang man unter dem Fünfstern um die Erfüllung von Fünfjahrplänen, im Fernen Osten aber sollte der Tigersprung nach vorn durch den Siebenjahresplan verwirklicht werden. In den beiden letzten Fällen handelt es sich offenbar um ein bewußtes oder unterbewußtes Vermeiden von Zahlen, die von alters her religiös besetzt waren. Im christlichen Bereich ist das neben der Drei und Zwölf die Sieben, in China dagegen vor allem die Fünf.[51]

---

[51] Eine ganz persönliche Erfahrung: Als ich vor Jahrzehnten Gedanken über qualitatives Zahlenempfinden vortrug, war sich bei der damaligen Empfindungslage (um 1950) jedermann klar, daß ein sowjetischer Siebenjahrplan irgendwie unvorstellbar sei. Und dann kam er doch! Er kam, als der Mensch sich als Kosmonaut von der Erdschwere löste und dabei das Gefühl hatte und kultivierte, über sich selbst hinausgekommen zu sein.

Die Fünfzahl in China

Übrigens löst sich auch der scheinbare Widerspruch zwischen unserer Behauptung, die Fünf sei immanent-weltlich, und zwischen der religiösen Bedeutung dieser Zahl im alten China. Im Vergleich zur israelitisch-jüdischen Religion und zu den beiden aus ihren Wurzeln gespeisten, der christlichen und islamischen Religion, ist die chinesische Religiosität "diesseitig", immanent, insofern in ihr nicht wie bei jenen Religionen das "tremendum mysterium", die erschütternd elementare Begegnung mit dem Göttlichen als dem ganz Anderen am Anfang steht, sondern die aus uralten Quellen schöpfende Weisheit tiefer Denker.
Nicht nur die Fünfzahl, sondern auch die Zweizahl, die wir ebenso als "diesseitig" bezeichneten, spielt in China in Gestalt der Prinzipien Yang und Yin eine entscheidende Rolle. Die Polarität von Himmel und Erde, von Männlich-Schaffend und Weiblich-Empfangend und im Gefolge davon eigentlich alles wird unter dem Gesetz dieser zwei Prinzipien gesehen und empfunden. Solche Polarität ist etwas völlig anderes als der strenge Dualismus eines Zarathustra im alten Persien, bei dem es sich um den Endkampf zwischen zwei unversöhnlichen Prinzipien handelt, während China gerade das Gleichgewicht, die rechte Mischung der Prinzipien anstrebt.
Die Fünf ist für das alte China die Zahl der Weltordnung schlechthin, einer Ordnung, in der Göttliches und Menschliches so organisch miteinander verbunden sind, wie dies im Symbol für Yang und Yin zum Ausdruck kommt. Ausfluß und Spiegel der Weltordnung war es, daß die Skala fünf Töne hatte. Bis ins einzelne wurden Entsprechungen zu fünf Farben, fünf Planeten, fünf Geschmacksempfindungen und so fort hergestellt. Da gibt es dann auch nicht vier Himmelsrichtungen, sondern fünf Weltorte. Zu Westen, Osten, Süden und Norden kommt als fünfter, nein, als erster: "Mitte". Und ebendieses Wort bedeutet zugleich China, das Reich der Mitte. (Auch unser "China" und selbst das russische "Kitai" sind auf verwickelten Wegen aus der Silbe zhong, das heißt "Mitte" hervorgegangen.) Das Schriftzeichen besteht aus fünf Strichen, von denen einer beherrschend durch die Mitte geht. Was wir im Hakenkreuz zu sehen meinten, das liegt bei diesem Schriftzeichen offen zutage: Fünfheit mit Zentralstellung des einen, und dies in einem zentralen Symbol organisierter menschlicher Macht. Was wir im Zusammenhang mit politischen Symbolen aufweisen konnten, hatte keinen politischen Zweck, sondern sollte darauf aufmerksam machen, daß ein in Archetypen wurzelndes Zahlenempfinden auch beim heutigen Menschen angesprochen, aufgerufen wird, ohne daß die Aufgerufenen und womöglich nicht einmal die Anrufenden sich dessen bewußt werden.
Der Aspekt der möglichen Sonderstellung eines Teilganzen, das mit vier anderen eine Fünfheit bildet, scheidet im Zusammenhang mit der Partialtönigkeit aus, weil innerhalb der völlig regelmäßig geteilten Schwingung kein Fünftel irgendeine Besonderheit aufweist. Mit der Faßlichkeit der Fünf als Anzahl und mit der besonderen ästhetischen Wirkung von Fünfeck und Fünfstern aber stimmt die eindeutige Gipfelstellung des Dreiklangs im harmonischen Bereich zusammen als optimale Einung von Klarheit und Fülle des Klanges.

Die Dialektik der Sieben

Schon in der qualitativen Bedeutsamkeit, die sich bei den ersten drei Primzahlen feststellen ließ, liegt eine jeweils typische Dialektik. Wir können sie etwa mit den folgenden Begriffen andeuten:

Zwei: Symmetrie - Polarität
Drei: Geschlossenheit - stetige Zeugung
Fünf: das dem Menschen Begreifbare - das den Menschen Ergreifende (rational - ästhetisch)

Die Sieben aber können wir zusammenfassend als die Zahl der Widersprüchlichkeit bezeichnen, sie, durch die die Dissonanz (im traditionellen Sinne) in die Maße der Partialtöne eintritt und gleichsam das Tor zu einer ungeheuren Erweiterung der harmonischen Klangwelt aufstößt. Nicht zu bewältigen und darum unheimlich ist die Sieben sicher irgendwie schon im Zusammenhang damit, daß sie sich von Urzeiten an bis heute dem unmittelbaren Erfassen der Anzahl als erste beharrlich und eindeutig widersetzt. Unheimlich aber auch, daß dieselbe Anzahl in Gestalt der sieben tangierenden Kreise beziehungsweise ihrer Mittelpunkte die hervorragend übersichtliche Figur bildet, die in der Weiterentwicklung nicht nur für die Symbolik (Davidstern), sondern auch in Natur und Technik (Bienenwabenmuster) eine hervorragende Rolle spielt.[52]

Das Siebeneck

Nicht "unheimlich", zumindest aber auffällig, wenn nicht staunenswert ist es, daß sich auf dem Gebiet der entwickelten Mathematik mit der Sieben dasselbe wiederholt, was wir vormathematisch, zahlenpsychologisch über die Nichtbewältigung der Sieben gesehen hatten. Die geometrische Konstruktion des Fünfecks, vor allem aber ihre Entdeckung ist unverhältnismäßig schwieriger als die des Drei- oder Vierecks, ist aber schon einem Euklid gelungen. Das Siebeneck hingegen trotzte durch die Jahrtausende allen Anstrengungen, bis der junge Gauß sich für alle Zeiten dadurch unsterblich machte, daß er das Problem aus den Angeln hob. Als er zur Überraschung der Welt die Konstruierbarkeit des 17-Ecks bewies, verfolgte und erreichte er schließlich das Ziel, die allgemeine Formel zu finden, die konstruierbare und nicht konstruierbare Vielecke voneinander scheidet. Auf Grund dieser Formel wurde die Unbesiegbarkeit der Sieben, die wir beim Erfassen der hingeworfenen Anzahlen auf Grund von Indizien postulieren konnten, für das Siebeneck endgültig bewiesen.

---

[52] Vgl. Abbildung 2C

Sieben und Zwölf im Sechsstern

Die genannten geradzahligen Vielecke sind im Gegensatz zum Drei-, Fünf- oder Siebeneck sozusagen von Natur mittelpunktbetont, denn im Zentrum schneiden sich alle Diagonalen, die die Figur halbieren. Die Chinesen symbolisieren, wie wir sahen, die Fünfheit der Weltorte durch ein Viereck mit einer zusätzlichen Senkrechten, die durch den Mittelpunkt der Figur geht. Und ganz sicher sind im sechseckigen Davidstern auch die Sieben und die Zwölf versteckt. Wie der Sabbat als ruhende Mitte die gesamte Aktivität der übrigen sechs Tage zusammenhält und aufwiegt, so besteht der Sechsstern aus sieben abgegrenzten Flächen, von denen die mittlere so groß ist wie die sechs äußeren zusammen. Der Zwölf aber, der heiligen Zahl der Stämme des Bundesvolkes, entsprechen die zwölf gleichseitigen Dreiecke, die, streng um den einen Mittelpunkt geschart, als Gesamtfläche den Sechsstern bilden.

Das Urerlebnis der Sieben

Sieben, das ist zunächst einfach zuviel für den Menschen, und von daher wächst einerseits die Vorstellung der bösen Sieben, andererseits die der heiligen Zahl. Scheu vor einem Tabu oder Anziehungskraft des "Übermenschlichen" oder beides miteinander erfaßt den Menschen. Sieben Weltwunder und sieben Weise zählte man im Altertum, ganz gewiß nicht als rechnerisches Ergebnis einer Zählung nach objektiven Kriterien. Vielmehr wurde eine das Mathematische transzendierende Eigenart der Sieben empfunden und bestimmte die Anzahl der Weisen und der Weltwunder. "Hinter den sieben Bergen" - so weit weg, da ist Schneewittchen eigentlich nicht zu finden. Sieben Jahre warten - das geht über die Menschenkraft hinaus. Siebenmal an einem Tage einem Menschen vergeben - mit dieser Zielvorstellung meint Petrus, sich mehr als das eigentlich Menschenmögliche vorgenommen zu haben.[53] Das einzige Mädchen unter sieben Geschwistern erlöst seine in Schwäne verwandelten Brüder in der Übermacht selbstverleugnender Liebe durch sechsjährige verzweifelte, nie ganz vollendete Arbeit und durch sechsjähriges Schweigen bis hin an den Fuß des Scheiterhaufens, um im Augenblick, da das siebente Jahr anbricht, vom sicheren Verderben hinweg in die Freude erfüllten Lebens hineingehoben zu werden.
Hier und sonst so oft kommt in die Sieben dadurch Ordnung, Glück und Leben, daß eines unter den sieben den andern gleich und dennoch ganz anders ist als die übrigen. Am schönsten sahen wir das bei dem als Himmelsgeschenk empfangenen und heilig gehaltenen Ruhetag. So ist es auch mit dem Grundton, der hierarchisch sechs andere Töne um sich schart und sie seinerseits in der Oktav umgreift, so ist es mit dem siebenten Ton auch dann, wenn wir denselben Tatbestand aus verän-

---

[53] Matth. 18, 21

dertem Blickwinkel betrachten. Ob wir die Tonzeugung nun als ein Hinzuwachsen gleichgroßer Quinten auffassen mögen oder ob wir die Obertonreihe mit ihren irrationalen Intervallgrößenverhältnissen entlangwandern, immer erscheint mit dem siebenten Ton der Tritonus, die Halboktav, das Intervall der entscheidenden polaren Spannung, die den Tritonus von Grund auf anders sein läßt als alle vorher entstehenden Intervalle, fragwürdig in sich selber und zugleich die harmonisch und melodisch optimale Ordnung vollendend, wie wir sie auch in der Gestalt unserer Klaviatur vor uns haben.

Wenn in alten Zeiten Siebengestirne und die je sieben Tage der vier Mondphasen den Menschen tief beeindruckten, so ist das ein wesentlicher Faktor für das Empfinden der geheimnisvollen Besonderheit der Sieben. Entscheidend ist aber das Zusammenklingen mit anderen Erlebnissen, die der Siebenzahl entspringen. Und klar sollte sein, daß diese sich weder kausal auf einen Nenner bringen noch sich als Zufall abtun lassen.

Der vierte und fünfte Oktavstreifen

Die Tabuzone um 11 und 13

Der vierte Oktavstreifen ist die Domäne der Sekunden, doch so, daß diese Intervalle in beiden Richtungen in die Nachbarstreifen überlappen, nach oben hin sogar ganz beträchtlich. Auf der beigegebenen Tafel, die Maßstabtreue der Intervallgrößen anstrebt, sind deshalb diese für Sekundbemessungen in Frage kommenden Nachbarbezirke einbezogen. Siehe *Abbildung 16*.
Was uns schon im dritten Streifen passiert war, als wir dem Ton 7 eine für das tonale Verständnis positive Rolle am Rande der Möglichkeit zubilligten - daß nämlich zwei gleichzubenennende Intervalle (kleine Terzen 5:6:7) hintereinander auftauchten, das bricht beim Ganzton und erst recht beim Halbton vollends aus. Mit anderen Worten: Der Unterschied zwischen benachbarten Intervallen der Überteiligkeitsreihe ist hier so gering, daß er sich in Halbtönen auch bei größter Weitherzigkeit nicht mehr ausdrücken läßt. Der Sprung von den Ganztönen zu den Halbtönen wird dadurch geschafft, daß sich in der Mitte des Streifens eine Tabuzone erstreckt. Zu ihr gehören die Intervalle, die die Primzahltöne des Streifens, 11 und 13, berühren, also 10:11:12:13:14. Sie bilden in der Zwölfordnung einen Sprengtrichter vom Durchmesser eines Tritonus. Die partialtönigen Werte e und b, die von Seiten der höherrangigen Quint selber (in sehr unterschiedlichem Maße) in ihrem Existenzrecht angefochten sind, stehen am Rand des Trichters. G aber, der Ton 12, ragt als harter Kern unerschüttert aus den Trümmern der Zwölfordnung, die von den beiden Bösen, der Elf und der Dreizehn, zerstört wurde. Doch es geht uns mit diesen Partialtönen ähnlich, wie es Doktor Faust erging, dem in Mephisto "ein Teil von jener Kraft" entgegentrat, "die stets das Böse will und stets das Gute schafft": Durch das Niemandsland in der Mitte werden die größeren Intervalle am Anfang des Streifens von den kleineren an seinem Ende so weit distanziert, daß sie sich von der Temperatur in Übereinstimmung mit den uralten sprachlichen Bezeichnungen auf das Intervallgrößenverhältnis 2:1 bringen lassen.
Die Sieben *konnte* böse sein, die Dreizehn *ist* es und ist es nicht zufällig für den Aberglauben. Daß auch die Elf vielfach als "unheilvolle Zahl" gelte, wollen wir Meyers Lexikon von 1930 gern glauben. Mag sein, daß die Unglückszahl 11, wie dort angenommen wird, als "zuviel" gegenüber der Zehn aufzufassen ist, wahrscheinlicher aber als "zuwenig" gegenüber der Zwölf. Je größer die Anzahl, desto größer auch die Gefahr der Verwechslung mit der Nachbarzahl. Und bei der Zwölf, die so vielfach als numinos und normativ gilt, sollte das unter keinen Umständen geschehen.
Der zwölfte Partialton als Zentrum einer Tabuzone und der zwölfte Ton als Abschluß des Quintenkreises - zwei ganz verschiedene Dinge. Zufällig tritt hier zweimal die Zwölf auf, möchte man sagen. Um so auffallender, daß beide Zwölfen den 13. Ton nicht leiden wollen. Grund ist beide Male die Ordnung der zwölf Ton-

punkte. Der Partialton 13 liegt (wie auch 11) zu weit weg von einem Tonpunkt, der 13. Quintton zu nahe an einem solchen. Ja bei der bekannten Verengung um 2 C verschwindet der 13. Ton, zum Beispiel his^4 über C_1 seiner Höhe nach völlig in c^5. Würde sich his dem Tonpunkt c endgültig verweigern, so würde dieser 13. Ton zur Initialzündung für eine unabsehbare Tonvermehrung unter verhängnisvollem Strukturverlust des Gesamtsystems werden.
Wenn man sich nicht dogmatisch dagegen versteift, muß man doch wohl gerade hier bei Zwölf und Dreizehn eine solche Analogie der musikalischen Bedeutsamkeit von Zahlen einerseits und tief im Menschen sitzenden Empfindungen gegenüber ebendiesen Zahlen andererseits anerkennen. Auch wo hier keine streng rationalen Brücken zu schlagen sind, darf man solche Analogie nicht schnellfertig beiseite schieben wollen.

Schwindende Bedeutung der Partialtöne

Die im vierten Streifen positiv übrigbleibenden Intervalle (8:9:10; 14:15:16) unterscheiden sich von denen früherer Streifen dadurch, daß sie von keinem Primzahlton begrenzt werden. Das heißt nicht weniger, als daß hier keine neuen Prinzipien der Tongewinnung mehr auftauchen, und dies klingt zusammen mit unserer Feststellung, daß die partialtönig gewonnenen Intervalle, wenn wir sie der Zwölfordnung einpassen, bereits im dritten Streifen das Ziel erreichen, auf das die theoretisch unbegrenzte Gesamtheit der Oktavstreifen zustrebt.[54] Dabei läuft sich die Eigenprägung der partialtönigen Intervalle nach oben hin tot.
Die Empfindung für den Wurzelpunkt der Partialtönigkeit, für die Oktav, ist schlechterdings elementar. Wir entsinnen uns, wie sie bereits in Verbindung mit der Zweitönigkeit plötzlich auftauchte. Für die engen Intervalle, die dem singenden Menschen von vornherein meist näher liegen, fehlt das physikalisch-physiologisch festgegründete Maß. Sie ähneln oft diesem oder jenem Partialtonverhältnis, ohne daß die Möglichkeit einer begründeten Zuordnung besteht.
Erst wo eine Quintordnung und späterhin die Terz konstitutiv auftauchen, stabilisieren sich unsere Sekunden als "Ton" und "Halbton" so, wie sie uns in Fleisch und Blut übergegangen sind. Wo hingegen die Partialtöne jenseits der Oktav keine Prägekraft haben, können etwa "Dreivierteltöne" ebenso zur zweiten Natur werden wie bei uns die große und kleine Sekund.

Dimensionalität der Oktavstreifen

Unter solchen Gesichtspunkten muß man die Bedeutung des vierten Streifens relativiert sehen. Doch wie wir den Ton 7 trotz seiner Fragwürdigkeit nicht einfach

---

[54] Vgl. S. 96

ausscheiden mochten, so verfahren wir auch mit dem vierten Streifen. Wir beziehen ihn ein im Wissen um seine Andersartigkeit. Dann aber ergibt sich ein dimensional gegliederter Aufbau der musikalisch bedeutsamen Oktavstreifen. Auf Seite 95f. charakterisierten wir die Bedeutung der symmetrisch sitzenden primzahligen Partialtöne im Blick auf die Zwölfordnung: Konstituierung - Verträglichkeit - Sprengung. Jetzt stellen wir dasselbe Phänomen unter den Gesichtspunkt der Zeit. Die ungeteilte Oktav bleibt vordimensional. Die drei folgenden führen Grundelemente der drei verschiedenen Arten von Zusammengehörigkeit der Töne vor Augen, wobei dem ersten Intervall des Streifens eine gewisse Vorrangstellung zukommt.

1. Dimension 2:4, geführt von der Quint 2:3:
   Tonvielheit als System, jenseits des zeitlichen Ablaufs der Musik.
2. Dimension 4:8, geführt von der Terz 4:5:
   Zusammenbindung der Töne in der Gleichzeitigkeit, in der Harmonie.
3. Dimension 8:16, geführt von der Sekund 8:9:
   Zusammenbindung der Töne im zeitlichen Ablauf, in der Melodie.

Was mit diesen Zuordnungen gemeint ist, kann klar werden durch die Überlegung, daß ein System mit vertauschten Grundbausteinen (zum Beispiel Terzenmelodik mit Sekundenharmonik verbunden) undenkbar ist. In der Pentatonik ist die Dimensionalität noch nicht voll entwickelt. Man wird sagen dürfen, ihre Melodik hat in sich einen harmonischeren Charakter als die der Heptatonik.
Daß die Melodik in obigem Aufbau an letzter Stelle erscheint, ist natürlich nicht "geschichtlich" zu verstehen, denn wo Musik mit unterschiedenen Tonhöhen ist, da ist zuallererst Melodik, während die Harmonik fehlen und das System unentwickelt sein kann. Es ist wie bei den Dimensionen der Geometrie. Da mag man vom Punkt ausgehen, der, wenn er sich fortbewegt, eine Linie beschreibt, diese bei ihrer Bewegung eine Fläche und diese wiederum bei ihrer Bewegung einen Körper. In unserer sich dreidimensional darstellenden Wirklichkeit existieren dagegen nur dreidimensionale Körper, von deren Begrenzungen die niederen Dimensionen abzunehmen sind: Der Körper wird durch Flächen begrenzt, die Flächen durch Kanten, die Kanten durch Eckpunkte. Die Melodie ist das A und O der Musik. Der Laie und Anfänger mag denken, eine gute Melodie zu finden sei leicht, eine gute Harmonisierung schwer ...

Ton 17 und 19

Beim Blick auf unsere erweiterte Tafel des vierten Streifens wäre noch zu fragen, warum wir den Primzahltönen 17 und 19 Tonbezeichnungen unterlegen. Nicht etwa, weil wir sie für konstitutiv hielten, sondern weil sie in einer erstaunlichen, nicht zu hinterfragenden Weise vorzüglich in die Zwölfteilung der Oktav hineinpassen - in schärfstem Gegensatz zu 11 und 13. Eben darum ist es auch erstmalig nicht möglich, ihnen einen eindeutigen Tonnamen unterzulegen. Die enharmonische Verwechslung ist ja der Preis und der Gewinn der zwölfstufigen Temperatur. Wenn wir mit solchen Gedanken und entsprechend auch auf unserer Tafel den fünften Streifen 16:32 angezapft haben, dann nicht, um ihn unter seine Vorgänger einzureihen, sondern um zu dokumentieren, daß hier die lebendige Zeugungskraft partialtöniger Intervalle, die schon im vierten Streifen epigonal wurde, endgültig tot ist.

"Hexenküche"

Vielleicht ist es wirklich nur ein komischer Zufall, daß man die unter dem Gesichtspunkt der Dimensionalität erstellte Intervallreihe Oktav-Quint-Terz-Sekund auch auf Grund der bloßen Zwölfordnung ohne jede Bezugnahme auf Partialtöne gewinnen kann. Dazu nehmen wir die in unseren Intervallbezeichnungen zugrunde liegenden Zahlen, vorab der Oktav, für bare Münze. Diese Zahlen entsprechen der Anzahl diatonisch gestimmter Saiten, die von einem Intervall umgriffen werden (zu octava, quinta usw. ist chorda = Saite zu ergänzen). Nun stellen wir uns chromatisch gestimmte Saiten vor. Dann erhält die zwölfgestufte Oktav, weil Ausgangs- und Zielton mitzählen, eine Dreizehn. Jetzt ziehen wir die Acht der diatonischen Seite auf die chromatische und fragen zurück, welche diatonische Zahl der chromatischen Acht entspricht. Wir finden die sieben Halbtöne breite, also acht Saiten umgreifende Quint. Nach dem gleichen Prinzip gelangen wir weiter zur Terz und zur Sekund:

	diatonisch	chromatisch
Oktav	8	13
Quint	5	8
Terz	3	5
Sekund	2	3

Die sich aus beiden Seiten ergebende Zahlenfolge gleicht einem Ausschnitt der Fibonaccischen Zahlen. Diese bilden eine Kette dergestalt, daß die Summe zweier benachbarter Glieder das nächsthöhere Glied ergibt. Alle benachbarten Glieder drücken, als Bruch verstanden, eine optimale Annäherung an den transzendenten Wert des Goldenen Schnittes aus, das heißt, nie läßt sich mit kleinerem Zähler oder Nenner eine bessere Annäherung erreichen. Von zwei benachbarten Brüchen ist stets der eine zu groß, der andere zu klein, so daß (wie bei $\sqrt{2}$)[55] der transzendente Wert immer enger in die Zange genommen wird:

---

[55] Vgl. S. 68

$$3/2 = 1{,}5$$
$$5/3 = 1{,}666\ldots$$
$$8/5 = 1{,}6$$
$$13/8 = 1{,}625$$

Der erste Wert ist wegen zu kleiner Zahlen so unbehauen, daß man von Goldenem Schnitt noch nichts erkennen oder erraten könnte. Der letzte Wert dagegen würde bereits allen technischen und künstlerischen Ansprüchen genügen.

Manchem mag die Prozedur nach Hexenküche riechen. Es scheint geradezu System darin zu liegen, daß Dinge zusammengebraut werden, die füglich nicht zusammengefügt werden dürften. Da wird eine gleichstufige Skala vice versa auf eine ungleichstufige bezogen. Aus der Oktav heraus, der zwei ihr eigentlich wesensfremde Zahlen, Acht und Dreizehn, angehängt werden, wird fernab aller Partialtönigkeit eine Intervallfolge gezaubert, die sich als mit einer partialtönig gewonnenen identisch erweist. Nicht genug aber, daß diese zweigestammten Intervalle die Grundbausteine der Toneinheit, der Tonvielheit, der Harmonik und der Melodik darstellen, zusätzlich werden sie noch vom Hauch des Goldenen Schnittes umweht, der die einen faszinieren mag, andere von vornherein argwöhnisch stimmt. Im Zusammenklang mit vielen früheren Beispielen weist dieses eigenartige Gefüge disparater Ordnungen auf das Vorhandensein rational nicht faßbarer Gestaltzusammenhänge hin, wie eindrucksvoll sie auch dem einen und wie dubios sie dem anderen scheinen mögen.[56] Glücklicherweise kommen wir nun zu einem Kapitel, in dem wir - wie früher etwa bei den Tonspiralen - wieder festen Boden unter den Füßen fühlen werden.

---

[56] Als weiteres Beispiel solch Zusammenklangs von Disparatem sei bemerkt, daß in der Folge der Quintsuperpositionen und ebenso in der Folge der Partialtöne mit dem fünften Ton das Spannintervall der (europäischen und chinesischen) Pentatonik, nämlich die große Terz erscheint und wiederum mit dem siebenten Ton beidemal das Spannintervall der Heptatonik, der Tritonus. Bei keiner Zahl außer Fünf und Sieben zeigt sich diese Übereinstimmung.

Wievielter Ton:	1.	2.	3.	4.	5.	6.	7.
Partialtönig:	f	f	c	f	große Terz a	Tritonus c	es
Quintiert:	f	c	g	d	a	e	h
		große Terz					
		Tritonus					

Die Tonebene

Linear - zyklisch

Beim Rückblick auf die Figuren, die uns bisher aufschlußreich waren, stellen wir fest, daß ihnen zumeist eine zyklische Vorstellung zugrunde lag, der sich dann notwendigerweise Geradliniges zugesellte. Wir orientierten uns an den tangierenden Kreisen, an der Oktavspirale, am Oktavkreis. Und auch bei der weiteren Entfaltung werden wir wieder und wieder auf Zyklisches zurückkommen. Erst die Begegnung mit dem Privatgelehrten Herbert Schindler, der ebenfalls tonale Strukturen figürlich zu fassen sucht, überzeugte mich davon, daß die psychische Struktur des Entwerfenden entscheidenden Einfluß darauf hat, ob das Bild eines Wirklichkeitsbereichs sich ihm vorrangig linear im Sinne von geradlinig oder zyklisch formt.[57] "Objektiv" gehört beides zusammen. So mußten wir zum Beispiel die einzelnen Oktavwindungen unserer Spirale zu geradlinigen Streifen werden lassen, um die typische Lage der wesentlichen primzahligen Partialtöne hervortreten zu lassen.[58] Eine grundsätzlich lineare Vorstellung steckte bereits in unserem Bild vom "gerade stehenden Oktavturm" zum Unterschied von den "schräg" (aber nicht krumm!) stehenden "Türmen" anderer Intervalle.[59] Genau diese Bildvorstellung hatte Schindler Ende der vierziger Jahre und entwickelte daraus konsequent ein durch und durch geradliniges System, sein Quintenfeld, während unsere um dieselbe Zeit entstandene und nunmehr vorzuführende Tonebene bei strengster Geradlinigkeit und Winkelgenauigkeit in der Anordnung der Tonpunkte dennoch vom Zyklischen her und auf Zyklisches hin konzipiert ist.

Findung der Maße

Für das Fruchtbarwerden der ersten Oktavteilung im Streifen 2:3:4, also für die Zeugung der zwölf quintverwandten Töne und für die darin mitgegebene Zwölftelung der Oktav in Halbtöne, ist der Oktavkreis das sprechendste Bild.[60] Ausgehend von der Notwendigkeit und Berechtigung einer zugleich partialtönig begründeten und temperiert bemessenen Quint (die auch für Schindler feststeht) gewinnen wir vom Oktavkreis her ein einzigartig in der Sache gründetes Maß für die lineare Projektion des Oktavkreises. Die eigentümliche Vertauschbarkeit von Quint und Halbton, wie sie die Abbildung 12 geometrisch und die Zusammenstellung auf Seite 81 in Zahlen aufweist, fordert trotz - nein, gerade *wegen* der typischen Gegensätzlichkeit dieser Intervalle für die als Grundmaß der Konsonanz verstandene Quint die gleiche Länge wie für den als Grundmaß der Distanz verstandenen

---

[57] Vgl. Herbert Schindler, Klang und Gestalt. Innsbruck 1992
[58] Vgl. S. 95
[59] Vgl. S. 41
[60] Vgl. Abbildung 12

Halbton, da nicht nur die Quint eine Ausdehnung von sieben Halbtönen hat, sondern auch sieben Quinten oktavreduziert wieder zum Halbton führen.

Anderer Blickpunkt - andere Gestalt

Notwendig wird die zweidimensional-lineare Anordnung der Tonpunkte, wenn wir von der *Tongewinnung* durch das Quintprinzip zum Durchleuchten von *Tonbeziehungen* fortschreiten, wie sie in den Mehrklängen, vorab im Dreiklang und den Dreiklangsverbindungen vorliegen. Markiert man die Mehrklangstöne auf der Peripherie des Oktavkreises oder der Oktavspirale, so führt das nicht zu befriedigenden Gestalten. Wenn wir nun die Peripherie des Oktavkreises, die unbegrenzt viele Windungen symbolisieren kann, zur Geraden auseinanderziehen, so erweist sie sich bei näherem Zusehen gleichsam als aus zwei wesensverschiedenen Fäden zusammengezwirnt. Der eine ist seiner Natur nach bereits gestreckt. Er meint die Distanz der Töne, die in rücksichtsloser Linearität größer wird in dem Maße, wie Töne höhenmäßig weiter voneinander entfernt liegen. Der andere Faden rundet sich nach Maßgabe der Oktav, in der jeder Ton nach dem Gesetz der Konsonanz in verjüngter Form zu sich selbst zurückkehrt.

Zur Darstellung des gesamten tonalen Zusammenhangs nach der physikalischen und musikalischen Seite hin war die Oktavspirale[61] ideal, insofern sie das zyklische und das lineare Moment vereint. Aber ebendiese Nähe zur massiven Wirklichkeit des Tonmaterials, die es erlaubt, die Spirale als "Monochord neuen Typs"[62] aufzufassen und als Instrument zu konstruieren, ebendiese ideale "Richtigkeit" macht die Oktavspirale ungeeignet zur griffigen Darstellung bestimmter grundlegender Einzelaspekte. Deshalb mußten wir die Spirale unter Preisgabe eines linearen Moments zum Oktavkreis werden lassen, um die Tongewinnung nach dem Quintprinzip faßbar zu machen. Umgekehrt müssen wir jetzt, um das Miteinander verschiedenartiger Tonbeziehungen konsequent und anschaulich in den Griff zu bekommen, zunächst vom zyklischen Moment absehen.

Das Achsenkreuz

Wie finden sich nun der seinem Wesen nach lineare Distanzfaden und der künstlich gestreckte Konsonanzfaden zu neuer Ordnung zusammen? Von einem gemeinsamen Tonpunkt aus - es könnte jeder beliebige Ton sein, wir wählen wie beim Kreis den Symmetrieton der Stammtonreihe d - laufen sie ihrem Wesensgesetz zufolge möglichst divergent auseinander und bilden somit ein Achsenkreuz. Auf den beiden Achsen erscheint jeweils in der gleichen Entfernung von zwölf Maßeinheiten der Ton d in veränderter Gestalt, und zwar auf der waagerechten

---

[61] Vgl. Abbildung 8
[62] Vgl. S. 60

Distanzachse als d in anderer Oktavgattung, auf der senkrechten Konsonanzachse als enharmonisch verwechseltes d. Siehe *Abbildung 17*.
Geometrische Orte der übrigen Tonwerte sind hinsichtlich der Konsonanz die (waagerechten) Parallelen zur x-Achse, hinsichtlich der Distanz die (senkrechten) Parallelen zur y-Achse. Wo sich die für einen bestimmten Ton zutreffenden Parallelen schneiden, ist der Ton fixiert. Das a' liegt zum Beispiel, wie man an Abbildung 17 feststellen kann, wegen seiner engen Verwandtschaft mit d' auf der nur eine Maßeinheit höher verlaufenden Parallele zur x-Achse, aber auf der sieben Maßeinheiten entfernten Parallele zur y-Achse wegen der großen Distanz d'-a'.
Betrachten wir die nach diesem Gesetz fixierten Tonpunkte innerhalb unserer Figur, so fällt sofort ein Netz von Rechtecken ins Auge. Man sieht die rechtwinklig zueinander stehenden Parallelensysteme, ohne daß dies durch Linien verdeutlicht werden müßte. Für beide Parallelensysteme gilt, daß jede einzelne Parallele Töne verbindet, die untereinander sämtlich konsonanz- und distanzmäßig gleich voneinander entfernt sind. Auf den von links unten nach rechts oben laufenden Parallelen gehen Distanz und Konsonanz nicht nur zahlenmäßig (Abstand: zwei diagonale Maßeinheiten und Vielfache davon), sondern auch richtungsmäßig zusammen. Der Ton e' liegt zum Beispiel sowohl im Sinne der Distanz wie auch der Konsonanz "höher" als d'. Auf den von links oben nach rechts unten führenden Parallelen läuft die Konsonanz der Distanz entgegen (Abstand: drei diagonale Maßeinheiten und Vielfache davon). Der Ton f' ist zum Beispiel distanzmäßig heller als d', aber konsonanzmäßig dunkler, weil quinttiefer.
Mit dieser Anordnung ist ein Höchstmaß an Durchsichtigkeit und Sachgerechtigkeit im Blick auf die quantitativ-qualitativen Zusammenhänge erreicht, das im Folgenden seine Fruchtbarkeit erweisen muß.

Für die Quinthelligkeit die Senkrechte

Doch warum tragen wir eigentlich die Ton*höhen*abstände im Gegensatz zu Schindler und zu unserer eigenen Vorstellung vom "geradestehenden Oktavturm" waagerecht auf? Zunächst ist festzustellen, daß die Qualität "quinthöher" auch bei veränderter Oktavlage eines Tones ihre musikalische Bedeutung behält. G ist zum Beispiel einfach seiner Tonigkeit nach heller und f dunkler als c. Darauf beruht ja der ganz allgemein empfundene hellere Charakter des Dominantklangs und der dunklere des Subdominantklangs im Vergleich zum Tonikaklang oder des weiteren der hellere Charakter der Kreuz- gegenüber den Be-Tonarten.
Überlassen wir nun die Senkrechte den quintweise gestuften Tonigkeiten, so bekommen zunächst die Dur- und Molldreiklänge in ihrer Grundform eine sonst nicht zu erreichende treffende Gestalt. Unter harmonischem Blickwinkel - und der hatte uns zunächst zur Tonebene geführt - ist in erster Linie der sinnfälligen Darstellung des Auf und Ab der Quinthelligkeiten Rechnung zu tragen. Unter melodischem Aspekt, der uns später beschäftigen soll, ist es angezeigt, die Senkrechte dem

Auf und Ab der Distanzen zu überlassen. Gehen wir von c aus, dann liegt g sieben Maßeinheiten = sieben Halbtöne weiter rechts und eine Maßeinheit = eine Quintkonsonanz höher als c. Die Abmachung rechts = höher, heller legt sich schon durch die Tastenanordnung des Klaviers fast zwingend nahe. Die beiden Töne, deren Schwingungszahlen im Verhältnis der beiden ersten Primzahlen Zwei und Drei stehen, gehen nun eine in ihrer Weise einzigartige Verbindung mit dem nächsten Primzahlton Fünf ein. Als Summationston ist dieser übrigens in der nächsthöheren Oktav physikalisch nachweisbar und unter günstigen Umständen auch hörbar.

Lineare und elliptische Darstellung der Dreiklänge

Wenn wir die drei Töne in einer Oktav in der Weise komprimieren, wie man das immer tut, wenn man schlicht vom "Dreiklang" spricht oder an ihn denkt, dann steht die Terz e in der Waagerechten zwischen c und g, in der Senkrechten dagegen über den Rahmentönen, und zwar so hoch wie das e, das zwei Oktaven höher in vier Quintschritten (von c aus) erreicht wird. Siehe *Abbildung 18*.
Uns genügt es aber nicht, den Dreiklang durch ein Dreieck zu symbolisieren. Eine bessere Möglichkeit, die umgreifende Einheit der drei Töne darzustellen, ergibt sich in der Gestalt eines elliptischen Bogens, der dadurch eindeutig definiert ist, daß seine Tangenten in den Tonpunkten abwechselnd waagerecht und senkrecht liegen. Durch seine Gestalt drückt der Bogen aus, daß "Durterz" im Wesen noch etwas anderes ist als die Summe von vier (um eine Doppeloktav reduzierten) Quinten, durch seine Maßgerechtigkeit drückt der Bogen ebenso wie das harte Dreieck die mögliche und nötige geistige und technische Einfügung der Terz in die Zwölfordnung aus.
Die Halbellipse schreit nun schon von der Figur her nach ihrer anderen Hälfte. Und so wie beim Oktavkreis der Ausgangston von der Gestalt her seinen Gegenpol, den Tritonus hervorruft, so hier der Durklang den Mollklang. Hier wie dort stimmen optische Erwartung und musikalische Erfüllung überein. Siehe *Abbildung 19*.
Die Durhälfte der Ellipse strebt infolge der schrägen Halbierung ebenso deutlich nach rechts oben ins Helle wie die Mollhälfte nach links unten ins Dunkle. Wohlgemerkt, der Terzton e beziehungsweise es färbt, wendet den ganzen Dreiklang so oder so. Die elliptische Gestalt bringt diesen Gesamtcharakter des Dreiklangs einzigartig zum Ausdruck. Die geradlinigen Verbindungen c-e und e-g liegen eisern fest und würden in ebendieser Gestalt bestehen bleiben, auch wenn zum Beispiel e-g nichts mit einem Dreiklang c-e-g zu tun hätte. Bei den Halbellipsen hingegen wird die Gestalt des Ellipsenstücks zwischen zwei Tönen durch die Lage des dritten Tones bestimmt.

Der chromatische Halbton

Zu einer weiteren Linie fordert die Figur heraus. Sie stellt den chromatischen Halbton dar, um den sich Dur- und Mollterz unterscheiden. Er ist qualitativ und quantitativ das Gegenstück der Quint. Bei dieser ist enge Verwandtschaft mit weiter Distanz gepaart, beim Halbton ist es umgekehrt. Und dabei sind beide Intervalle im Rahmen der Gesamtstruktur so zusammengehörig, wie es uns der Zwölfstern zeigte, dessen Umkreis gleicherweise als Quintenzirkel wie als zwölfgeteilte Oktav lesbar ist.[63]

Auch unsere Figur ist doppelt lesbar. Man drehe sie um 90° und schaue sie spiegelbildlich an. Dann vertauschen sich Quinten und Halbtöne.

Bei den mehr flach liegenden Dreiecken c-e-g und c-es-g bildet die Summe der Kathetenintervalle das Hypotenuseninervall c-g. Bei den steil gerichteten Dreiecken c-e-es und g-es-e ergibt die Differenz der Kathetenintervalle c-e und c-es beziehungsweise g-es und g-e das Hypotenuseninervall e-es.

Der harmonisch strukturierte Siebentonverband

Wie Abbildung 18 zeigt, ist der Dreiklang (übrigens auch der Moll-klang e'-c'-a) dem Tonbestand nach bereits in der Pentatonik enthalten, jedoch als Dur- und Mollklang nur je einmal. Ein Empfinden für die qualitative Eigenart des Dreiklangs in der Melodie dürfte sich aber erst gebildet haben, als die Zeit zur dreiklangsbezogenen Auffassung der Heptatonik reif war. Ist dieser epochale Schritt getan, so kommen drei Dreiklänge gleichen Baues, aber verschiedenen Charakters nebeneinander zu stehen.

Wollen wir im Rahmen eines Siebentonverbandes die Dur- und Molldreiklänge und gleichzeitig die alle Töne verbindende Quintordnung darstellen, so ergibt sich, verbunden mit einer frappanten Augentäuschung, eine eigentümlich symmetrisch-asymmetrisch wirkende Figur. Siehe *Abbildung 20*.

Es interessieren uns zunächst nur die sechs aus Stammtönen gebildeten Dreiklänge. Die Durklänge *scheinen* höher zu liegen als die aus denselben Tonigkeiten gebildeten Mollklänge, ein Ausdruck für das, was sie musikalisch nicht scheinen, sondern *sind*, nämlich hell im Gegensatz zu den dunklen Mollklängen.

Ineinandergreifen "natürlicher Dissonanzen"

Im Zentralton d treffen sich Dur und Moll, aber in gegenseitiger Grenzüberschreitung verflechten sie sich auch. Im aufwärtsgerichteten Durgeschlecht setzt sich der obere Dreiklang g-h-d in den typischen, die Tonalität festigenden Disso-

---

[63] Vgl. Abbildung 12

nanzen des Septimen- und Nonenakkords fort. In d-f-a erscheint äußerlich das Bild eines Molldreiklangs, der jedoch aus dem Blickwinkel des Dominantklanges g-h-d betrachtet dem Gesamtklang und der ganzen Tonart nichts vom reinen Durcharakter nimmt. Das organische Fortschwingen der in g wurzelnden Linie über d hinaus zum f und weiter bis zum a (als siebenter und neunter Partialton über g verstehbar!) entspricht einer Verschmelzungstendenz dieser "natürlichen Dissonanzen", die ihren Klang in gewisser Weise konsonant macht, ihn aber gerade in dieser Weichheit leichter und bestimmter in den Tonikaklang hineinfließen läßt.

Grenzen des Dur-Moll-Dualismus

Wie im hellen Dur der hellste Dreiklang g-h-d durch Hinzunahme des quinttiefen f in seinem Wesen als Dominante nicht verwischt, sondern profiliert wird, so profiliert sich im dunklen Moll der dunkelste Dreiklang d-f-a durch Hinzunahme des quinthohen h als Subdominante. Den nächsten spiegelbildlichen Schritt zu einem leitereigenen Unternonenakkord a-f-d-h-g tut das Moll praktisch nicht. Für einen solchen Fünfklang leiht es sich dagegen gern von der Durseite das alterierende gis. Moll ist schwerer und spröder als das naturnahe kräftigere Dur. Dieses vermag die Töne d-f-a ohne weiteres als Bestandteile eines Gebildes mit Durcharakter zu assimilieren. Anders ist es bei Moll mit dem Tonverband g-h-d. Dieser sträubt sich dagegen, von einem Mollklang vereinnahmt zu werden.
Mit Recht ist Riemanns Untertonhypothese auf wenig Gegenliebe gestoßen. Man kann die Spiegelbildlichkeit einer Untertonreihe in anderer Weise in Beziehung zum Obertonphänomen setzen. Sie ist die Menge der Töne, die einen bestimmten Ton gemeinsam als Oberton haben. Siehe *Abbildung 21*.
Das eine Mal produziert der eine Ton die Vielheit von Tönen, das andere Mal produzieren die vielen Töne den einen. Die Gebrochenheit des Moll besteht darin, daß das Engerwerden der Intervalle nach unten hin, wie es bei der Untertonreihe und schon beim einfachen Molldreiklang vorliegt, einer Grundtendenz zuwiderläuft, die, physikalisch, physiologisch und musikalisch begründet, die weiten Intervalle nach unten hin ordnen möchte. Die Rahmenquinte des Dreiklangs vertauscht ihr Schwergewicht nicht, ob nun zwischen c und g ein e oder ein es liegen mag. Moll ist in höherem Maße mit Dialektik geladen und schafft als lebendiger Schatten des Dur eine Plastik, mit der verglichen reine Durmusik platt bleibt.

Grenzen optischer Darstellbarkeit

Spricht es nun gegen unsere Figuren, wenn in ihnen Dur und Moll so ganz gleichrangig aussehen? Nein, denn auch auf anderen Gebieten können wir beobachten, daß ein Sachzusammenhang durch eine völlig symmetrische Figur darstellbar wird, ohne daß dies im Inhalt der gemeinten Sache volle Deckung fände. Denken wir

zum Beispiel an die Ellipsenform der Planetenbahnen. Daß in dem einen der beiden Brennpunkte die Sonne steht, im anderen nichts, wird zwar plausibel, wenn man den Zeitfaktor in Rechnung setzt. Der Ellipsengestalt als solcher ist aber nicht zu entnehmen, daß der eine Brennpunkt materiell gefüllt, der andere notwendig gedacht, aber eben nur gedacht ist.
Die Gültigkeit einer Figur wird dadurch nicht beeinträchtigt, daß in ihr Ungleiches und speziell Polares unter bestimmtem Blickwinkel gleich erscheint. So wie wir ein Haus nicht in einer Ansicht total sehen können, hinten und vorn, innen und außen, so kann eine bestimmte optische Darstellung Musikalisches nie insgesamt erfassen. Die ganz praxisbezogene Notenschrift bringt es fertig, das musikalische Geschehen nach Melodie, Harmonie und Rhythmus zweidimensional darzustellen, muß aber dafür gerade an der Stelle schwach bleiben, um die es bei all unseren Figuren geht, um das maß- und sachgerechte Durchsichtigmachen der tonalen Grundzusammenhänge. Wir müssen uns eingestehen, daß dies unser Ideal nur punktuell, glücklicherweise aber genau an entscheidenden Punkten erreichbar ist. Umkehrungen und weite Lagen der Dreiklänge ergeben in der Tonebene zum Beispiel keine derart sinnfälligen Figuren wie die komprimierte Grundform.

Typische Alterierungen

Sehen wir von dem praktisch fehlenden leitereigenen Nonenakkord in Moll ab, so erscheint in Abbildung 20 Moll ebenso stark und konsequent entwickelt wie Dur. Das schon erwähnte gis der zum alterierten Nonenakkord erweiterten Mollsubdominante entspricht quasi spiegelbildlich dem as der bis zur kleinen None erweiterten Durdominante. Die Stärke des Moll liegt auf der dunklen Subdominantseite. So finden wir denn in Dur eine typische Mollsubdominante mit doppelter Leittonverbindung zur Tonika f-e und as-g. Der Subdominantcharakter wird dadurch unterstrichen, die funktionale Beziehung der Dreiklänge gestrafft. Auf der Dominantseite ist Moll schwach. Daher leiht es sich in der Regel alterierend eine Durterz. Obwohl von einer Schwäche der Subdominante in Dur nicht die Rede sein kann, bedeutet doch Mollsubdominante in Dur eine Intensivierung. Dur und Moll helfen sich an den Rändern unserer Abbildung 20 alterierend auf die Beine - worauf das von Natur stärkere Dur nicht angewiesen ist, während Moll ohne die Durstützung praktisch nicht auskommt.
In der Mitte unserer Figur sehen wir die Schlangenlinie des verminderten Septakkords. Wird er als Weiter- und Umbildung der Durdominante aufgefaßt, dann wurzelt er außerhalb seiner selbst in g und besteht aus den Tönen h-d-f-as. Wird er mit der Mollsubdominante in Verbindung gebracht, dann wurzelt er in a und besteht aus den Tönen f-d-h-gis. Wird die ganze Schlange von vier kleinen Terzen in ihrer Eigentümlichkeit ins Auge gefaßt, so steht da durch die Klammer der enharmonischen Verwechslung zusammengeschlossen jener Klang vor uns, den man als einzigartig bezeichnen darf in der Einheitlichkeit seiner Distanzen und in der Viel-

falt seiner tonalen Bezugsmöglichkeiten. Dieselbe enharmonische Grenze gis/as erreichen die alterierten Terzen am Rande unserer Abbildung 20. Das siebentönige System der je drei Dur- und Molldreiklänge, das von der Tritonusspannung begrenzt und gehalten wird, erweitert sich also durch Kräfte, die im Wesen der harmonischen Funktionen liegen, bis zur Grenze der Zwölfordnung, die mit der enharmonischen Selbstverwandlung des Tones gesetzt ist.

Parallel- und Mediantklänge

Drehen wir die Abbildung 20 um 180°, so bleibt sie sich (wie auch Abbildung 17 und Abbildung 19) gleich. Dasselbe gilt von *Abbildung 22*, die das Ineinandergreifen der Parallelklänge darstellt. Der Zentralton d wird dabei zum beiderseitigen Begrenzungston. Im Mittelpunkt der Figur liegt ebenfalls ein d, das jedoch an dieser Stelle nicht in den Dreiklangsaufbau einbezogen ist. Das figürliche Ineinandergreifen der Parallelklänge stimmt mit ihrem funktionalen Gehalt überein. Zum Beispiel hat a-c-e in C-Dur als Parallelklang zu c-e-g und als Leittonklang zu f-a-c Anteil am Wesen der Tonika und der Subdominante.
In den Nebenseptakkorden wird das Ineinandergreifen von Dur und Moll harmonisches Ereignis. Die klangliche und funktionale Dur-Moll-Ambivalenz dieser Vierklänge spricht deutlich aus ihren Figuren. Siehe *Abbildung 23*.
Ganz anders fanden wir es beim Dominantseptakkord g-h-d-f, wo die elliptischen Kurvenstücke organisch über den Dreiklang hinaus fortschwangen und der Dominantcharakter durch den zusätzlichen Ton eindeutiger wurde.[64]
Neben den ineinandergreifenden Parallelklängen, die jeweils eine große Terz gemeinsam haben, sind die sich übereinander beziehungsweise untereinander lagernden Mediantklänge zu nennen, bei denen der Abstand zweier ganzer Dreiklänge gleichen Geschlechtes eine große Terz beträgt. Schon in der zweiten Schicht wird der Rahmen der Siebentönigkeit gesprengt, und die dritte fordert die enharmonische Verwechslung heraus. Siehe *Abbildung 24*.
Die Aneinanderfügung von zwei großen Terzen führt zu doppelter Halbtonbeziehung zwischen den zugehörigen Dreiklängen. Um dies sichtbar zu machen, bedarf einer Wiederholung der Figur im Oktavabstand. Beim Mediantverhältnis sind die beiden Halbtöne wesensverschieden. Das Zusammenwirken des chromatischen und des diatonischen Halbtons gibt einer mediantischen Klangfolge wie zum Beispiel von c-e-g zu h-e-gis etwas angenehm Überraschendes. Siehe *Abbildung 25*.
Sehr viel organischer und ebenmäßiger sieht in der *Abbildung 26* die Aneinanderfügung von zwei Großterzen im Rahmen von zwei Dreiklängen verschiedenen Geschlechtes aus. Sie steckte bereits in Abbildung 20 und Abbildung 24, (as-c-e und c-e-gis). Die beiden Leittonschritte im Abstand einer kleinen Terz lassen sich

---

[64] Vgl. Abbildung 20

durch ein Trapez ansprechend darstellen. Ein solches Spiegelklangverhältnis wie d-b-g zu d-fis-a wirkt trotz Überschreitung des Siebentonverbandes streng funktional kadenzierend.

Systematische Wiederholung in der Oktav

In Abbildung 25 und Abbildung 26 wiederholten wir dasselbe Gebilde im Oktavabstand, um verschiedenartige Leittönigkeit darzustellen. Wir wiederholen nun systematisch in Oktavabständen die Halbellipsen der drei Hauptdreiklänge innerhalb der Tritonusgrenzen. Dann tritt sowohl der funktionale Aufbau als auch - auf der Abszisse ablesbar - die Skala klar zutage. Siehe *Abbildung 27*.

Der Ton d scheint jetzt am Ende jeder Anreihung von drei Dreiklangsbögen gleichsam in der Luft zu hängen. Als quinthöchster der vier Rahmentöne f, c, g, d schaut d die Quintreihe fortsetzen wollend hinüber zu den drei Dreiklangsfülltönen a, e, h, die auf den Bogenscheiteln der übernächsten Dreiklangsdreierkette sitzen. Jetzt drehen wir unsere Figur um 180°, und vor uns liegt das reine a-Moll. Das f^3 und das h^3 unserer Figur haben die Plätze vertauscht, d^2 bleibt, was es war, die übrigen Töne wechseln systemgerecht ihre Plätze. Auch bei Moll hängt d^2 "in der Luft", diesmal als unterster der Rahmentöne h, e, a, d mit dem Blick hinüber zu den Fülltönen g, c, f. D ist vom quinthöchsten Rahmenton des Dur zum quinttiefsten des Moll geworden.

Dilemma der "natürlichen" Stimmung

Naturtönler, die lauter partialtönige Quinten und Terzen fordern, kommen in Verlegenheit. Die Töne f, c, g stehen für sie eindeutig im Naturterzverhältnis zu a, e, h. Nun beginnt zwischen Dur und Moll der Zank um die Lage des vierten Rahmentons d. Dur fordert ihn als reine Quint über g für seinen Dominantklang, Moll als reine Quint unter a für seinen Subdominantklang. Da aber die terzgezeugte Dreiergruppe a-e-h vom Standpunkt der Quintordnung her zu dicht an f-c-g liegt, drückt Dur das d nach oben und Moll nach unten. Der Naturtönler muß also die Identität des Tonmaterials von Dur und parallelem reinen Moll so oder so aufgeben. Ausgerechnet die für die Stimmungspraxis der Streicher fundamentale Quinte d-a wird bei "Reinstimmung" von C Dur auf 688 C zusammengestaucht.[65]

Daß die bei Verzicht auf Temperatur notwendige Aufspaltung gerade den Symmetrieton der harmonisch-melodischen Gesamtstruktur betrifft, ist nicht zufällig. Die Abbildung 27 zeigt in ihrer Gestalt das Problem auf: den riskanten Quintsprung vom letzten Rahmenton zum ersten Füllton. Und zugleich zeigt die Figur die Lösung des Problems, indem sie sich streng in die Maßgerechtigkeit der

---

[65] Vgl. S. 82

Zwölfordnung einfügt. Dieser gelingt es, unter der Oberherrschaft der Oktav Frieden zwischen Quint und Terz zu schaffen.

"Spiegelbildlichkeit"

Wenn das Drehen der Figur um 180° den Wechsel von Dur zu reinem Moll bewirkt, so liegt darin der Beweis, daß sich Dur und Moll nicht in jedem Sinne spiegelbildlich zueinander verhalten. Figürlich würde die Spiegelbildlichkeit erreicht, wenn wir das (durchsichtige) Blatt umwendeten, also aus der zweiten Dimension in die dritte gingen und dort die Drehung um 180° vollzögen. Die "unvollkommene Spiegelbildlichkeit", die bei der Drehung in der zweiten Dimension herauskommt, entspricht der Tatsache, daß Dur und Moll zwar spiegelbildlich sind hinsichtlich ihrer Intervallfolgen, daß aber die Strebungen der einzelnen Intervalle durch den Einbau in Dur oder Moll nicht folgerichtig in gegensätzlichem Sinne verändert werden. Deutlichstes Beispiel: Der Charakter der Quint bewirkt, daß in a-Moll nicht das zu c spiegelbildlich liegende e Tonika ist, sondern eben a.
Eine vollkommene figürliche Symmetrie besteht - dies sei hier eingefügt - im Aufbau der Tonebene als solcher. Symmetrieachsen sind die diagonal verlaufenden Winkelhalbierenden des Achsenkreuzes. Siehe *Abbildung 28*.
Inhaltlich besagt dies, daß die Kategorien der Distanz und Konsonanz von Grund auf gleichgewichtig sind. Symmetrisch zur Quintlinie g-d-a verläuft die des chromatischen Halbtons des-d-dis, symmetrisch zur Quartlinie a-d-g die des diatonischen Halbtons cis-d-es. Jedesmal steht einer Distanzeinheit eine Konsonanzeinheit gegenüber.

Der Oktavviertelkreis als Nothelfer

Die Dreiklangsanordnung von Abbildung 27 bietet die Möglichkeit, auch Umkehrungen und weite Lagen von Akkorden einigermaßen befriedigend darzustellen. Die jeweils gemeinten Töne werden deutlich markiert und durch viertelkreisförmige Bogenstücke von der Spannweite einer Oktave mit der Grundform des Akkordes verbunden, wie *Abbildung 29* zeigt.
Das Zentrum eines solchen Kreisbogens liegt je sechs diagonale Maßeinheiten von den beiden im Oktavverhältnis stehenden Tönen entfernt. Ob die Darstellung der Oktav durch den Viertelkreis (neben der durch den Halb- und Vollkreis!) über das Praktisch-Ästhetische hinaus auch grundsätzlich zu rechtfertigen ist, wird sich im Folgenden zeigen.

Systematik der Kurven

Zusammengehörigkeit von Kreis, Spirale und Ellipse

Zunächst etwas zu unseren Kurven ganz allgemein. Der Kreis steht an erster Stelle. Er symbolisiert den einzelnen Ton im Verband tangierender Kreise, sodann als Oktavkreis die Wiederkehr des Tones zu sich selbst, und jetzt taucht ein kreisförmiger Bogen über einer Sehne auf, deren Länge einer Oktav entspricht. Unsere weiteren Kurven - Spirale und Ellipse - stehen zum Kreis in einem exklusiven Verhältnis. Beide können, wie der Mathematiker sagt, zum Kreis entarten. Andere homogene Kurven können das nicht. Nur Spirale und Ellipse können ihre Gestalt kontinuierlich bis hin zum Kreis verändern. Die Spirale vermochte unter dem Szepter der Oktav alle Intervallverhältnisse schwingungszahlmäßig und zugleich intervallgrößenmäßig abzubilden. Die Halbellipse - von ihr gingen wir aus - umfaßt ganz bestimmte Tontriaden und erhält bei der von der Gestalt und der Musik her erforderten Vervollständigung zur Vollellipse ein irgendwie polares Gegenüber.

Mathematische Bedingungen für Ellipsen in der Tonebene

Die musikalisch bedeutsamen Ellipsen, von denen wir bisher die Dreiklangsellipse kennenlernten, verbinden vier rechteckig zueinander liegende Punkte der Tonebene dergestalt, daß die durch diese Punkte gehenden Tangenten der Ellipse auf dem Netzwerk unseres Achsenkreuzes verlaufen und ein die Ellipse umschreibendes Quadrat bilden. Im Fall der Dreiklangsellipse ist es, wie schon an Abbildung 19 zu sehen, sieben Maßeinheiten groß - entsprechend der halbtonmäßigen Entfernung von c und g und der quintmäßigen von e und es.[66] Es wird also unter dem Gesichtspunkt von Maß und Zahl die Tatsache hervorgekehrt, daß sich - offenbar nicht zufällig! - die Spann*weite* des Rahmenintervalls c-g mit derselben Zahl Sieben fassen läßt wie der Spannungs*grad* der beiden Teilungstöne e und es.

Filterung bedeutsamer Ellipsen

Ellipsengestalten, die die obigen mathematischen Bedingungen erfüllen, lassen sich auf der Tonebene ebensoviele konstruieren, wie es auf ihr verschiedengestaltige Rechtecke von Tonpunkten gibt, das heißt unbegrenzt viele. Wie lassen sich aber die durch ihre Eigenbedeutung hervorragenden herausfiltern? *Abbildung 30* gibt eine anscheinend evidente Antwort.
Lassen wir die uns bekannte Dreiklangsellipse, zum Beispiel g-h-d'-b, sich im Punkt g berühren mit der kleinstmöglichen Ellipse überhaupt, nämlich der nunmehr ein-

---

[66] Vgl. auch S. 118

zubeziehenden Tetrachordellipse - in unserem Falle d-e-g-f -, dann haben die beiden zusammen (links im Bild von Abbildung 17 und Abbildung 30) die Distanzbreite einer Oktav d-d'. Wenn wir nun rechts in Abbildung 30 einen Kreis um das ungleiche Paar legen, geschieht das nicht zur malerischen Abrundung, sondern dieser Kreis ergibt sich, wie man in der Mitte sieht, gesetzmäßig als drittes Glied unserer Ellipsenfolge. Der Kleinstabstand der Tonebene von zwei Diagonaleinheiten = ein Ganzton vergrößert sich auf seine Vielfachen mit der Maßgabe, daß Ellipsen entstehen, die mit zunehmender Größe kompakter werden. Das Endziel ist, wie die Mitte unserer Figur zeigt, bereits bei drei Ganztönen erreicht. Dort "entartet" die Ellipse zum Kreis. Die aus 3 x 2 Halbtönen bestehende Tritonuslinie d-e-(fis)-gis wird durch die 2 x 3 Halbtöne große gis-h-d' zur Oktav d-d' hin abgefangen. Eine gegenteilige Maßgabe des Immer-Schlanker-Werdens oder ein Wechsel zwischen beiden würde nur Absurdes liefern, während hier die Abfolge dorthin führt, wo der Ursprung aller Maßgerechtigkeit liegt, jenseits dessen nichts Fundamentales gefunden werden kann.

Wir haben einen Aspekt gewonnen, in dem die Oktav gegen alle Ordnung von der Quart abgeleitet scheint. Historisch hat übrigens die Quart als Rahmenintervall den Altersvorrang vor der Oktav. Ansonsten ist schon alles in Ordnung. Wir marschieren in umgekehrter Richtung und bekommen demonstriert, daß es nicht weiter zurückgeht als bis zur Oktav.

Oktav und Kreisform

Über die musikalische Bedeutung des Oktavumkreises d-gis-d'-as braucht kein weiteres Wort gesagt zu werden. Nur daß er völlig anderer Natur ist als unser alter sich nach zwölf Quinten schließender Kreis, sei klargestellt. Dieser letztere Kreis ist keine "entartete Ellipse". Auf seiner Peripherie sind alle zwölf Tonorte innerhalb der Oktav - jeder ein einziges Mal für alle Male - eindimensional zusammengefügt. Auf der Tonebene dagegen ist jeder der Tonorte in jeder denkbaren Wiederkehr (oktavdistant oder enharmonisch) getrennt lokalisiert. Die Kurven auf der Tonebene - Ellipsen wie Kreis - berühren keinen Tonpunkt außer den vieren, denen sie ihre Existenz verdanken, während die Peripherie unseres alten Oktavkreises keinen Tonpunkt ausläßt. Hier wie dort aber bezeichnet der Kreis den einzigartig umfassenden Charakter der Oktav.

Melodische und harmonische Ellipse

Wir fragen nun nach der bisher nur postulierten musikalischen Bedeutung der kleineren Ellipse und erkennen in ihren Tönen d-e-g-f das dorische Tetrachord. Die Teilung der Skala in zwei Tetrachorde hatte für die Theorie und Praxis der rein melodisch orientierten Musik der Antike und des Mittelalters denselben Stellenwert, wie ihn die Teilung in drei aufeinander bezogene Dreiklänge im Laufe der Entwicklung für die Harmonik bekam. Die scheinbar störende Tatsache, daß die Töne im Umlaufsinne der Ellipse nicht in der "richtigen" Reihenfolge erscheinen, entpuppt sich als sinnträchtig, denn strukturmäßig entspricht dem Tetrachord der Siebentönigkeit ein Trichord der Fünftönigkeit. Unsere kleinste Ellipse steht im selben Verhältnis zur Melodik wie die größere zur Harmonik. Über ihre Aussagekraft wird im nächsten Kapitel weiter zu handeln sein.[67]

System der Vierecksgrößen

Ans Ende dieses Kapitels über das System der Kurven stellen wir eine Anordnung, die alles aus einem einzigen Ton d herauswachsen läßt und Kurven gerade vermeidet, indem sie nur mit den Vierecken arbeitet, die unseren runden Formen einbeschrieben sind (siehe *Abbildung 31A*). Am Anfang steht wiederum die Vierergruppe d-e-g-f. Jedes nächstgrößere Viereck schiebt sich gleichsam bis zum gemeinsamen Ursprungston d hin unter das nächstkleinere. Durch jedes Viereck ist die Distanzdiagonale gelegt. Man sieht, wie sich deren Richtungen von der Quart über die Quint zur Oktav einpendeln. Was soll aber das Gesamtquadrat d-cisis'-d"-eses', dessen Umfang mit dem von Abbildung 17 identisch ist und das in Abbildung 30 keine Entsprechung hat? Es bringt ja keine neue Form und kein

---

[67] Unter den zyklischen Gestalten der Tonebene ragt bei der kleineren Ellipse das dorische Tetrachord bzw. die Zusammenfügung von zwei solchen zum dorischen Kirchenton (Abbildung 33) in ähnlicher Weise gegenüber den übrigen Kirchentönen hervor, wie das bei der größeren Ellipse mit der Grundstellung der Dreiklänge der Fall ist zum Unterschied von Umkehrungen und weiten Lagen.
Die bündige Gestalt des Dorischen unter melodischem Gesichtspunkt ergibt sich aus der zentralen Lage des Haupttons (Finalis) d in der Stammtonreihe und damit zusammenhängend aus der symmetrischen Lage des Halbtons in beiden Tetrachorden. Die bündige Gestalt des Dur- bzw. Molldreiklangs speziell in seiner Grundstellung ergibt sich aus der Tatsache, daß nur in dieser Stellung Dreiklangsellipsen (bzw. Halbellipsen) tangierend auf einer Quintlinie sich aneinanderfügen lassen, wie das dem harmonischen Aufbau entspricht (Abbildung 20). Die drei funktionsharmonischen Ellipsen sind auf einer Quintlinie aufgereiht, die zwei Tetrachordellipsen auf einer Quartlinie (Abbildung 33).
Es ist klar, daß die kompakteste Form des Dreiklangs mit größerem Recht stellvertretend für alle Dreiklangsgebilde stehen kann, als wenn die Ellipsengestalt des Dorischen voll aussagekräftig für alle Kirchentöne sein sollte. Bei den Dreiklängen können und müssen wir mit einem Behelf vorlieb nehmen, um Abweichungen von der Grundstellung darzustellen (s. Abbildung 29). Bei den Kirchentönen dagegen ist es möglich und nötig, eine Gestalt zu finden, die dem Eigencharakter jedes Kirchentones gerecht wird. Behelfsmäßig sind natürlich alle Kirchentöne an der Tetrachord-Doppelellipse oder am Oktavkreis ablesbar, wenn man den Tonpunkt der Finalis graphisch heraushebt. Bloße Schemata vorfindlicher Abstände, wie wir sie für einen Ausschnitt der Partialtonreihe in Abbildung 16 und für die Kirchentöne in Gestalt von Leitern in Abbildung 37C finden, können sehr nützlich sein, entbehren aber des hermeneutischen Moments, das unseren eigentlichen Gestalten innewohnt. In Abbildung 37D ist eine solche Gestalt als Beispiel für den ionischen Ton entfaltet.

wirklich neues Rahmenintervall hervor. Der Grund für seine Einbeziehung setzt streng geradlinige Darstellung voraus. Er liegt in der gesetzmäßigen Abfolge der Vierecksgrößen. Das zweite ist zweimal so groß wie das erste, das dritte ist dreimal so groß wie das zweite und das vierte ist viermal so groß wie das dritte. Eine sinnvolle Fortsetzung dieser Folge ist im Rahmen unserer Voraussetzungen nicht möglich. Das Gesamtquadrat ist also 1 x 2 x 3 x 4 = 24mal größer als das kleinste Rechteck. Der Mathematiker sagt, Fakultät 4 sei 24 und schreibt 4! = 24.

Was ist das Neue? Es kann kein neues Intervall sein, sondern nur die bereits vorher erreichte Oktav unter neuem Aspekt. Im kleineren Quadrat stand die Oktav prinzipiell auf einer Stufe mit den anderen Intervallen. Wie die Quart in große Sekund und kleine Terz oder die Quint in große und kleine Terz, so ließ sie sich durch den Tritonus teilen. Im großen Quadrat dagegen steht sie in ihrer Einzigartigkeit da. Eins scheint das andere auszuschließen und ergibt doch erst mit dem andern die Wahrheit. Zum ersten Mal steht jetzt ein Tonpunkt (d') im Zentrum dieser Figur und zum ersten Mal begegnen wir an allen vier Eckpunkten demselben verwandelten Ton.

Überraschend ist diese abschließende Doppelbekräftigung der Oktav, die sich aus dem Gesetz der Tonebene wie von selbst ergibt, noch überraschender aber die folgende Parallele: Jetzt stießen wir auf die zwei Aspekte der Oktav dort, wo alles streng nach den Maßen der Temperatur ausgerichtet war. Bei den spiegelbildlichen Spiralen von Abbildung 8 begegnet uns Analoges in den Maßen der Obertonreihe. Links ist der Spiralabschnitt der Grundoktav genau so lang wie der der Quint und jedes folgenden Intervalls der Obertonreihe. Rechts dagegen ist die Spiralwindung der grundlegenden Oktav so lang, wie es die bis ins Unendliche fortgesetzte Summe aller folgenden Intervalle der Obertonreihe wäre. Immer wieder erweist sich die Oktav, obwohl Intervall unter Intervallen, in merkwürdiger Übereinstimmung mit Maß- und Zahlenordnungen als das ganz Besondere, das sie ist.

Gewendete Schau der Tonebene

Warum Wendung?

Wie oben versprochen, wenden wir uns nun der kleinstmöglichen unserer Ellipsen zu, die also ein Tetrachord und somit ein melodisches Grundgebilde umwölbt. Wie schon auf den Seiten 117 und 118 gesagt, ist für die Harmonie die Konsonanz, für die Melodie die Distanz die Ordnung, der ein gewisser Vorrang gebührt. Das möchte nicht dahingehend mißverstanden werden, als sei die Bedeutung der Distanz (enge oder weite Lage!) gering zu veranschlagen. Aber so wie die Notenschrift Harmonie und Melodie aus praktischen Gründen rechtwinklig aufeinander stehen läßt, so entspricht es dem Wesen dieser zwei musikalischen Dimensionen.
Es ist angezeigt, daß wir jetzt eine 90°-Wendung machen, um unsere unveränderte Tonebene unter einem neuen Blickwinkel zu betrachten. So haben wir es uns gegenüber der idealen Tonebene vorzustellen. Gegenüber dem materiellen Abbild, das vor uns liegt, verfahren wir weniger ehrfurchtsvoll, bleiben auf unserem Stuhle sitzen und drehen die Figur um 90° gegen den Uhrzeiger. Nunmehr zeigt die kürzere Seite unserer Kleinstrechtecke (zum Beispiel d-e) nach links oben, die längere (zum Beispiel d-f) nach rechts oben. Somit ist an der Lage der Rechteckseiten im Bilde sofort zu erkennen, ob wir das jeweils Vorliegende mehr aus harmonischem oder mehr aus melodischem Blickwinkel betrachten. Nach so vollzogener Wendung bewegen sich steigende Distanzen nach oben und steigende Quintverwandtschaften von rechts nach links.
Drehen wir zum Beispiel die Abbildung 31A um 90°, dann ist der Bildeindruck besser, richtiger *(Abbildung 31B)*. Das ist erklärlich, denn wir waren bei der Arbeit mit der Tonebene vom Dreiklang, also vom Harmonischen ausgegangen, dann aber beim Systematisieren auf ein kleinstes Rechteck gestoßen, das melodisch bestimmt war und von dem aus eine gesetzmäßige Entwicklung (Fakultät!) über die harmonisch bestimmte Dreiklangsgestalt zur Oktavgestalt führte, in der der melodisch-harmonische Gegensatz überwölbt ist. Die Figur wächst auf, gewinnt an Lebendigkeit, wenn man sie ihrem melodischen Ursprung gemäß aus dem melodisch tiefsten Ton des kleinsten Rechtecks sich nach oben entfalten läßt.
Wenn es uns um sinnfällige Aussagekraft von Grundfiguren geht, dann kann äußere Einheitlichkeit und Einfachheit nicht oberster Gesichtspunkt sein, sondern es muß soviel "Komplikation" in Kauf genommen werden, wie es im Dienst der Sache sinnvoll ist. Die Anforderung, die Welt der Tonebene plötzlich nicht mehr aus dem gewohnten Blickwinkel ansehen zu sollen, mag fürs erste unangenehm sein. Ungleich schwerer aber wöge der Widersinn, wenn sich der Durklang nicht mehr nach oben und der Mollklang nicht nach unten wölben dürfte oder wenn eine steigende Skala im Bilde gar sanft abwärts führen sollte.

Vergleich von Dreiklangs- und Tetrachordellipse

Wie der Mensch von Geburt an durch sein Selbstsein charakterisiert ist, aber als Individuum aus innerster Notwendigkeit heraus zum Ersehnen und Erkennen einer "Hilfe als sein Gegenüber"[68] erwacht, das ihm ganz entsprechend und doch als Gegenüber ganz anders wäre, so geht es mit all unseren Gestalten. Nachdem sich der Durdreiklangsbogen zur Halbellipse herauskristallisiert hatte, forderte er beinahe schreiend seine Ergänzung durch die Mollhälfte. Auch der Tetrachordellipse d-e-g-f liegt eine Halbellipse voraus, nämlich das schon angesprochene Trichord d-f-g. Es ist das aus echten Kinderliedern und -spielen bekannte Dreitonmotiv, wie wir es etwa in der Abfolge f-f-g-g-f-d kennen. Einen Grundton im Sinne des in die Siebentönigkeit eingebauten Dreiklangsgrundtones gibt es hier zwar nicht, aber als "Finalis" ist d doch ein gewisses Fundament. Wie beim Dreieck d-fis-a liegt der Fundamentalton in größerem Abstand von den beiden anderen Tönen, als diese voneinander liegen; mit anderen Worten: Hier wie dort liegt das größere der beiden Teilintervalle unten, wie es der Struktur der Obertonreihe und einer im Physiologischen wurzelnden allgemeinen Tendenz beim Klangaufbau entspricht.

Beim Vergleich von Dreiklangs- und Tetrachordellipse stellen wir weiterhin fest: Die Funktion des Rahmenintervalls hat anstelle der Quint d-a die Quart d-g übernommen. Die Fülltöne der Triaden, e und f, sind jetzt statt des chromatischen Halbtons fis-f durch den diatonischen verbunden. Beide Vollellipsen klingen als Harmonien wirr und geben im melodischen Umlauf (d-fis-a-f-d und d-e-g-f-d) einen musikalischen Sinn. Die Halbellipsen beider Arten sind melodisch und harmonisch gültig. Für d-f-g sei daran erinnert, daß Geläute mit Vorliebe in diesen Abständen gestimmt werden. Dennoch ist die Affinität der einen Ellipse zur Harmonie, die der anderen zur Melodie eindeutig. Zwei aneinandergefügte kleinere Ellipsen führen in derselben Weise zur diatonischen Skala wie drei aneinandergefügte größere zum Dreiklangsaufbau.

Fünf- und Siebentönigkeit in melodischer Ellipsengestalt

Schälen wir aus unseren zwei aneinandergefügten Ellipsen die pentatonische Gruppe a-c-d-e-g heraus, so sehen wir eine durch zwei Halbellipsen geschwungene Linie, die, vom Fußpunkt aus betrachtet, in allen überhaupt möglichen Richtungen und Graden ansteigt. Siehe *Abbildung 32*.

Verlängern wir das pentatonische Ellipsenstück an seinen Enden bis zu f und h, so wird die Kurve hakenförmig. Es kommt hier zum Ausdruck, daß beim Übergang von der Fünf- zur Siebenstufigkeit etwas von einem guten Gesetz geopfert wird, das die Pentatonik zugleich fest, keusch und locker sein ließ. In einer Perspektive, die mit der geschichtlichen Abfolge übereinstimmt, betrachteten wir soeben die

---

[68] So wörtlich in der Schöpfungsgeschichte 1. Mose 2,18!

pentatonisch geschwungene Linie als das Primäre gegenüber dem Vollellipsenpaar. Auf dessen Vollendung zielen unsere beiden Neulinge f und h. Sie begnügen sich nicht damit, das Gebilde zu einem Doppelhaken und damit kompliziert gemacht zu haben, sondern schreien nach Schließung der Ellipsen. Dann wird wie durch einen Zauberschlag aus einem fragwürdigen Fragezeichen eine hurtig und verläßlich funktionierende Acht. Erst danach sieht es so aus, als seien sie ebenso alteingesessen wie die vornehmen fünf anderen. Als Nachgeadelte schaffen sie (oder richten sie an?), was dem alten Adel ebenso unerhört wie unmöglich gewesen wäre. Sie bedienen sich der Vermittlung des d (des geheimsten Ursprungsortes aller!) und übernehmen die polare Grenzwacht des Tritonus, womit die Welt, für die sich die Pentatonik halten mochte, sich um ungeahnte neue Kontinente erweitert. Es macht nichts aus, wenn in frühen Zeiten der Tritonus sich nicht oder kaum auf offener Bühne als melodisches oder harmonisches Intervall zeigen darf. Strukturell steckt er von Anfang an im Heptatonium, und die im zentralen d zur Siebenheit der Töne verbundenen Tetrachordellipsen weisen im Bilde die Geschlossenheit und Gültigkeit der neuen Ordnung aus.

Das Wechseln der Auf- und Abwärtsrichtung bei der Hereinnahme von f und h hat seinen tiefen Sinn weit über die logisch-mathematisch evidenten Konsequenzen der Tonebene hinaus. Der epochale oder mehr als epochale Auf- und Umbruch, den das Hinausschreiten über die Fünf bis zur Sieben mit sich bringt, ist ein Analogon zu all dem, was wir seither über den Charakter dieser beiden Zahlen sagen konnten. Wir erinnern uns an die sanfte Spannung der Grenztöne des Pentatoniums c-e, welches Intervall sowohl halbtonmäßig als auch quintmäßig als auch partialtönig mit dem fünften Ton erreicht wird. Einzig bei der Siebenzahl finden wir dieselbe dreifache Übereinstimmung. Der Tritonus wird mit dem siebenten Ton erreicht - distanzmäßig - konsonanzmäßig - partialtonmäßig.[69] Gegensätzlich aber ist die Art der Spannung gegenüber der des Pentatoniums. Sie ist ins Radikale und gleichzeitig Zwielichtige gesteigert. Ebenso sehen wir den Gegensatz zwischen der beruhigenden Übersichtlichkeit der Fünfzahl und der Beunruhigung über das Zuviel der Siebenzahl beim sofortigen Erfassen von Anzahlen (Tupfen). Bei den tangierenden Kreisen aber sehen wir, wie ebendiese Sieben, sobald ihr Ordnungsprinzip wirksam wird, ein Maximum an übersichtlicher Geschlossenheit erreicht. Können wir im Miteinander von alledem nur belanglose oder neckische Zufälle sehen? Bei mir jedenfalls bleibt ein tiefergehendes Staunen, obwohl ich mit neckisch-erstaunlichen Zufällen mit und ohne Zahlen so gut wie jeder andere aufwarten könnte.

Kein Bild der diatonischen Vollskala?

Was auf der Tonebene nicht gelingen kann, ist die homogene Darstellung einer mit der Wiederkehr des Grundtons abgeschlossenen diatonischen Skala, wie wir sie im

---

[69] Vgl. Fußnote S. 113

fünf- oder siebenstufig geteilten Oktavkreis so anschaulich vor uns hatten. Das ist der Preis dafür, daß wir bei der Ausbreitung der Tonebene den "zwiefach gedrehten Faden" der Oktavlinie (Distanz und Konsonanz) auseinandergelegt haben. Den Hiatus, das Loch zwischen zwei Ellipsenpaaren, sehen wir in *Abbildung 33*. Er darf nicht vertuscht werden. Nur im Oktavkreis ist die Zahl der Töne gleich der der benachbarten Intervalle, und das gibt ihm einzigartige Darstellungsmöglichkeiten musikalischer Grundzusammenhänge, denen wir uns später noch ausführlich zuzuwenden haben.

Anhang: Frühe Umgehung des Halbtons

Mit dem Überschreiten der Fünftongrenze erscheint als erster Neuling der Halbton. Ihm ging es anfangs mitunter so, wie wir das an der Behandlung des Tritonus durch lange Zeiten sehen, in denen er, obwohl in der Materialskala vorhanden, nicht auf offener Bühne, will sagen melodisch oder harmonisch auftreten durfte.
Interessante Beobachtungen für den Halbton können wir an einer hypomixolydischen Ostermelodie machen, die sich im 16. Jahrhundert bei den Böhmischen Brüdern findet. Die Melodie umtanzt am Anfang gleichsam den Halbton, indem sie e und f verwendet, ohne sie zum Melodieschritt zu verbinden. Nachdem im Mittelteil der Dreiklang erschienen ist, stabilisiert sich im Schlußteil die Siebentönigkeit durch das Erscheinen des c, nun aber gleich als melodische kleine Sekunde. Dieser letzte Teil hat Durcharakter. Es ist, als durchwanderte die Melodie die Zeiten auf dem Weg von einem religiösen Tanz mit archaischen Elementen bis zur dreiklangsbestimmten Musik, wobei das Ganze durch die untadelig mixolydische Form zusammengehalten wird.
Von großer Schönheit ist auch die rhythmische Gestalt mit dem Wechsel von Fünfer-, Vierer- und Dreiergruppen in der Phrasierung. Beim Schlußton siegt das Taktprinzip über das der melismatischen Phrasierung. Nach letzterem gehört der Schlußton zur vorangehenden Fünfergruppe, nach dem Taktempfinden, das hier durchschlägt, beginnt (und endet) mit diesem Ton ein letztes Neues. So bekommt der Ton in Übereinstimmung mit dem Inhalt ein einzigartig eindrückliches Gewicht. Siehe *Notenbeispiel 2*.

Arten und Darstellungen der Zwölftönigkeit

Im liegenden Oktavquadrat

Nun ist in Abbildung 31 außer dem Gesamtquadrat, dessen Umfang dem von Abbildung 17 gleicht, und außer dem viermal kleineren d-gis-d'-as noch ein weiteres Oktavquadrat gis-gis'-as'-as versteckt. Mit dem größeren Quadrat hat es den Mittelpunkt d' gemeinsam, mit dem kleineren das Hervortreten des Tritonus. Dieses Quadrat ist grundsätzlich anderer Art als die bisherigen Vierecke. Es ist kein "entartetes Rechteck" und sein Umkreis keine "entartete Ellipse". Es zerschneidet rücksichtslos unsere Kleinstrechtecke und macht den Eindruck eines massiven Behälters, um nicht zu sagen Gefängnisses. Die Vierecke, die auf der Spitze stehen, wirken vergleichsweise leichter, ja lebendig bewegt. An den Ecken unseres neuen Quadrates stehen vier Grenzposten, etwas unheimlich, da sie alle vier verschieden und doch alle vier derselbe sind. In der Mitte einer, der die vier in extremer Spannung an sich hält - oder von ihnen gehalten wird? Da Tetrachorde und Dreiklänge von den harten Grenzlinien zerschnitten werden, verlieren die zyklischen Gestalten auch im Inneren ihren Sinn. Nur der Umkreis - wir verwandten seine Maße in Abbildung 29 zur Überbrückung der Oktavgattungen - mag sich wie eine Fassade oder Abschirmung um den Block legen, der einzig ist in seiner Art. Ein kleinerer von Tonpunkten begrenzter ist nicht möglich, und die um 2^2- oder 2^3 mal größeren führen zu nichts. In diesem Quadrat sind alle zwölf Tonpunkte auf engstem Raum eingefangen, jeder so benannt, wie er mit dem Zentralton auf nächstem Wege quintverwandt ist. Beim Tritonus gis beziehungsweise as führt das zur Vierteilung des Tones, der im Zwölfquintenkreis den Gegenpol zum Ausgangston d bildet.

Wie sich nun die zwölf Quintverwandten in drangvoller Enge auf diesem kleinen Ausschnitt der Tonebene zu einer Gestalt zusammenfinden, das zeigt *Abbildung 34*. Wir sehen das sich wunderbar gegenseitig haltende Zusammenspiel des diatonischen und chromatischen Halbtons einerseits und der Quint und Quart andererseits, also der fundamentalen Intervalle der Distanz und Konsonanz, die sich weder in einer der Richtungen des Achsenkreuzes noch in einer der Diagonalrichtungen erstrecken,[70] sondern schräg zu allen anderen Intervall-Linien stehen. Es sind genau die Intervalle, die verzwölffacht den Oktavkreis schließen, wie wir es schon an Abbildung 12 sehen konnten. Es sind zugleich die Intervalle, die von unseren Ellipsen umwölbt werden. Unter sich gelassen und zusammengedrängt wehren sich

---

[70] Die "Wiederkehr" des Tones (infolge Gleichsetzung oktavverschiedener und enharmonisch vertauschbarer Töne) realisiert sich auf der Tonebene auf vier Geraden, die sich in dem betreffenden Tonpunkt gleichwinklig schneiden, nämlich auf der Waagerechten, der Senkrechten und den zwei Diagonalen. Der Tritonus liegt nur auf den beiden Diagonalen, die übrigen Intervalle (außer den genannten "schräg liegenden"), also Ganzton, kleine und große Terz, liegen jedes nur auf einer der beiden Diagonalen. Sext und Sept und vollends die Oktav übersteigende Intervalle können wir in unserem Zusammenhang beiseite lassen.

diese Intervalle standhaft gegen eine zyklische Vereinnahmung und bieten dabei ein überzeugendes Bild struktureller Mächtigkeit.
Wie die Gesamtheit der Tonpunkte auf der Tonebene, so ist auch unsere Figur doppelt symmetrisch bei diagonal liegenden Symmetrieachsen. Es korrespondiert jede dünne Teillinie mit einer dicken, das heißt jede Distanz- mit einer Konsonanzbeziehung. Die ineinandergreifenden zwei Gesamtlinien (die dünne und die dicke) sind spiegelbildlich gestaltgleich. Wir veranschaulichen das, indem wir unter B die dicke Linie von der dünnen abheben, um 90° im Uhrzeigersinn drehen und mitsamt dem begrenzenden Quadrat neben das stehen gelassene Quadrat mit der dünnen Linie setzen. Wie beim Zwölfstern[71] stehen sich dann in regelmäßigem Wechsel die polaren Intervalle Prim/Oktav und Tritonus gegenüber.
Lassen wir die beiden Linien unter A bildmäßig auf uns wirken, dann scheinen sie von verschiedener Art zu sein: eine gebrochene Linie windet sich wie an den Enden von Doppelmasten befestigt und gestützt auf- oder auch abwärts. Unter diesem Aspekt tritt also die Wesensverschiedenheit von Distanz und Konsonanz hervor. Wie bei Abbildung 20 könnte man von einer die Sache treffenden (wenn auch bei weitem nicht so frappanten) Augentäuschung sprechen. Hier wie dort drückt sich eine Dialektik zwischen Wesensverschiedenheit und material-struktureller Gleichheit aus. Die Stärke und Hintergründigkeit der Beziehungen von Distanz und Konsonanz spricht den Betrachter aus dem Linienwerk der Figur unmittelbar an.
Es wird reizvoller sein, an unserer Figur durch eigenes Sehen und Denken weitere Beobachtungen zu machen, als alles aufgezählt vorgesetzt zu bekommen. Das gilt auch von *Abbildung 35,* in der wir das liegende Oktavquadrat mit den stehenden anschaulich zusammenordnen. Die Figur erhebt keinen Anspruch auf grundsätzlich neue Erkenntnisse, ist aber doch wohl mehr als ein kaleidoskopischer Spaß.[72]

Zwölf Töne in Tetrachordellipsen

Wie verteilen sich nun die zwölf Tonpunkte, wenn man das Gefängnis des liegenden Quadrats öffnet und ihnen die Möglichkeit gibt, sich zu einer aus Ellipsen bestehenden Gesamtgestalt zusammenzufinden?
Abbildung 36 zeigt uns das Resultat bei den Tetrachordellipsen. Ihrer vier rücken einander tangierend aufs engste zusammen. Der Gefängnisdirektor (der Ton d in Abbildung 34) ist abgesetzt. Kein Ton kann mehr monarchische Mittelpunktstellung in Anspruch nehmen. Die vier Grenzwächter von einst werden mittels einer neuen Optik als ein einziger flink flunkernder Geselle entlarvt, der nun (zu Unrecht!?) nur noch einen seiner Namen tragen darf (das heißt: enharmonische Verwechslung entfällt!). So eng sitzen die zwölf beisammen, daß ihnen selbst der

---

[71] Siehe Abbildung 12
[72] Daß in ihr das chinesische Yin-Yang-Paar und der islamische Halbmond viermal und das Kreuz sechsmal versteckt sind, bemerkte ich erst Jahre nach dem Entstehen der Figur.

Raum des Gefängnisses zu weit ist. Da stehen nun die zwei Achtergestalten, die den achten Ton gerade nicht zeigen, weil er im ersten versteckt ist. Wenn in den zusammengeballten zwölf Tönen unserer Figur der Expansionstrieb erwacht, gliedern sie sich weitere Gebilde ihresgleichen an, und es tritt eine Fülle von siebenstufigen Skalen und von Skalenbeziehungen zutage, wie wir an Abbildung 36 sehen. Seitlich liegen um einen Halbton differierende Skalen nebeneinander. Erweitern wir die Figur nach unten (oder oben), so erscheinen die Skalen jeweils einen Ganzton voneinander abliegend, sofern wir einen ganzen weiteren Viererverband von Ellipsen ansetzen. Wenn wir dagegen zunächst nur ein Ellipsenpaar unten (oder oben) anfügen, so stehen die sich zur Hälfte deckenden Skalen im Quintverhältnis zueinander.

Man kann alles über die Beziehung von Zwölftonverband und Tetrachordellipse Gesagte gut und gern als bloßes Vorspiel für das (ab)werten, was zur Konfrontation der Zwölftonordnung mit den Dreiklangsellipsen zu sagen ist.

Quint-Terz-Parallelogramm

In *Abbildung 37A* sitzen die zwölf Töne an den Treffpunkten von drei parallel verlaufenden quintgezeugten Viertonverbänden mit vier parallelen terzgezeugten Dreitonverbänden. Die übrigen geraden Linien stützen bildmäßig das Parallelogramm des Gesamtgerüstes, sachlich gehen sie als wichtige Weiterungen aus dem erstgenannten Parallelengerüst hervor. Die Ellipsen haben im ganzen und in all ihren Teilen volle Aussagekraft und können nicht ohne Verlust wegbleiben. Im Zentrum steht wie auch bei Abbildung 36 kein Ton, sondern die Tonika und Dominante verbindende Quint, also c-g in C-Dur und c-Moll. Mit ihrer Bedeutung für den harmonischen Aufbau verglichen ist es kümmerlich, was die zentrale Quart von Abbildung 36 für den Skalenaufbau zu sagen hat.

Tonsilben sachgemäß

Die Tonbuchstaben leisteten uns mit ihren reichen Alterierungsmöglichkeiten eben noch gute Dienste, wenn es galt, mehrere Zwölftonverbände aneinanderzusetzen.[73] Unsere jetzige Figur in ihrer stahlharten und glasklaren Geschlossenheit könnte durch Erweiterung nur verlieren. Das Anhängen von Tonbuchstaben muß sie sich zwar zu Orientierungszwecken gefallen lassen, aber ihrem Wesen entsprechen diese nicht. Die Verteilung von Stammtönen und Alterationen wird stets unausgewogen und mehr oder weniger willkürlich bleiben, wie man die Töne auch wählen mag. Es genügt angesichts unserer Figur nicht mehr, sich zu erinnern, daß die Tonbezeichnungen aller bisherigen Figuren stellvertretend für allgemeingültige Tonbeziehun-

---

[73] Vgl. Abbildung 36B

gen standen. Es muß grundsätzliche Konsequenzen haben, wenn durch den neuen Aspekt an die Stelle eines wie auch immer verstandenen zentralen Tones eine zentrale, nein, *die* eindeutig zentrale Tonbeziehung getreten ist. Nötig ist eine Bezeichnungsweise, die die vier Töne der mittleren Quintreihe als Rahmentöne der drei harmonischen Funktionen erkennen läßt, die Quintreihe ihrer vier Oberterzen als helle Farb- oder Fülltöne (Durcharakter) und die Quintreihe ihrer vier Unterterzen als dunkle Farbtöne (Mollcharakter).

Tonika-Do?

Wir tun das, was der Name Tonika-Do besagt, was aber die Methode Tonika-Do leider nicht tut: Wir monopolisieren die Tonsilbe der Tonika und ihr massives Handzeichen nicht für Dur, sondern lassen es auch für Moll und alle Kirchentöne gelten. Die in Dur nicht vorhandenen Stufen bekommen durch Vokalwechsel eigene Namen - wie das Tonika-Do nur bei Alteration im engeren Sinne praktiziert - und dazu eigene Handzeichen - die ihnen Tonika-Do versagt und statt dessen ihre "Uneigentlichkeit" durch Auf- beziehungsweise Untersetzen des linken Zeigefingers auf beziehungsweise unter die zeichengebende rechte Hand einprägt, wodurch der klare Zusammenhang einer grundlegenden Zwölferordnung mit negativen praktischen Folgen verdunkelt wird.

Die Tonika-Do-Silben (und Handzeichen) mit ihrem geschichtlichen Hintergrund sollten nicht durch prinzipiell andere abgelöst werden, sondern die bewußten und unbewußten Strebungen, die von Guidos Silben ut, re, mi, fa, sol, la über die Solmisation zu do, re, mi, fa, so, la, ti führten, sollten in ihren Konsequenzen zum Tragen kommen. Das geschieht, wenn wir die fünf Vokalfarben dem Sinne unserer Figur entsprechend auf die Tonsilben verteilen. Verwandeln wir la in li, so wird i zum Kennzeichen der quinthohen Töne und damit vor allem auch der Durterzen; und vertauschen wir a und o, so charakterisiert die Reihe der Dreiklangsrahmentöne fo-da-sa-re die einzigartige Stabilität des Tonikaklanges, während Subdominant- und Dominantklang mit ihrer Teilhabe am Vokal a ihre Abhängigkeit von der Tonika anzeigen[74] und mit dem für sie typischen Vokal ihren Eigencharakter: die dunklere, schwerere Subdominante mit ihrem dunkleren fo, die hellere, leichtere Dominante mit dem helleren re. Die tiefalterierten Töne werden bei Tonika-Do ohnehin durch u charakterisiert. Für unsere Betrachtungsweise sind sie nicht "alteriert", sondern einfach "quinttief".

Geht man bei der Schaffung von Tonsilben von der Quint aus, so ordnen sich die Halbtonverhältnisse der Skalen überraschenderweise besser, als wenn der Blick von vornherein einseitig auf die Charakteristik des Halbtons fixiert wird. Ein aus den Anstößen von Tonika-Do entwickeltes quintgeordnetes System gibt nicht nur den

---

[74] Die Namen Tonika, Dominante und Subdominante bedeuten ursprünglich die erste, fünfte und vierte Stufe der Skala, sodann die Dreiklänge, die sich auf diesen Stufen aufbauen. In letzterem Sinne verwendet man die Abkürzungen T, D, S.

Sitz der Halbtöne in der Skala an, sondern auch Richtung und Stärke der Leittönigkeit, was keinem anderen System gelingt.[75]

Materialskala der Kirchentöne

Bei ru und fi, die aus dem Rahmen der Hauptdreiklänge herausfallen, aber als "phrygische Sekund" und "lydische Quart" bekannt sind, rechtfertigt sich diese Bezeichnung nur, wenn man sich einen gemeinsamen Basiston für alle diatonisch-siebenstufigen Leitern vorstellt und die alten Kirchentöne (zu denen Dur und Moll als Ionisch und Äolisch erst später hinzugekommen sind) mit Dur und Moll vergleicht. Für das strukturelle Verständnis der Kirchentöne ist beides gleich wichtig, daß sie sich sämtlich aus derselben siebenstufigen Materialskala aufbauen, wie sie in den Stammtönen oder den sieben Tonika-Do-Silben vorliegt, und daß sie, alle auf denselben Basiston bezogen, eine zwölfstufige enharmonikfreie Materialskala bilden. Beschränkt man sich bei der Darstellung der Kirchentöne wie Tonika-Do auf sieben (relative oder absolute) Stufennamen, so bleibt die in der Sache liegende Zwölferordnung verborgen. Hingegen wird die Siebenstufigkeit durch die Zwölfstufigkeit nicht verdeckt. Sie ist durch die sieben Konsonanten innerhalb der zwölf Silben auch praktisch deutlich markiert. Außer den unentbehrlichen und unverrückbaren Stufen der fundamentalen Quint da-sa kommen alle Stufen je nach dem Kirchenton entweder mit hellem oder mit dunklem Vokal vor.[76]

---

[75] Fast ein halbes Jahrhundert liegt es zurück, daß ich mir als Leiter von Singkreisen und Singwochen und für die Schar meiner eigenen Kinder entsprechende Tonsilben (und Handzeichen) zusammenrückte. Eines Tages erklärte mein Ältester mit etwa sieben Jahren, er könne eine Halbtonleiter singen und schaffte es auch prompt, obwohl wir das nie geübt hatten. Nach dreißig Jahren eigener Praxis habe ich meinen Reformvorschlag zu Papier gegeben. Er wurde von den Tonika-Do-Vertretern abgelehnt, worauf in unserem Zusammenhang nicht weiter einzugehen ist. Jetzt tauchen diese praxisbewährten zwölf Tonsilben im bisherigen Sinne, aber in neuer räumlicher Anordnung auf, die von einem neuen theoretischen Ansatz her kommt. Dies könnte zum Nachdenken über mögliche Zusammenhänge zwischen theoretischer Sachgerechtigkeit im Grundsätzlichen und musikpädagogischer Brauchbarkeit führen. *(Anmerkung der Herausgeber: Der genannte Reformvorschlag zur Methode Tonika-Do - eine ausführliche Darstellung der hier nur skizzierten Gedanken - wird im Anhang dieses Buches erstmals veröffentlicht.)*

[76] Psychologisch interessant, was vor Jahrzehnten eines Morgens im Moment des Aufwachens urplötzlich und deutlich vor mir stand: Die deutschen Zahlwörter von eins bis zwölf entsprechen in der Verteilung ihrer paarweisen Ähnlichkeit und Nichtähnlichkeit dem Gespaltensein und Nichtgespaltensein der kirchentonalen Stufen:

Prim		Sekund		Terz		Quart		Quint		Sext		Sept	
eins		zwei	drei	vier	fünf	sechs	sieben	acht	neun	zehn	elf	zwölf	
da		ru	re	mu	mi	fo	fi	sa	lu	li	tu	ti	

Die paarweise Ähnlichkeit von Zahlwörtern ist kein Zufall (vgl. Fußnote zu S. 43). Hinter den soeben aufgezeigten Entsprechungen möchte ich jedoch nicht mehr als einen originellen, frappanten Zufall sehen. Erinnert sei daran, daß wir es in der "Hexenküche" (S. 112) schon einmal mit einem Zusammenspiel von Siebener- und Zwölferstufen zu tun hatten. Unter unseren jetzigen Aspekten erhält ein solches Verfahren auch eine rational durchsichtige Grundlage.

Quintordnung der Kirchentöne

Die elliptischen Stücke von Abbildung 37A lassen den Dur-Moll-Dreiklangsaufbau so gut hervortreten, daß man die Stummel an beiden Enden am liebsten beseitigen möchte. Sieht man dagegen das Gerüst der Quint- und Großterzlinien an, so erreicht die Figur ihre Vollendung erst durch die Hinzunahme der extremen Stufen ru und fi, durch die das Vollmaß des Stufenvorrats aller sechs Kirchentöne erreicht wird. Die Siebentonverbände der einzelnen Kirchentöne springen nicht so in die Augen wie die Dreiklänge des Dur-Moll-Systems. Wir projizieren sie deshalb *(Abbildung 37B)* nebeneinandergelegt auf Abszissen unserer Grundfigur.

Bei aller Gegensätzlichkeit von A und B sind die beiden Teile unserer Figur doch verbunden durch ihre Maßgerechtigkeit und durch das erkennbare Hervortreten der zentralen Quint da-sa. Im Dur-Moll-System bildet sie den Rahmen der Tonikadreiklänge, bei den Kirchentönen erhebt sie sich auf dem Schlußton der Melodie (Finalis), dem für die ganze Melodie tragende, prägende Kraft zugeschrieben wird. Diese Kraft kann er aber eigentümlicherweise nur haben, wenn er durch den ihm nächstverwandten Ton - und das ist die Oberquint - abgestützt und bestätigt wird. Über dem da muß es ein sa geben. Demzufolge kann im Rahmen der Stammtöne auf h keine Kirchentonart stehen. Die verbleibenden sechs Kirchentöne zerfallen in zwei Gruppen dergestalt, daß Dur und Moll (Ionisch und Äolisch) je einen helleren und einen dunkleren Nachbar zur Seite haben, der in einem einzigen Ton von Dur beziehungsweise von Moll abweicht: phrygische Sekund (ru) und dorische Sext (li) auf der Mollseite, mixolydische Sept (tu) und lydische Quart (fi) auf der Durseite.

Sekundordnung der Kirchentöne

Die Quintordnung, die in beiden Teilen unserer Figur dominierte, hat in die Hintergründe der Skalen geleuchtet, aber die Skalen selbst in ihrem distanzmäßigen Aufbau bis zum natürlichen Abschluß in der Wiederkehr des Ausgangstones kamen noch nicht ans Tageslicht. Im Oktavkreis, in den sich die gebrochene Linie von sechs Quintsehnen einfügte, war uns eine solche Darstellung der vollen Skala längst geglückt.[77] Jetzt fragen wir, ob und wie sich aus der geradlinigen Quintordnung unserer Abszissen ein womöglich geradliniges Bild einer vollen Skala erheben läßt. Es gilt für die siebenstufigen diatonischen Leitern das Gesetz: "Zwei (oktavreduzierte) Quintschritte = ein Sekundschritt." In dieses Gesetz ist auch die verminderte Quint eingeschlossen. Sie tritt auf, wenn nach dem siebenten Ton eines Quintturmes, zum Beispiel h über f, keine höhere Quint mehr folgen kann. Statt eines Fortschreitens zu fis wird dann zu f zurückgesprungen. Erfolgt auf dem Weg von irgendeinem Ton aus bis zur übernächsten Quint ein solcher Rücksprung, dann ist die entstandene Sekunde klein.

---

[77] Vgl. Abbildung 1A

Wollen wir das Vor- und Zurückgehen auf der geradlinigen Quintreihe figürlich einfangen, so bietet sich das Zyklische dem Linearen zur Hilfe an, wie umgekehrt beim Oktavkreis das Lineare dem Zyklischen geholfen hatte. Die herausragende Möglichkeit sind ohne Knick aneinandergefügte Halbkreise, die eine Mittelsenkrechte (wozu unsere Abszissen werden können) in den Tonpunkten der Skala rechtwinklig schneiden. Solche in das Maß des Tritonus eingeschlossene Halbkreise sehen wir in *Abbildung 37C*. Die kleineren Halbkreise, die die großen (!) Sekunden abgrenzen, haben den Durchmesser zwei, weil zwei Quinteinheiten aufwärts zum selben Ton führen wie zwei Halbtondistanzen in gleicher Richtung. Die zurückspringenden Halbkreise haben den Durchmesser fünf, weil ein diatonischer Halbton aufwärts fünf Quinteinheiten abwärts bedeutet. Die fünf nach oben gerichteten Zweierdurchmesser der großen Sekunden werden ausbalanciert durch die zwei nach unten gerichteten Fünferdurchmesser der kleinen Sekunden, so daß die durchgehende Halbkreislinie nach sieben Halbkreisen wieder in den Ausgangston einmündet, und zwar in der umgekehrten Richtung, in der sie von ihm ausgegangen war. (Wir wählen für den Anfang der steigenden Skalen stets die Uhrzeigerrichtung und nehmen die Skalen der Einfachheit halber auch immer als steigend an, bleiben uns aber bewußt, daß dies nur eine praktische Festlegung und keine Wesensaussage ist.)

Durch die einzige Spitze, die die geschlossene Halbkreislinie bei da bildet, wird der Basiston deutlich herausgehoben, und in jedem Falle liegt der Basiston an der für den Charakter des betreffenden Kirchentons typischen Stelle. Je tiefer die Basis innerhalb des Tritonusrahmens, desto kräftiger steigt die Menge der übrigen Töne über dieses Niveau hinauf ins Helle. Umgekehrt verleihen bei quinthoch liegendem Basiston die vielen unter diesem Niveau liegenden Töne der Tonart einen dunklen und der Skala einen nach unten ziehenden Charakter. Quint- und Sekundordnung stimmen bei den Veränderungen völlig zusammen. Um wieviel Quintverwandtschaften ein Siebentonverband höher oder tiefer liegt als ein anderer, um soviel (chromatische) Halbtöne differieren in gleicher Richtung die zugehörigen Skalen, wie man auch an den Abszissen von Abbildung 37B schön ablesen kann. Jedem, der musikalisch Durchblick hat, ist oder scheint das selbstverständlich, aber dabei laufen wir Gefahr, das Staunen schuldig zu bleiben über das vollkommene Korrespondieren zweier Ordnungen, deren eine vom Qualitativen und die andere vom Quantitativen her bestimmt ist.

Linear entfaltete Skala

Eine andere Darstellung, die den entscheidenden Ton der Skala besser hervorhebt, als das unsere Halbkreislinie nach der ihr innewohnenden Gesetzmäßigkeit tut, dürfte kaum zu finden sein. Der Mangel der Einschließung in den Tritonusrahmen besteht darin, daß die Skala wie ein Embryo (jedem kommt die Assoziation!) gleichsam vorgeburtlich in sich hineingebogen ist. *Abbildung 37D* zeigt uns, wie

Geburtshilfe zur vollen Entfaltung der Skala geschehen kann, die über sieben Stufen in gleicher gerader Richtung zur Oktav des Ausgangstones führt. Dies bedeutet nicht weniger, als von einer Strecke das zu verlangen, was anscheinend nur der Oktavkreis fertigbringt. Oder anders gewendet: Was in B nur Abszisse der Quintordnung von A war und was in den "Embryonen" von C im Blick auf Sekundordnung - jedoch unter Beibehaltung der Quintordnung - ausgeformt wurde, das soll in D auf einer einzigen von Halbkreisen unterteilten Strecke maßgerecht die Distanzen der Skala darstellen, ohne daß der Quintzusammenhang verschwindet. Die Leiterchen von C sind zwar hübsch anschaulich, aber es sind reine Schemata, keine Deutefiguren für den Zusammenhang von Quint- und Sekundordnung.

In D sind wir so kühn, die Tonebene in dem bekannten dialektischen Doppelsinn des Wortes "aufzuheben", indem wir ihre beiden Koordinaten aufeinanderklappen und somit die Ebene zum Strich zusammenfallen lassen. Die Tonebene hatte jedem Ton widerspruchsfrei seinen Platz angewiesen, jetzt führen immer wieder einmal zwei Töne einen fruchtbaren (sic!!) Streit um denselben Punkt unserer Linie.

... als Märchen

"Da steckt der Teufel dahinter", müßten wir spätestens beim Anblick von D sagen, wenn wir den Tritonus noch als diabolus ansehen wollten. Immerhin, einiges von einem "Tausendkünstiger", wie Luther den Bösen nennt, hat er an sich. Unsere C-Dur- oder (je nach Blickwinkel) ionische Skala von Figur D gleicht auf der Strecke von c bis f völlig dem ionischen Embryo von Figur C. Da kommt der Tausendkünstiger und versetzt das f aus seiner quintgerechten Tiefe mit zauberhaftem Schwung genau an die sekundgerechte Stelle an der oberen Grenze des Tritonusrahmens. Das h protestiert: "Dort stehe doch ich!" - "Ja und nein", entgegnet der Schlaue, "dort steht ihr beide." - "Unmöglich!" ruft der ganze Chor unter Anführung der Oktav. "Wie können zwei so Gegensätzliche genau am gleichen Ort stehen?" - "Frau Oktave", ruft hierauf der Tritonus, "sie haben den wenigsten Grund, sich aufzuregen. Sie glänzen damit, daß zwei Töne eins sein sollen, die noch viel weiter voneinander abstehen als meine Endgliedmaßen." - "Majestätsbeleidigung!" rufen jetzt einhellig die Töne. "Wie kann der fragwürdige Geselle seine Ungereimtheiten zu vergleichen wagen mit der Klarheit unserer Herrscherin, vor deren weisem Geheimnis wir uns alle zu unserem eigenen Heile beugen?" - "Ob ich mich mit der Oktav vergleichen kann? Nein und ja! Ich bin grundanders als sie, im Kreis stehen wir uns genau gegenüber. Wir sehen uns scharf in die Augen. Da weiß ich es plötzlich: Ich kann, was Frau Oktave kann, ich kann machen, daß zwei verschiedene Töne an einer Stelle liegen. Aber ich kann es nicht wie sie und sie nicht wie ich. Ich setze mich selber auf mich selbst, und dann bin ich so groß wie die Oktav und habe den rechten Platz für jeden von euch sieben parat, auch für dich, liebes h, und zwar genau dort, wo du ihn haben willst, ganz oben in meinem zweiten Selbst, viel höher, als du es dir im embryonalen Zustand hättest träumen lassen."

Alle waren sprachlos und sahen, wie sich das Band der Halbkreise von der Tritonusgrenze aus, beginnend mit dem in ein f verwandelten h, in dreifacher Windung durch den ganzen Tritonusbereich schwang, wiederum in genau der Gestalt, die das Band im Embryo gehabt hatte. Als sich das Band schließlich von dem zufriedengestellten h in die Quinttiefe des c hinab bewegte und der Tausendsassa dieses c mit abermaligem meisterlich gezieltem Schwung an seine richtige Stelle in den dritten Tritusrahmen setzte und damit die Skala zum krönenden Abschluß brachte, war der Sturm längst dem Staunen gewichen. Das h muckte nicht einmal mehr auf, als es genau an der ihm zugebilligten Stelle von neuem das f erblickte, aber doch nur wie im Hintergrund. Ob sich das h erinnerte, wie es einst an der ersten Grenze zweier Tritonusbereiche ebenso hatte in den Hintergrund treten müssen und wie es dann doch noch zu seinem Recht gekommen war? Als h und f, auf der Tritonusgrenze ineinanderliegend, über sich schauten, erblickten beide das krönende c. H sah es als Nächstdistanz und f als Nächstkonsonanz. Grund genug, diesem und einander und auch der Oktav zu gratulieren, weil die geradlinige Darstellung der Skala im Zusammenspiel von Linear und Zyklisch, von Distanz und Konsonanz, von Oktav und Tritonus geglückt war.

Maschinerie der Skalendarstellung

Nachdem die Töne wieder ganz still geworden sind - stille Töne, welch neckischer, hintergründiger Selbstwiderspruch! -, sehen wir uns die funktionierende Maschinerie von D noch einmal nüchtern an. Zunächst das geschriebene Beiwerk. Die Töne unserer Skala finden wir jeweils auf der innersten, dem Skalastrich nächsten Kolumne aufgereiht. Links bei den Tonsilben stehen weiter außen in Klammern die konsonanz- beziehungsweise distanzmäßig vermittelnden Töne. Jedes Paar steht im Tritonusverhältnis. Die Kolumne ganz links weist die Töne einer pentatonischen Skala auf, welche der Durskala historisch und strukturell vorausliegt. Die mittlere Rubrik enthält die fünf Stufen, die, in Dur nicht vorkommend, den Zwölftonverband voll machen. Auf der rechten Seite stehen in Tonbuchstaben gleichartige Ganztonfolgen übereinander, eine längere, den Tritonus f-h umspannende und eine kürzere c-e, die vom Tritonus h-f umgeben, aber nicht berührt wird. Die sieben Töne im Quintaufbau ergeben sich, wenn man in einem Tritonusbereich zwei benachbarte Kolumnen zu einer zusammenrückt. In Abfolge der Skala erhalten wir die Töne, wenn wir Dreier- und Vierergruppen miteinander wechseln lassen, das heißt praktisch, wenn wir uns immer an die am weitesten links stehende Kolumne halten. Das kann, wie man am Anfang und am Ende unserer C-Dur-Skala sieht, streckenweise auch die mittlere der drei Kolumnen sein. Der Sprung in die andere Gruppe fällt jedesmal mit dem Halbton zusammen.

Die anderen Kirchentöne mit ihren Gestalten erhalten wir, wenn wir die drei Tritonusrahmen und den Oktavrahmen gegeneinander verschieben. Mit den Tritonusrahmen sind die Tonbuchstaben fest verbunden, mit dem Oktavrahmen die Tonsilben. Bei Rahmenverschiebung verändern sich im Tonsilbensystem eine oder mehrere Stufen chromatisch, wie es die in den Klammern rechts stehenden Silben ausweisen. Wir begnügen uns mit der Vorführung dieser einen Gestalt.

Vorzugsstellung von Dur

Daß wir gerade Dur/Ionisch als Beispiel gewählt haben, darf man als kleine Reverenz vor der Tatsache auffassen, daß diese Skala in dreierlei Hinsicht vor einem Teil der anderen oder vor allen eine Vorzugsstellung einnimmt. Mit Moll zusammen ist Dur vor den älteren Kirchentönen dadurch ausgezeichnet, daß es drei gleichgebaute Dreiklangsellipsen ergibt. Mit Phrygisch und Dorisch zusammen weist es zwei gleichgebaute Tetrachorde auf gegenüber den unregelmäßigeren drei anderen Kirchentönen. Die von uns gewählten und über die Leiterchen gesetzten Namen entsprechen der Lage der Halbtöne innerhalb der Tetrachorde. An der Gestalt der "Embryonen" ist der ebenmäßige Tetrachordaufbau leicht zu erkennen. Sie sind schlanker als bei Äolisch, Mixolydisch und Lydisch und haben eine stark gegliederte "Vorderseite" gegenüber einer schwach gegliederten "Rückseite". Schließlich zeichnet sich der für die Durleiter konstitutive Durdreiklang (beziehungsweise auch Vier- und Fünfklang) vor dem Molldreiklang durch sein unmittelbares Vorhandensein in den Obertönen aus. Keiner der fünf anderen Kirchentöne ist mehr als einmal "Bevorzugter"!

Tonpunktanzahlen auf zyklischen Gebilden

Zur Systematik unserer zyklischen Gebilde sei bemerkt, daß wir bei unseren Halbkreisen auf die Mindestzahl von Punkten herabgegangen sind, die in einer zyklischen Gestalt als Tonpunkte verifizierbar sein müssen, nämlich zwei. Die Oktavspirale hatten wir uns als dicht mit Tonpunkten besetzt vorzustellen. Der Oktavkreis wurde zum Schauplatz der Auswahl von zwölf Tonpunkten. Die Ellipsen berührten Tonpunkte an vier Stellen beziehungsweise die Halbellipsen an dreien. Unsere Halbkreise meinen nur ihren Anfangs- und Endpunkt, aber sie tun ihr Werk so homogen, wie es keine andere Linienführung könnte.

Siebentonverband und Zwölfkreis

Zurück zum Kreis

Die Embryonen haben bei der Geburt Luft bekommen. In Abbildung 37D haben die Töne mehr Platz als in Figur C. Acht Realpunkte können sich nun auf dreizehn Potentialpunkte verteilen. In der "Hexenküche"[78] waren uns diese beiden Zahlen schon einmal auffällig geworden. Schnell bringen wir sie weg, wenn wir uns sagen, der achte beziehungsweise der dreizehnte Punkt sei mit dem ersten in eins zu setzen. Handgreiflich sehen wir das aber an den Projektionen der Tonebene nicht so unmittelbar wie am Tonkreis. Dort wird auch die Gleichheit der Anzahlen von Tonpunkten und Tonabständen (die schon in Figur C erreicht war) am sinnfälligsten. Wir haben guten Grund, an dieser Stelle von der Tonebene Abschied zu nehmen, nachdem wir ihr in den Projektionen von Figur B bis D das Höchstmögliche zugemutet hatten, und kehren zur Grundform des Kreises zurück. Im weiteren Verlauf werden wir merken, wieviel wir dieser Form noch schuldig geblieben sind.

Zwei "magnetische" unter 66 Möglichkeiten

Wieviele Figuren können wohl rein mathematisch sieben markierte Punkte bilden, wenn sie sich nach völlig freier Wahl Plätze an zwölf von einander gleichabständigen Stellen auf der Kreisperipherie aussuchen sollen? Es sind 66. Unter all diesen Figuren sind zwei, die aussehen, als seien sie durch Einwirkung von Magnetismus zustande gekommen. Die eine würde entstehen, wenn ein außerhalb des Kreises (oder wenigstens nicht in seinem Zentrum) liegender Pol anziehend oder auch abstoßend auf die sieben Punkte einwirkte. Dann würden sich alle sieben dicht zusammendrängen und die Hälfte der Peripherie einnehmen. Siehe *Abbildung 38*. Ganz anders, wenn die sieben Punkte in gleichem Sinne elektrisch aufgeladen wären und einander abstießen. Hätten sie auf der Peripherie völlige Freiheit, würden sie ein regelmäßiges Siebeneck beziehungsweise einen Siebenstern markieren. Aber nun stehen ihnen nur zwölf Stellen zur Verfügung. Da langt es gerade nicht mehr dazu, daß jeder Tonpunkt von seinem Nachbarn 2/12 der Peripherie = 1 Ganzton beziehungsweise 2 Quinten entfernt sein könnte, wie das bei sechs Tönen so schön klappen würde. An zwei Stellen müssen benachbarte Töne bis auf 1/12 der Peripherie zusammenrücken. Da aber die Abstoßungskräfte jedes Punktes von jedem einem Zusammenklumpen abhold sind, müssen die beiden engen Stellen, wenn sie schon unvermeidlich sind, möglichst weit voneinander entfernt liegen, freilich so, daß das Grundmaß der Abstände, nämlich 2/12 der Peripherie, nicht über den Haufen geworfen wird. Und nun dürfen wir

---

[78] Vgl. S. 112

doch wohl staunen. Die beiden "elektrischen Figuren" sind die Treffer eines Lottos "7 aus 12" mit 66 "Tippmöglichkeiten". Sie entsprechen der Konsonanz- und Distanzordnung des quintgezeugten Heptatoniums und sind geometrisch die beiden Extremfälle engster und weiträumigster Verteilung der sieben Punkte auf der zwölfgeteilten Peripherie. Nimmt man die Quint als Kleinstabstand im Tonkreis (Abbildung 38A), ziehen sich die Tonpunkte wie zu einer einheitlichen Masse zusammen. Legt man den Halbton als Maßeinheit zugrunde (Abbildung 38B) - wie wir es bisher beim Tonkreis in einseitiger Weise immerzu getan haben -, dann rücken die Tonpunkte soviele Maßeinheiten voneinander weg wie nur möglich.

Erstaunlich bleibt der geringe Aufwand, mit dem sich aus dem Bild der engsten Anordnung von sieben Punkten das der weitesten hervorzuzaubern läßt, wo doch dazwischen 64 andere Anordnungsmöglichkeiten liegen! Nur zwei Punkte müssen wandern. G und a springen an die gegenüberliegende Stelle der Peripherie. Man merkt, es wird umgepolt, der Tritonus steckt wie in Abbildung 37D dahinter. Auch die Töne des offenbaren Tritonus f-h springen um, ohne jedoch das Bild der sieben Punkte zu verändern.

Gesamtsystem der Sehnen

Damit sieben Peripheriepunkte zur Gestalt werden, bietet sich als einfachstes stets anwendbares geometrisches Verfahren die durchlaufende Verbindung benachbarter Punkte an. In Teilfigur A leisten die dicken (Quart-) Quintlinien diesen Dienst, in B die dünnen Sekundlinien. In allen Teilfiguren von A bis F finden wir noch die gewellten Terzlinien. So ist jeder der sieben Töne mit jedem verbunden. Die ausgezogenen Linien meinen die große Sekund, große Terz und reine Quint, die unterbrochenen Linien die kleine Sekund, kleine Terz und verminderte Quint. Der Vorrang der Intervalle mit ausgezogenen Linien beruht auf ihrem früheren Erscheinen in der Partialtonreihe: bei den Sekunden 9/8 vor 16/15, bei den Terzen 5/4 vor 6/5, bei der Quint 3/2 (beziehungsweise Quart 4/3) vor dem Tritonus 7/5.[79] Jeder Tonpunkt des Zwölfkreises ist von jedem auf distanzkürzestem und konsonanzmäßig einfachsten Wege auf einer der 3 x 2 Arten von Linien zu erreichen.

Reziprokverhältnis von Gestalten und Lesbarkeiten

In Teilfigur C wird das Experiment gemacht, die Gestalt von A beizubehalten, aber die nächstbenachbarten Tonpunkte im Sinne der kleinsten Distanz aufzufassen statt im Sinne der Quintverwandtschaft. Dabei zerstören wir wohl oder übel die geschlossene Quintenkette. Bei D ordnen wir dann die chromatische Tonfolge von

---

[79] Daß der Vorrang qualitativen Charakter hat, mag man ganz ohne Hexerei der „Hexenküche" Seite 112 entnehmen.

C wiederum nach Quintverwandtschaften. Wie man sieht, wird dann D gleichgestaltig mit B, ebenso wie C gleichgestaltig mit A war. Dennoch bleiben diese Doppelgängerpaare als verschiedene Individualitäten erkennbar. Selbst wenn wir die Tonnamen weglassen, zeigt uns die Art der Linien den Unterschied. Das Ebenmaß von A und B, wo sich in jedem Tonpunkt je zwei dicke, dünne und gewellte Linien trafen, ist dahin. Die Quintbezüge sind bei C und D verkümmert (nur drei mit Einschluß der verminderten Quint). Dafür wuchern die Sekunden, elf Linien haben sie aufzuweisen. Die Terzen bleiben wie bei A und B mit sieben Linien vertreten.

Die Querstrichelung einer Linie wird nötig, wenn sie zwei Töne verbinden soll, die mehr als sechs Quintverwandtschaften (Tritonus) voneinander abliegen. C ist mit cis zum Beispiel durch sieben Quinten verbunden, b-cis durch neun. Für die Darstellung der Sehne ist in solchen Fällen die Gestaltung des diatonischen Zwillings maßgeblich. Der chromatische Halbton c-cis ("übermäßige Prim") hat also eine (durchbrochene) dünne Linie wie die diatonische kleine Sekund c-des; und die übermäßige Sekund b-cis hat eine (durchbrochene) gewellte Linie wie die kleine Terz b-des. Die Querstrichelung aber gibt im Bedarfsfall den Befehl: "Geh zu dem Zielpunkt, auf den die Sehne weist, auf dem quintverwandtschaftlich längeren Wege!" Bei c-cis zeigen die Querstriche an: "Keine ordentliche (= diatonische) Sekund, sondern (vom Standpunkt reiner Diatonik aus) illegitimes Verrutschungsprodukt der Prim." Ob die Sehne so kurz bemessen ist wie in C oder so lang wie in D, spielt dabei keine Rolle. Die Sehne der übermäßigen Sekund b-cis in E und F hat die Länge und Form des diatonischen Zwillings, nämlich der kleinen Terz b-des. Die dünne Querstrichelung aber ruft: "Ich bin trotzdem eine Sekund!" Die Querstrichlein sind unentbehrlich, sie weisen auf die spannungsreiche Dialektik der enharmonischen Verwechslung hin.

Dagegen scheint es nicht nötig, bei oktavkomplementären Intervallen in jedem Falle anzugeben, welcher Abschnitt der durch eine Sehne geteilten Peripherie gemeint ist. Sexten und Septimen sind schon im Sinne der Überteiligkeitsreihe[80] sekundär gegenüber Terzen und Sekunden; und Quint und Quart tauschen sich als ideale Partner in idealer Weise aus. Die Quint hat physikalisch, physiologisch und musikalisch den Vorrang. Doch in einer Figur wie C bleibt sie unsichtbar im Hintergrund und läßt sich durch die Quart vertreten. Der Tritonus erweist sich wieder als Zauberer. Mit seiner Halbierung der Peripherie ist er wie ein Januskopf; zwei gleiche Gesichter, die genau entgegengesetzt blicken und streben.

Das Verhältnis unserer Teilfiguren A bis D zueinander bleibt bestehen, auch wenn wir willkürlich eine andere Tonanordnung des Typs "7 aus 12" wählen wollten. Immer kommen zwei gestaltgleiche tonverschiedene Formen waagerecht und zwei tongleiche gestaltverschiedene Formen senkrecht zueinander zu stehen (Sonderfall E-F siehe unten). *Unsere* Gruppe A bis B zeichnet sich vor allen anderen dadurch aus, daß sie auf den beiden "magnetischen" Gestalten basiert, denen die ununter-

---

[80] Reihe der partialtönigen Intervalle, deren Quotient aus benachbarten Zahlen gebildet wird: 2/1, 3/2, 4/3 usw.

brochene Quintkette der sieben Töne zugrunde liegt und die dementsprechend keiner Querstrichelung bedürfen, wie das bei C bis F und in jedem anderen denkbaren Fall nötig ist. Das Doppelgängerpaar C und D ist denn auch musikalisch mit unserem Paar A und B nicht zu vergleichen, obwohl geometrisch alles stimmt. C und D sind aus der Retorte geboren. C ist trotz Sekundordnung nicht im Ernst als Skala anzusprechen.

Sehnenauswahl als Ring, Stern, Bündel

Doch unter anderem Aspekt, bei dem der Begriff Skala draußen bleibt, kommt C wieder zu Ehren. War es denn berechtigt, war es die einzige Möglichkeit, die Tonpunktanordnung von C (die mit der von A identisch ist) unter dem Einfluß von A als Aneinander gleicher Abstände aufzufassen? Es gibt doch dreierlei Weise, die sieben (oder auch mehr) Tonpunkte durch Sehnen sinnvoll zu Gestalten auszubauen: 1. den stets realisierbaren Sehnenring, der die Peripherie rundherum von Nachbarpunkt zu Nachbarpunkt teilt (am schönsten bei den dünnen Linien von B zu sehen); 2. den Sehnenstern, der zwei oder mehr Umläufe bis zum Kreisschluß braucht (So brauchen in B die gewellten Terzlinien zwei Umläufe und die viel ansprechenderen dicken Quint-Quart-Linien drei Umläufe bis zur Wiedereinmündung in den Ausgangston. Krönender Abschluß und zugleich tiefstes Fundament aller Sternformen ist der fünf Umläufe beanspruchende Verbund aller Quint-Quart-Linien zum Zwölfstern.); 3. das Sehnenbündel. In allen Teilen von Abbildung 38 treffen sich an jedem Tonpunkt sechs Sehnen. Beim Bündel geben wir einem Tonpunkt das Monopol, mit allen anderen Punkten Sehnenverbindung zu haben. In Teilfigur C tun wir das praktischerweise mit dem Ton h, in dem alle im Oktavkreis überhaupt möglichen sechs Sehnenlängen zusammenlaufen (wie sonst nur noch im Ton f).

Denken wir uns alle nicht von h ausgehenden Sehnen weg und drehen C um 90° nach rechts, so haben wir das Konterfei des alten Bekannten von Abbildung 14 vor uns. Und es paßt gut, daß dort nicht Tonnamen, sondern Intervallbezeichnungen beigegeben sind, denn ein solches Sechssehnenbündel stellt weder eine Gebrauchsskala dar (während zum Beispiel B viele Gebrauchsskalen liefert) noch eine Materialskala (wie sie im Zwölfstern vom Standpunkt der Diatonik aus vorliegt oder im Siebenstern von B vom Standpunkt der Pentatonik aus), sondern ein "Materiallager", dem alle vorkommenden Sehnenlängen zu vielfältiger Anordnung in gewünschter Anzahl entnommen werden können. Ohne Bild ausgedrückt: Wir haben es hier mit einer höheren Abstraktionsstufe des Intervalls zu tun als in B, sind also weiter weg von der konkreten Musik, keineswegs aber von der Erkenntnis wirkender Strukturen. Bei unserem aus C herausgefilterten Bündel kehrt sich der Befehl um, den die Querstrichelung der Sehne h-es erteilt, weil es sich trotz Sekundordnung um keine Skala mehr handelt. Jetzt heißt das Kommando: "Geh auf quintmäßig kürzestem Wege!" Dadurch verwandelt sich das es in dis, und die Tonnamen von C konkretisieren das, was die Intervallbezeichnungen von Abbildung 14 besagen, an einem praktischen Beispiel. (Am Ende hätte h seine augenblickliche Monopolstellung per Transposition an das generell zuständige d abzugeben.)

Zigeunerskalen im Tonkreis

Bei den Teilfiguren A und B in Abbildung 38 bewirkte die Umsetzung der Töne aus der Quintordnung in die Sekundordnung einen Gegensatz der beiden Bilder. Engste und weitabständigste Anordnung der Tonpunkte standen sich gegenüber. Ob es in der Siebentönigkeit auch analoge Paare extrem anderen Charakters gibt, bei denen also das Umsetzen in die jeweils andere Ordnung überhaupt keine Bildänderung hervorruft? Die Teilfiguren E und F sind ein solches Paar - und sie sind nicht wie C und D "aus der Retorte geboren", sondern liefern das Tonmaterial eines leibhaftigen Skalenpaares, nämlich des Zigeuner-Dur und -Moll, ganz so, wie A und B das Material der sechs Kirchentöne lieferten. Es bewährt sich, auch hier dem Ton d die Spitzenstellung zu geben. Nur dann entspricht der Symmetrie der Gestalt auch eine symmetrische Verteilung von Stammtönen und Tönen mit Vorzeichen.

Der polare Zusammenhang von A-B einerseits und E-F andererseits besteht nicht nur in dem Gestalt*gegensatz* von A und B und in der Gestalt*gleichheit* von E und F, sondern auch darin, daß B unter den Möglichkeiten symmetrischer Gestalten des Typs "7 aus 12" diejenige ist, die mit der geringstmöglichen Anzahl von Stufengrößen die Tonpunkte möglichst gleichmäßig auf der Peripherie verteilt. F dagegen verteilt unter den vorgegebenen Bedingungen bei größtmöglicher Vielfalt von Stufengrößen die Tonpunkte so, daß zwei Tongruppen polar möglichst weit auseinanderrücken.

Wie bei den Kirchentonarten nur diejenigen Töne der Quintkette Finalis sein können, die eine Quint über sich haben, so auch bei den Zigeunerskalen. Statt der sechs Möglichkeiten bei den Kirchentönen ergeben sich infolge der Aufspaltung der Quintreihe bei den Zigeunerskalen nur zwei, nämlich Zigeuner-Moll auf g und Zigeuner-Dur auf d. Somit liegt hier vom Ansatz her die Zweizahl der Tongeschlechter vor, auf die hin sich die Kirchentöne erst später entwickelt haben.

Die Aufspaltung der Quintreihe bringt es andererseits mit sich, daß der Quintabstand der Grundtöne g und d das Stufenbild der Skalen nicht nur in einem Ton verändert (wie bei den Kirchentönen), sondern gleich in dreien - also um soviel, wie unser Dur und Moll voneinander differieren. Wir veranschaulichen den Unterschied der beiden Skalen in einem linearen Schema. Wie wir in Abbildung 38A bis C dem Grundton der verschiedenen Kirchentöne dieselbe Tonsilbe da zuordneten, so tun wir es in der folgenden Tabelle mit den Grundtönen von Zigeuner-Dur und Zigeuner-Moll und verrücken die Tonbuchstaben dementsprechend. Praktischerweise beginnen wir mit der siebenten Stufe.

Zigeuner-	cis d	es	-	-	fis g	-	a b	-	-	cis d
Dur	ti da	ru	-	-	mi fo	-	sa lu	-	-	ti da
Zigeuner-	ti da	-	re	mu	-	-	fi	sa lu	-	-	ti da
Moll	fis g	-	a	b	-	-	cis	d es	-	-	fis g

Im Sinne dieser Tonordnung wäre es offensichtlich falsch, irgendeine Stufe als alteriert zu bezeichnen. Wie bei den Kirchentönen und im traditionellen Dur-Moll-System steht die Grundquinte da-sa unerschütterlich fest. Die Bezeichnung "Hauptton" für die fünfte Stufe in Moll, die vom dualen Aspekt des Dur-Moll-Problems her notwendig wird, findet bei der Analyse der Zigeunerskalen eine neue Rechtfertigung. Es wird nämlich nicht nur wie bei unserem Harmonisch-Moll die Grundquinte stets leittönig umschlossen, sondern darüber hinaus wird der jeweilige Hauptton - bei Dur mit dem Grundton identisch - auch an der Innenseite der Grundquinte leittönig befestigt. So ergibt sich, daß die sechste und siebente Stufe, die "an sich" beweglich sind, durch die Anziehungskraft der Grundquinte festgenagelt werden. Konsequente Leittönigkeit herrscht aber auch bei den Fülltönen der Grundquinte (zweite bis vierte Stufe), die bei Zigeuner-Dur und -Moll differieren. Die typisch variierende dritte Stufe mi/mu freut sich in beiden Fällen, einen vornehmen Nachbarn so dicht neben sich zu erblicken, daß sie ein leittöniges Tänzchen vollführen können. Vornehm durften wir das fo und das re nennen als Nächstverwandte der Grundquinte. Somit stehen nun alle sieben Stufen jeder Zigeunerskala mindestens nach einer Seite hin in Leittonbeziehung.
Allein mit Bezug auf die dritte Stufe, die allerdings besonderes Gewicht hat, rechtfertigen sich die Namen Zigeuner-"Dur" und Zigeuner-"Moll", denn aufs Ganze gesehen liegen die Töne in Zigeuner-Moll (mit re und fi!) höher als in Zigeuner-Dur (mit ru und fo!).
Zigeuner-Dur hat gegenüber Zigeuner-Moll dieselbe Vorzugsstellung wie das Dorische gegenüber den übrigen Kirchentönen. Vom Grundton aus ist die Abfolge der Stufengrößen in beiden Richtungen spiegelbildlich gleich. Ein musikalischer Vorzug scheint damit nicht verbunden zu sein. Gewiß ist es aber kein Zufall, daß so viele wichtige Skalen von irgendeinem ihrer Töne aus betrachtet symmetrisch gebaut sind, so auch die quintgezeugten pentatonischen Leitern und die Zwölftonleiter. Bei letzterer scheint es vom Bild her eine platte Selbstverständlichkeit zu sein, für die Theorie der Zwölftönigkeit kann es aber doch Bedeutung bekommen.
Harmonisch-Moll, das sich nur in der vierten Stufe von Zigeuner-Moll unterscheidet, gibt das Beispiel einer unsymmetrischen Skala. Den Geruch eines in langer Tradition gut eingeschliffenen Kompromisses werden aber die alterierenden Mollskalen doch nicht ganz los.
Die Zigeunerleitern haben einen Hang zum Extremen: nur ein Ganzton, dagegen vier Halbtöne und zwei "übermäßige" Sekunden. Gleichzeitig steckt aber in ihrem Aufbau eine unglaubliche Ausgewogenheit - und diese gegensätzlichen Charakteristika gehen wechselseitig eines aus dem andern hervor. Beim nachdenklich forschenden Betrachten von E und F im Ganzen und in den Einzelheiten sind

mancherlei Entdeckungen zu machen. Die Instinktsicherheit, die theoretisch ahnungslose Menschen - sicherlich auf langen und vielleicht verwickelten Wegen - zu den klaren Maßen der Zigeunerskalen geführt hat, muß unsere höchste Bewunderung hervorrufen.

Zigeunerskalen auf der Tonebene

Die für die Zigeunerskalen typische Gleichförmigkeit der Lücken in der Halbton- und in der Quintreihe führt auf der Tonebene dazu, daß die um d gelagerten Töne *(Abbildung 39A)* ein symmetrisches Sechseck (mit diagonal liegenden Symmetrieachsen) bilden, das doppelt lesbar ist. Für die innere Beschriftung gilt der Grundsatz: eine Maßeinheit höher = eine Quint höher, für die äußere: eine Maßeinheit höher = ein Halbton höher.

In interessanter Weise läßt sich das Material der Zigeunerleitern aus Abbildung 34 ableiten. Dort tritt ja die identische Abbildbarkeit der Distanz- und Konsonanzordnung im Gesamtrahmen der Zwölftönigkeit zutage, während die Zigeunerleitern dasselbe in der Siebentönigkeit zuwege bringen. In Abbildung 34A liegen die Stammtöne, die diatonische Ordnung repräsentierend, um das d herum geschart. Verbinden wir diese Mannschaft geradlinig mit dem Zentralton d und nachbarschaftlich untereinander, so ergibt sich das schräge, schmale Sechseck von *Abbildung 39B*.[81] Bei den Zigeunerleitern setzt sich auf den Thron des zentralen d quasi ein neuer Herrscher, der der "Mittelmäßigkeit" des Ganztons abhold ist. Nur seinen nächsten Blutsverwandten g und a gesteht er dieses schiedlich-friedliche Nebeneinander zu. Doch grundsätzlich ist er für emotional geladene Kontraste, für scharfes Gewürz und leidenschaftliche Anbindung. So wirft die neue Herrschaft die vier dem d in der Figur am nächsten liegenden Töne e, f, h und c wegen "Mittelmaßes"(!) hinaus. Auf den dünnen Teilstrecken des chromatischen Halbtons sausen die Tschauschen des neuen Sultans entlang mit dem Ferman, der an die Stelle des f das fis, anstatt e das es, anstatt c das cis und für h das b einsetzt. So hat das herrscherliche d um sich her Platz geschaffen, indem es statt der etwas windig oder fade scheinenden Verwandten zweiten und dritten Grades deren sehr andersgeartete und nicht als verwandt anzusprechende Stufenkonkurrenten hereinnahm. Und diese Außenseiter von jenseits der diatonischen Mauer binden sich aufs engste und beste an den neuen Herrscher auf dem alten Thron. Er wird von beiden Seiten leittönig umarmt und seine anerkannten Verwandten wenigstens von einer. Im Innern des Quadrates von Abbildung 34A ist an die Stelle des engstmöglichen Tonsechsecks (Abbildung 39B) das weitestmögliche (Abbildung 39A) getreten.

---

[81] Die Lage der Abbildung 39A im Netzwerk der Tonebene ist mit Rücksicht auf die weiter unten im Text herangezogene Abbildung 28 gewählt. Um Abbildung 39A so vor sich zu haben, wie es der Ableitung aus 34A entspricht, muß man Abbildung 39A um die bekannten 90° gegen den Uhrzeiger drehen, so daß die Töne a-d-g, die Abbildungen 39A und 39B gemeinsam sind, in gleicher Richtung und Höhe liegen.

Nichtsahnend hatten wir aber auch schon in Abbildung 28, die die Symmetrie der Tonebene als solcher demonstriert,[82] das Material der Zigeunerleitern (und keiner anderen!) eingefangen. Entfernen wir in Abbildung 28 die vier Eckpunkte und die sie kreuzweise verbindenden Linien (das eine Tonpaar ist eine Dublette, das andere unter dem Blickpunkt "Skala" widersinnig), so bleibt Abbildung 39A übrig. Wir brauchen nur noch die vier Wundstellen durch Verbindungslinien zwischen den nunmehr benachbarten Tonpunkten zu schließen.

In Abbildung 39B stellten wir vergleichsweise das diatonische Sechseck daneben, wie es durch Umsetzung von Abbildung 38A und B auf die Tonebene entsteht. Es ergab sich keine Symmetrie wie bei der Umsetzung von Abbildung 38E und F. Unter bestimmtem Blickwinkel haben also die Zigeunerskalen einen höheren Ordnungsgrad als die diatonischen. Lassen wir jedoch das diatonische Material von Abbildung 39B sich durch Ellipsen zur zyklischen Einheit zusammenschließen, wie das Abbildung 32 und 33 ansprechend zeigen, so werden wir vergebens nach einem sinnvollen Pendant bei Abbildung 39A suchen, obwohl sich rein geometrisch auch dort Ellipsen anlegen lassen. So drückt sich denn in den Formen aus, daß jedes der beiden Systeme in seiner Prägung ein strukturelles Optimum erreicht.

Diatonische Skalen im Quintenkreis

Eben überführten wir das Material der Zigeunerskalen und zum Vergleich auch das der diatonischen Skalen aus der Anordnung auf einer Kreislinie in eine Anordnung auf der Tonebene, wobei der hervorragende Ton in die Mitte der sechs übrigen trat. Das Umgekehrte sind wir noch dem Parallelogramm der Abbildung 37A schuldig. Dort steht freilich nicht mehr ein Ton im Mittelpunkt, sondern die Quint da-sa.

An dem doppelten Aspekt der Zentralstellung des Punktes (Ton) und der Linie (Intervall) ist, wenn man die tonalen Grundbeziehungen durchleuchten will, ebenso festzuhalten wie an der Zweiheit zyklischer und linearer Darstellung. Punktuell und linear, linear und zyklisch, diese Gegensatzpaare treten uns allenthalben entgegen - in den Gegebenheiten unseres Daseins, beim geistigen Erfassen der Welt und ihrer praktischen Gestaltung und nicht zuletzt bei der unausweichlichen Frage nach dem Grund und Ziel aller Dinge.

Es wäre verlockend, dem nachzugehen, doch wir bleiben beim Thema des Augenblicks. Wir halten fest, daß die zwölf Töne von Abbildung 37A das vollständige Material aller diatonischen Leitern bieten. Bei ihrer Übertragung auf die Kreislinie legen wir wie in Abbildung 37A die Quintordnung zugrunde. Siehe *Abbildung 40*.

An die hervorgehobene Stelle tritt jetzt nicht mehr ein Punkt, sondern eine Sehne beziehungsweise ein polares Sehnenpaar. Der lebensnotwendigen Grundquinte da-sa gegenüber liegt die Scheinquinte fi-ru, deren Zusammenbindung innerhalb einer

---

[82] Vgl. S. 124

Skala nicht nur im diatonischen, sondern auch im Bereich der Zigeunerskalen tabu ist.
Dadurch, daß wir die Kernquinte senkrecht stellen, geraten wie in Abbildung 37A die quinthellen Töne in den oberen Teil der Figur und die quintdunklen nach unten, ohne daß wie dort die Quintkette graphisch unterbrochen werden muß. Den sich überschneidenden Dreiklangsdreiecken von Abbildung 40A entsprechen in Abbildung 37A die sechs sich paarweise zusammenfügenden Halbellipsen, die zweifellos viel ansprechender sind.
Tritt in Abbildung 37A das Dur-Moll-System besonders eingängig hervor, so in Abbildung 40B das der Kirchentöne. Die rechte Teilfigur kann einfach als zusätzliche Beschriftung der linken aufgefaßt werden. Jede der sechs eine Rosette bildenden Tritonussehnen begrenzt sieben quintverwandte Töne, die das Material einer bestimmten kirchentonalen Skala bilden. Zweifel, auf welcher Seite einer Tritonussehne der betreffende Kirchenton angesiedelt ist, sind ausgeschlossen. Immer gilt der Halbkreis, der sich dem da-sa als wesensnotwendigem Element zuwendet und sich von fi-ru abkehrt - nicht von den einzelnen Tönen, sondern von dem Intervall, von der kritischen verminderten Sext.
In Abbildung 37A waren fi und ru extrem entfernt, nicht nur von da-sa, sondern auch voneinander. In Abbildung 40 starrt die Kernquinte wie gebannt zu der falschen Quint hinüber, die doch nur das Produkt einer von da-sa in Gang gesetzten Vermehrung wahrer Quinten ist. Und fi-ru starrt fordernd und das ganze System in Frage stellend zurück. Die Triebkräfte, die das Musikgeschehen kontinuierlich oder revolutionär vorwärtstreiben, stecken nicht nur in der Gestaltungskraft der Musikschaffenden, nicht nur im Geflecht gesellschaftlich-kulturgeschichtlicher Faktoren, sondern bereits in der Dialektik angelegt, die dem musikalischen Tonmaterial innewohnt.

Zur Systematik der Tabelle "7 aus 12"

Zum Schluß des Kapitels stellen wir in *Abbildung 41* das Thema "7 aus 12" rein arithmetisch in ausschließlich geradliniger Form und in der umfassenden Weise dar, wie es der Mensch erst zuwege bringt, seit er sich mit seinem mathematischen und technischen Verstand als Sklaven den Computer erschaffen hat und zu dirigieren versteht. Die beachtliche Menge von $66 \times 7 = 462$ Siebenergruppen ist ein winziger Ausschnitt der Möglichkeiten, sieben von zwölf Zahlen in voller Freiheit der Reihenfolge zu einer Gruppe zusammenzustellen. Hier finden wir nur die Gruppen, die mit Eins beginnen und eine steigende Zahlenfolge aufweisen. Diese aber sind vollzählig und ohne Dublette vorhanden.
In Spannung zu obigen Anforderungen steht die Notwendigkeit, von der Höchstzahl 12 - gleichgültig, ob sie erscheint oder als Lücke gebucht werden muß - so zur Eins zurückzuspringen, als wäre 12 um 1 weniger als 1, als wäre $12 = 0$ beziehungsweise $13 = 1$. Erst durch diesen letzten Schritt wird die Skala vollständig, ist

jeder der sieben Töne mit seinen beiderseitigen Nachbarn verbunden, ist die Gleichheit der Tonanzahl und der Intervallanzahl erreicht. Mit diesem Rückkehrsprung zum Ausgangston entpuppen sich die linear erscheinenden Gruppen ihrem Wesen nach als zyklisch.[83] Die (Un-)Gleichung "Zwölf Quinten oder Halbtöne sind wie null Quinten oder Halbtöne", zu der wir in der Musik durch das mathematisch zwar zu fixierende, aber nicht mathematisch zu erklärende Oktavphänomen kommen, tritt uns auf der gesamten Tabelle in rein innermathematischer Konsequenz entgegen, die ihre Gültigkeit auch dann hätte, wenn es das Phänomen akustischer Wahrnehmung gar nicht gäbe.

Das diatonische Zeilenpaar

Gleich die erste Zeile (nur für diese gelten zunächst die darübergeschriebenen Namen!), die in rein mathematischer Konsequenz die einzig sinnvolle Grundlage für die Anordnung aller bestehenden Möglichkeiten bietet, stimmt eminent mit musikalischen Strukturen überein. Es erscheinen die sechs Kirchentöne vom hellsten (Lydisch) bis zum dunkelsten (Phrygisch) in Quintordnung. Die Eins ist jedesmal der Grundton, so wie es in unseren Tonsilben das da war. Am Schluß fällt das imaginäre Lokrisch ab. Da dem Basiston die Oberquint (= 2) fehlt, ist es eine Totgeburt.
Die vernünftige, von Willkür freie Anordnung der 66 Möglichkeiten kann nur die sein, daß man mit der engsten Ballung und mit den niedrigsten Zahlen (also 1 bis 7) beginnt und in kleinstmöglichen Schritten die Dispersion wachsen läßt, bis sie in der 66. Zeile ihr Maximum erreicht. Wie wir wissen, entspricht diese denselben

---

[83] Die Gesetzmäßigkeiten unserer Tabelle können wir uns anschaulich machen an der Vorstellung eines Zifferblattes mit sieben gleichen Zeigern, die in beliebiger Kombination auf je eine der zwölf Zahlen zeigen können. Eine kleine Neuerung dabei: Statt der Zwölf - Ziel der Zeit - stehe die Eins als Anfang des Zählens an höchster Stelle. Nun würde es mit einer Wahrscheinlichkeit von mehr als 40 % passieren, daß die Eins, das heißt der als Vergleichsbasis unerläßliche Ankerpunkt für eine sinnvolle Aufreihung der Gruppen nicht mit gewählt wäre. Was dann? Die sieben Zeiger erstarren im jeweiligen Falle an ihrer gemeinsamen Wurzel, sie wollen und können sich nicht gegeneinander bewegen. Aber jene Ordnungsmacht, die auf das Erscheinen der "Eins" dringt, weiß Rat. Sie dreht das in sich starre Zeigerensemble so weit, bis einer der Zeiger auf Eins steht. Damit hat die betreffende Gruppe die Eintrittskarte für unsere Tabelle in der Hand. Doch jetzt protestieren die sechs übrigen Zeiger und setzen es durch, daß jeder von ihnen der Reihe nach einmal die Nr. 1 wird. Jede der 66 Gestaltmöglichkeiten, zu denen das Sieben-Zeiger-Ensemble erstarren kann, wird also auf der Tabelle auf je einer Zeile siebenmal aufgeführt.
Bestechend ist das Verfahren von Prof. Feilke (Bremen), einen jeden Siebenerverband mit Null (statt Eins) beginnen zu lassen. Dann verschwindet die Zwölf in der Null, das Bild entspricht genau der Anordnung des Zifferblatts, und jede Zahl gibt unmittelbar an, wieviel Maßeinheiten (Halbtöne oder Quinten) der betreffende Ton vom Ausgangston entfernt ist. Dennoch ist die Eins als Ausgangspunkt nicht einfach zu verwerfen. Sie entspricht nicht nur der in der Mathematik üblichen Schreibweise, sondern auch den heptatonischen, auf ein Dodekatonium naturale hinauslaufenden Intervallbeziehungen; vgl. dazu S. 112f. und 137.

sechs Kirchentönen in Sekundordnung. Welch ein Kontrast zwischen den Zahlenmengen der Tabelle und der Knappheit der Überlegungsschritte, die uns zur Erkenntnis der Polarität der Gestalten quintgeordneter und sekundgeordneter Diatonik brachten!
Doch nun bemerken wir etwas im Blick auf Musik Erstaunliches. Mit Ausnahme des Ionischen erscheinen die Kirchentöne auf Zeile 66 in einer anderen Spalte als auf Zeile 1. An der Figur in Abbildung 41 unten läßt sich erkennen, daß die Verbindungslinien zwischen den zwei unterschiedlichen Orten eines Kirchentones um so schräger werden, je geringer der "Vollkommenheitsgrad" ist.[84] Das Ideal liegt bei der Nullschräge des Dur. (Im Folgenden geben wir den seitlichen Verschiebungsgrad in Klammern an.) Es folgt Dorisch (1): ideal hinsichtlich des Tetrachordaufbaus, aber uneinheitlich in den Dreiklängen; sodann Phrygisch (2): tetrachordmäßig gut, jedoch der Dominantklang fehlt. Dieselbe Schräge (2) hat Äolisch: gleichmäßiger Dreiklangsaufbau, ungleiche Tetrachorde. Von Äolisch an verlaufen die Schrägen nicht mehr nach rechts, sondern nach links oben hin, und das Moll hat als "bestes" Glied der drei tetrachordisch ungleichmäßigen Skalen eine analoge Priorität wie das Dur bei den gleichmäßigen. Mixolydisch (3) steht dreiklangsmäßig hinter Moll zurück, und Lydisch (4) ist weniger schlüssig als die beiden vorhergehenden, sowohl im Tetrachordaufbau (Tritonusbegrenzung) als auch im akkordisch-funktionalen (Fehlen der Subdominante).
Während die zweite Dreiergruppe der Schrägen in die erste "eingeklinkt" war (gleiche Schräge [2] von Phrygisch und Äolisch), steht Lokrisch (6) von den sechs anderen völlig isoliert, zusätzlich auch durch den fehlenden Schrägegrad 5. Lokrisch, das zunächst in mathematischer Konsequenz einzuführen war, wird, wie wir jetzt sehen, von der mathematischen Konsequenz selbst im weiteren Verlauf beiseite gestellt in Übereinstimmung mit dem musikalischen Sachverhalt, aber ohne daß dieser die Zahlenkombinationen beeinflußt hätte. Keine einzige der 462 Gruppen hat ihren Platz durch musikalisch beeinflußte "Schiebung" erhalten.[85]

---

[84] Die charakterisierenden Stichworte zu den einzelnen Kirchentönen können mißverstanden werden. Im Falle diesbezüglicher Bedenken darf an Hindemiths "Unterweisung im Tonsatz" erinnert werden. Daß er den klarsten Konsonanzen den höchsten Rang gibt, hat nicht zur Folge, daß die "niedrigeren" Ränge in Theorie und Praxis zu kurz kämen.
[85] Das wohlgeordnet asymmetrische Verwirrspiel der Schrägen ist im höchsten Grade erstaunlich. Bei dem Verhältnis 1:3 für Höhe und Breite unserer Figur stehen die zwei "Gleichrangigen" Phrygisch und Äolisch (Schräge 2) rechtwinklig zueinander, ebenso aber auch die beiden Ungleichwertigsten bezüglich des Tetrachordbaus: Dorisch (Schräge 1) mit dem symmetrischen Sitz der Halbtöne in beiden Tetrachorden und Lydisch (Schräge 4), dessen erste vier Töne den konstitutiven Quartrahmen eines rechten Tetrachords sprengen. Die Rechtwinkligkeit der Gleichwertigen liegt symmetrisch in der Figur und fällt auf. Die Rechtwinkligkeit des extrem ungleichwertigen Paares dagegen liegt schräg und versteckt sich hinter der wundersam durchwirkten Asymmetrie unserer Figur.

Die Zeile der Zigeunerskalen

Die beiden Zigeunerleitern finden wir auf Zeile 46, und zwar in Spalte 2 als "Dur" und in Spalte 5 als "Moll", ganz wie es den Bezeichnungen über der ersten Zeile entspricht. Und auch hier hat "Dur" den höheren "Vollkommenheitsgrad": Grundton = Symmetrieton; gleichgebaute Tetrachorde. Die tetrachordisch gegliedert abwärts gesungene Zigeuner-Dur-Skala scheint schon als Skala in besonderem Maße Musik zu sein in ihrem ausgewogenen Spiel von Ebenmaß und Mannigfaltigkeit.

Paarige und unpaarige Zeilen

Für manchen Leser könnte das Kapitel hiermit schließen. Die Tabelle hat sich gelohnt schon um deswillen, was uns die Zeilen 1, 66 und 46 gelehrt haben. Dem diesbezüglich Wißbegierigen sei aber noch einiges zu den Gesetzmäßigkeiten und Besonderheiten der Tabelle aufgezeigt.
1. *Jede* Zeile ist doppelt lesbar, entweder quintgeordnet oder halbtongeordnet. Abbildung 38A und C entsprechen zum Beispiel der doppelt gelesenen Zeile 1.
2. Meist (wie bei Zeile 1) führen die beiden Lesarten zur Auswechslung von einem oder zwei Tönen im Tritonusverhältnis, in Abbildung 38AC zum Beispiel cis-g und es-a. In vierzehn Fällen (Zeilen 11, 16, 24, 25, 27, 38, 40, 42, 43, 46, 51, 58, 59, 63) bleibt jedoch der Tonvorrat gleich, nur daß ein Teil der Töne die Plätze im Tritonusverhältnis austauscht (Abbildung 38E und F).
3. Die übrigen 66 - 14 = 52 Zeilen gehören paarweise zusammen wie Abbildung 38A und B (= 1 und 66): Bei gleichem Tonvorrat wechseln die Töne im Tritonusverhältnis ihren Platz.
4. Die Beziehungen der 26 tongleichen und gestaltverschiedenen Zeilenpaare sind reziprok, das heißt wenn Zeile x quintgelesen (Abbildung 38A) denselben Tonvorrat wie Zeile y sekundgelesen ergibt (Abbildung 38B), dann führt umgekehrt Zeile y quintgelesen (Abbildung 38D) unter Wahrung des nunmehrigen Tonvorrats zurück zur sekundgelesen Zeile x (Abbildung 38C). Aus der Reziprozität folgt, daß die mathematischen Regeln für den Weg zwischen Quint- und Sekundordnung in beiden Richtungen gleich sein müssen.
5. Anleitung zum Auffinden des tongleichen ordnungsverschiedenen Partners einer beliebigen Zeile: Schreibe unter die gewählte Siebenergruppe die Differenzen von Glied zu Glied, zum Beispiel Zeile 34,1:

```
    1   2   3   5   6   8   10
      1   1   2   1   2   2   3
```

Um die Differenzenkette des gesuchten Partners zu finden, vermehre die ungeradzahligen Differenzen um sechs (Tritonus!) und laß die geradzahligen unverändert (zwei Quinten = zwei Halbtöne!). So verwandelt sich 1-1-2-1-2-2-3 in 7-7-2-7-2-2-9. Die Summe der ersten Differenzen beträgt stets 12 und entspricht im Oktavkreis einem Sehnenring; die Summe der zweiten Differenzen beträgt ein Vielfaches von 12 und entspricht einem (in unserem mit absichtlicher Willkür gewählten Falle ziemlich bizarren) Sehnenstern. Aus der zweiten Differenzenkette bilde die Siebenergruppe des Partners, indem du links unter der ersten Differenz mit 1 beginnst und fortlaufend die Differenzen addierst. Dabei sind im Arithmetischen die Oktavkürzung und im Geometrischen die konsequente Rechtswindung zu beachten.

Die Differenzen		7	7	2	7	2	2	9
ergeben die Zahlengruppe	1	8	3	5	12	2	4	
größenmäßig angeordnet	1	2	3	4	5	8	12	

Diese Partnergruppe zu Zeile 34,1 finden wir auf Zeile 3,2. Wird dieselbe Operation mit der neugefundenen Siebenergruppe vorgenommen, so führt sie zu der ersten Siebenergruppe zurück. Dasselbe Beispiel der Partnerfindung führt *Abbildung 42* am Oktavkreis vor.

Zahlen und Pfeile im Inneren des Kreises geben an, dem wievielten Glied der Differenzenkette 7-7-2-7-2-2-9 die betreffende Sehne entspricht. Der erste von zwei nebeneinander stehenden Tonnamen meint die Halbtonordnung, der zweite die Quintordnung (ebenso auch in Abbildungen 43 und 48D).

Bedeutsamkeit der Symmetrie?

6. Symmetrie einer Siebenergruppe, wie wir sie in allen Teilen von Abbildung 38 finden, tritt auf der Tabelle am deutlichsten hervor, wenn der Symmetrieton die Zahl 1 erhält wie zum Beispiel Zeile 1,4 beim Dorischen. Setzen wir die sieben Differenzen dazu, so kommt in der Mitte eine gerade Zahl zu stehen und zu beiden Seiten spiegelbildlich dieselbe Zahlenfolge. Bei unserem Beispiel ergibt sich:

1	2	3	4	10	11	12
1	1	1	6	1	1	1

Es gibt zehn symmetrische Möglichkeiten:

Zeile 1,4   9,3   11,3   31,7   38,4   42,2   46,2   52,4   61,6   66,3

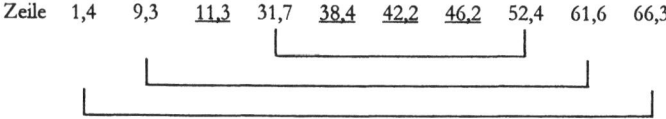

Sechs Möglichkeiten gehören paarweise zusammen: gleicher Tonvorrat unter verschiedener Gestalt. Dies meinen die drei Klammern. Die restlichen unterstrichenen vier Möglichkeiten sind, wie wir das von 46,2 schon wissen, sozusagen ihr eigener Partner, Quint- und Halbtonordnung ergeben dasselbe Bild.

7. Wie läßt es sich erklären, daß die doppelte Auszeichnung - Symmetrie und Gestaltgleichheit - nur in einem der vier Fälle, nämlich bei der Zigeunerskala mit einem signifikanten musikalischen Plus zusammenfällt? Wir müssen das Charakteristikum "Gestaltgleichheit" durch den übergeordneten Begriff "markantes Verhältnis der Gestalten von Quint- und Halbtonordnung" ersetzen. Das kann Gleichheit oder größtmögliche Gegensätzlichkeit bedeuten. Durch diese Erweiterung kommt das Zeilenpaar 1/66 hinzu und tritt konkurrenzlos an die Spitze. Durch seine Konkurrenzlosigkeit ist es auch über Zeile 46 erhaben, die drei fragwürdige Konkurrenten 42,2, 38,4 und 11,3 neben sich hat. Wir führen diese in *Abbildung 43* zyklisch vor. Wir bleiben bei dem Grundsatz, 1 an die oberste Stelle zu setzen und mit dem Ton d zu verbinden, die anderen Töne aber so zu bezeichnen, wie sie mit d auf dem kürzesten Wege quintverwandt sind.

Bei 42,2 wäre noch eine Skalenbezeichnung möglich. Man könnte von "Melodisch-Phrygisch" sprechen. Die beiden Tetrachorde drängen von oben und unten energisch auf den Symmetrieton zu. Das kann im Einzelfall musikalische Wirkung haben, doch der Lebendigkeit wirklicher siebenstufiger Skalen widerspricht die ungegliederte Ballung der Halb- und vor allem der Ganztöne.

Die beiden anderen oben genannten Skalen stehen im Rang noch tiefer, da sie sich dem Dodekatonium naturale nicht einfügen, was bei 42,2 noch der Fall war. Manche Tonbuchstaben erscheinen doppelt - einfach und alteriert -, andere fehlen dafür. 11,3 und 38,4 sind ohne jede spezifische Bedeutung. Wegen dieser tauben Blüten - auch unter den diatonischen Skalenmöglichkeiten fanden wir eine, die trotz des zu Grunde liegenden symmetrischen Tonvorrats unfruchtbar war - können wir keinesfalls den Zusammenklang von strukturellen Merkmalen wie Symmetrie mit den bedeutendsten Skalen des Erdballs gering einschätzen.

Tonzylinder und bewegliche Scheiben

In die Dreidimensionalität!

Einmal, beim "Spiel mit dem Würfel",[86] waren wir über die Zweidimensionalität hinausgegangen. An anderer Stelle, wo dieser Schritt nahe lag und von anderen längst gegangen worden ist (Vergleich der im Oktavabstand wiederkehrenden Tonigkeiten mit der Wendeltreppe) hat es sich bezahlt gemacht, daß wir, statt räumlich in einer Schraubenlinie aufzusteigen, in der Ebene der Spirale verblieben.[87] Die Schraubenlinie hätte unter anderem den Nachteil gehabt, daß ihr Steigungsmaß mehr oder weniger willkürlich gewählt werden muß.

Herleitung und Herstellung des Zylinders

Eine solche Verlegenheit besteht nicht, wenn wir jetzt, um die durchlaufende Kette aller musikalisch denkbaren Quinten und gleichzeitig die Wiederkehr des Tones in seinen enharmonischen Verwechslungen handgreiflich sichtbar zu machen, die Tonebene zum Zylinder runden und sie somit in die dritte Dimension heben.
Damit schließen sich Zyklisches und Lineares in neuer Weise zu einem körperlichen Gebilde zusammen. Eingangs kamen wir zur Tonebene dadurch, daß wir den Distanz- und Konsonanzfaden der Tonkreisperipherie auseinanderlegten. Jetzt erscheint auf einer Deckplatte, mit der wir den Zylinder abschließen können, der Quintkreis als Projektion der Tonebene, die keine Ebene mehr ist, die aber - auf der nunmehr gewölbten Fläche gemessen - die bisherigen Maße vollkommen bewahrt. Siehe *Abbildungen 44* und *45*. Aus technischen Gründen ist der Zylindermantel (Abbildung 45) verkleinert dargestellt. Bei entsprechender Vergrößerung kann man daraus und aus den Scheiben von Abbildung 44 ein dreidimensionales Modell bauen. Ein Bild eines solchen Modells ist in *Abbildung 46* zu sehen.
Die kleinere konzentrische Scheibe (Abbildung 44B) bringen wir drehbar auf der festen (Abbildung 44A) an. So können wir jede durch Tonnamen festgelegte Gruppe von sieben quintbenachbarten absoluten Tönen kombinieren mit jeder ebensolchen relativen, durch Tonsilben festgelegten Siebenergruppe, mit anderen Worten: Wir können die Kirchentöne beliebig modulieren.
Ehe wir auf das Funktionieren der beweglichen Quintscheibe(n) weiter eingehen, fragen wir uns, wieso Abbildung 44B der Gestalt nach zwar mit Abbildung 40B völlig übereinstimmt, die Töne der beiden Figuren hingegen spiegelbildlich angeordnet erscheinen.[88] Die Schraubenlinie unserer Quinten auf dem Tonzylinder ließen wir einem allgemeinen Empfinden für "steigende Linie" entsprechend nach rechts hin ansteigen. Dies kollidiert bei der den Zylinder oben abschließenden

---

[86] Siehe Abbildung 5
[87] Vgl. S. 49f.
[88] Umgekehrt ist es übrigens bei den Spiralen der Abbildung 8!

Scheibe mit der ebenso allgemeinen Empfindung, daß es beim Kreis im Uhrzeigersinn "vorwärts" geht. Niemand zeichnet wohl ohne besonderen Grund den Quintkreis so, daß im Uhrzeigersinn die Quinten fallen. Doch wir haben jetzt einen zwingenden Grund, denn die vertikal auf die Peripherie des festen Quintkreises treffenden zwölf Senkrechten (= Linien enharmonischer Vertauschbarkeit) des Zylindermantels ergeben, in den Quintkreis hinein verlängert, von rechts nach links hin steigende Quinten. Vermeiden ließe sich die Spiegelbildlichkeit, wenn wir den Quintkreis auf der Unterseite des Zylinders anbrächten. Doch dann bliebe er bei normaler Betrachtung unsichtbar. Darum wählen wir das kleinere Übel oder freuen uns vielmehr über das zutage tretende Widerspiel von Gleichheit und Gegensätzlichkeit bei den Abbildungen 40B und 44B und bei den Spiralen in Abbildung 8.

Das für die Rosette der sechs Tritoni von Abbildung 40B auf Seite 151 Gesagte gilt auch für Abbildung 44B. Will man aus der Quintordnung die Sekundordnung und damit Skalen erheben, so ist die Umrechnungsformel "zwei Quinten = eine große Sekunde" anzuwenden. Wir wandern dann mit dem Zeigestift von "da" aus nach links(!). Stoßen wir auf die Grenze der von uns gewählten Siebenergruppe (bei Wahl der Stammtöne wäre das h), so gilt als nächste Quint der Tritonussprung (zu f), und aus der Verbindung einer reinen Quint mit dem Tritonus wird eine kleine Sekund geboren.[89]

Grundsätzlich lassen sich statt der Rosette Abbildung 44B auch andere quintgeordnete Scheiben drehbar aufsetzen. Bei der Form von Abbildung 40A ist das selbstverständlich, weil ihr auch die Rosette zugrunde liegt. Komplizierter, aber durchaus möglich ist es, die Verhältnisse bei Skalen mit unterbrochener Quintreihe (zum Beispiel Zigeunertonleitern) mittels beweglicher quintgeordneter Scheiben darzustellen. Eine zusätzliche Scheibe ist nötig. Wir können uns die Vorführung um so leichter ersparen, als bei den sekundgeordneten Scheiben die Zigeunerleitern voll berücksichtigt werden. Doch zunächst haben wir uns des Näheren dem Zylindermantel zuzuwenden.

---

[89]Zur Orientierung ist es hilfreich, mit einem Blatt Papier die (knappe) Hälfte beider Scheiben zu verdecken, so daß sieben der zwölf Tonpunkte sichtbar bleiben. Dann gilt im Augenblick der Kirchenton, dessen Tritonuslinie als einzige durch das Blatt nicht zerschnitten wird und dessen Name längs des Blattrandes zweimal sichtbar bleibt. Drehen wir nur die obere Scheibe, so erhalten wir aus dem gleichen absoluten Tonvorrat (etwa der Stammtöne) die verschiedenen Kirchentöne. Innerhalb der Stammtöne können wir dabei das da systematisch von f (Lydisch) bis e (Phrygisch) wandern lassen. Da = h scheidet aus, weil das unentbehrliche sa = fis die Stammtongrenze überschreiten würde. Verschieben wir analog dazu nur das Blatt, so ersehen wir auf dem äußeren Ring die Vorzeichnungen, die nötig werden, wenn wir alle Kirchentöne auf denselben Grundton beziehen. Bewegen wir obere Scheibe *und* Blatt im gleichen Sinne gegen die untere Scheibe, so erhalten wir die quintmäßig geordneten Transpositionsmöglichkeiten eines bestimmten Kirchentons.

Aufschlußreicher ist es, das Blatt zwischen die beiden Scheiben zu schieben und sich die von dem Blatt unterlaufenen Tonorte als derzeit außer Kurs vorzustellen. Praktisch wird man so oder so eine Nadel als Drehachse verwenden, bis an die man das Blatt Papier heranschiebt.

Der Sinn unserer aufwendigen dreidimensionalen Figur ist es nicht, tonale Beziehungen möglichst einfach darzustellen, sondern den in der Struktur des Tonmaterials liegenden Zusammenhang zwischen Geradlinigkeit und Rundung von der Idee her in eine Gestalt zu bannen. Dies geht nicht ohne einen praktischen Verlust ab. Der Zylinder hat - wie im Grunde jeder Körper - eine im jeweiligen Augenblick unsichtbare Rückseite, wohingegen wir auf der platt vor uns liegenden Abbildung 45 das ganze Ausmaß des Zylindermantels von einem einzigen Blickpunkt aus vollständig vor uns sehen.

Mit dem Stichwort "alle musikalisch denkbaren Quinten" haben wir unausgesprochen die Frage nach Begrenzungen der Tonebene gestellt. Vom mathematischen Ansatz her gibt es solche nicht, ebensowenig wie etwa bei der Partialtonreihe. Für die musikalische Wirklichkeit hingegen bietet die Abbildung 45 wohlbegründete Maße, die dennoch gegen eine Verabsolutierung abzusichern sind - auch dies wieder in Parallele zu dem, was über die Grenzen musikalischer Bedeutsamkeit von Partialtönen gesagt wurde. Wir machen es uns praktisch zunutze, daß wir auf dem ungerundet gelassenen Zylindermantel zum erstenmal die gesamte sich aus musikalischen Maßen ergebende Tonfläche auf einen Blick vor uns haben. Den mathematisch unkorrekten Namen "Tonebene" möchten wir um des ursprünglichen mathematischen Ansatzes willen beibehalten, obwohl "Begrenzung" sich ebensowenig wie "Rundung" mit "Ebene" verträgt. Wir müssen nur wissen, was wir dabei tun. Es handelt sich um die bedingte, sich eindeutig optimal darbietende Stellvertretung eines theoretisch Unbegrenzbaren durch ein Begrenztes.

Entwicklung und Begrenzung der Quintschraubenlinie

Bei dem von uns zuerst entwickelten harmonischen Aspekt der Tonebene hat die Quint das Steigungsmaß 1:7. Nach zwölf Quinten = sieben Oktaven (... da haben wir in abermaliger Parallele zum Obigen die optimale Stellvertretung eines nie vollkommen fixierbaren Größenverhältnisses durch ein scharf begrenztes!) ist der enharmonische Partner erreicht, die Rundung hat sich zum Vollzylinder geschlossen. Behalten wir d als Zentralton bei, dann liegt die Naht des Zylinders bei gis/as. Unsere Quintlinie windet sich auf dem Weg von As_2 bis gis^4 um 360°. Die Verschiebung dieses Bereichs um etwa eine Terz gegenüber dem für das Tonhöhenunterscheiden tatsächlich brauchbaren Bereich (nur um einen halben Ton gegenüber dem Umfang des Klaviers!) nehmen wir ohne Schaden an der Sache in Kauf, um dem Zentralton d seine Stellung in der Mitte des Systems zu belassen. Anders wäre es nicht möglich, daß sich die tatsächlich vorhandene Struktursymmetrie in einer Symmetrie der Nomenklatur widerspiegelt.

Es hätte seinen guten Sinn, wenn wir den Zylinder bereits nach einer Vollwindung der Schraubenlinie abschlössen. Diese zeigte dann in gleicher Klarheit die bedeutungsvolle Zwölfzahl quintverwandter Töne und die distanzmäßige Weite des Tonvorrats von der Tiefe bis zur Höhe an. Doch wenn wir, wie oben gesagt, alle musikalisch vorkommenden Quinten in die durchgehende Schraubenlinie einbeziehen wollen, müssen wir die Vorstellung einer praktisch vollziehbaren Quintentürmung durch die einer fortlaufenden Quintverwandtschaft ersetzen.

Einordnung und Bezeichnung aller Töne auf dem Zylinder

Die nur selten bis an ihr Ende ausgeschöpfte Reichweite unserer Notenschrift von feses bis hisis umfaßt 5 x 7 = 35 verschieden benannte Töne, von denen jeweils drei enharmonisch verwechselbar sind. Nur gis/as, der Tritonus des Zentraltons, tanzt aus der Reihe. Entweder wir folgen dem Herkommen der Notation, dann fehlt diesem Paar der Dritte im Bunde; oder wir verlängern die Schraubenlinie an beiden Enden um eine Quinte bis zu einem imaginären heses und fisisis. Dann verdoppelt die kleinste enharmonische Gesellschaft ihre Mitgliederzahl von zwei auf vier, und wir erhalten drei übereinanderliegende Zwölf-Quinten-Zonen, die sich entsprechend den sieben Oktaven der musikalischen Distanzweite in je sieben Quadrate teilen. In jedem dieser 21 Quadrate, die wir durch Tritonusdiagonalen abstützen, liegen in gleicher Anordnung dieselben zwölf Tonwerte des Tonkreises, jedoch (senkrecht) dreifach verschieden im Sinne der enharmonischen Verwechslung und (waagerecht) siebenmal verschieden im Sinne der Oktavwiederkehr.

Die ungewöhnliche Bezeichnung der Alterationen spart nicht nur Platz, sondern macht auch die mathematische Gesetzmäßigkeit am besten deutlich. Großbuchstaben für die tiefen Oktaven wurden vermieden. Von der großen Oktav an abwärts wird mit Unterstreichungen gearbeitet, von der eingestrichenen Oktav an aufwärts mit der entsprechenden Anzahl über den Tonbuchstaben gesetzter Striche (vier Striche zu einem kleinen Quadrat geformt).

Da unsere Quint-Schraubenlinie die Weite des musikalischen Hörbereichs dreimal durchmißt, kommt sie zweimal an den kritischen Punkt, wo sich die Extreme berühren, wo der höchste Ton des Sieben-Oktaven-Bereichs sich an der Nahtstelle des Zylinders in den tiefsten verwandelt. Nur der plötzliche Wechsel der Striche über und unter den Tonnamen deutet auf das Umspringen. So wie der Treppenmelodiker einen Oktavsprung macht, wenn er in Treue gegen sein Gesetz an den Rand seiner stimmlichen Möglichkeiten kommt,[90] so springen wir ideell von einem Ende des siebenmal größeren Makrokosmos der Töne zum anderen, um dem Gesetz der Quintverwandtschaft treu zu bleiben.

Strenge Grenzen?

Sehen wir auf dem abgerollten Zylindermantel von Abbildung 45 die Gesamtheit aller Töne in so strenger Weise in ein Rechteck eingebunden, das sich im Blick auf

---

[90] Vgl. Seite 23

"Natur" aus dem musikalisch faßbaren Frequenzbereich ergibt und im Blick auf "Kultur" aus der in langen Prozessen gewachsenen Notation - dann mag wohl der Eindruck entstehen, als sollten in letzter Instanz scharf schneidende Grenzen der Tonbeziehungen gezogen werden. Doch es ist wie bei einem Gebirge, die Grenzen haben etwas Fließendes, unbeschadet klar hervortretender Blöcke der Landschaft. Bei der Quintenkette liegt der Vorwurf nahe, wir seien mit "fisisis" und "heseses" zu weit gegangen. Doch die sollen nicht als "existierende" Tonwerte etabliert werden, sondern sind Grenz- und Wendemarken im "Niemandsland" außerhalb des "bewohnten" Gebietes. Und könnte man von der Praxis her nicht auch die Notwendigkeit ihrer Quintnachbarn feses und hisis bestreiten? Unbewohnte Polarzonen setzen ein sich deutlich abzeichnendes Gesamtsystem nicht außer Kraft, so wie sich die Pole unseres Planeten nicht dadurch erledigen, daß man sie nicht besäen und besiedeln kann.

Bei der Distanz mag die Begrenzung auf sieben Oktaven eher zu eng scheinen.[91] Grundsätzlich ist es jedenfalls möglich, über die Nahtstelle des Zylinders hinwegzulesen, ohne den "Pflichtsprung" in die entgegengesetzte Oktavlage zu vollführen. Wird der höchste Ton des Klaviers (beziehungsweise die höchsten des Flügels) in dieser Weise oben angegliedert, dann widerfährt der gerundeten Tonebene ein bißchen von dem, was für den Oktavkreis sowieso gilt, daß nämlich verschiedene Oktavlagen oder enharmonische Partner eines Tones auf denselben Tonpunkt zu liegen kommen.

Diatonische und chromatische Halbtonkette

Um die Bildfläche des Zylinders nicht zu überladen und Hauptsachen um so klarer hervortreten zu lassen, mußte mit dem Einzeichnen von Linien sparsam umgegangen werden. Zwei wichtige Dinge fallen dadurch auf dem Zylinder nicht ins Auge: erstens die Grenzen der Siebentonverbände gleichen Alterationsgrades und zweitens die strukturell mit der Quintkette in Korrelation stehende Halbtonkette. Beides wird sichtbar in *Abbildung 47*, wo wir einen senkrechten Ausschnitt der Zylinderfläche in der Breite von einer Oktav vor uns haben.

Die Vorstellung ist an keine bestimmte Oktavlage gebunden. Der Zylinder als Ganzes war auf die Quint hin orientiert. Darum schraubte sich die Linie steigender Quinten nach oben. Bei unserem Ausschnitt fragen wir nach der Halbtonkette, und darum gebührt jetzt den steigenden Halbtönen die Aufwärtsrichtung. Wir können deshalb unseren Ausschnitt um die bekannten 90° nach links drehen und sehen auf dem linken Rand die Tonnamen der chromatischen Leiter in der bewährten Form, daß bei notwendig werdender Alterierung der Ton den Vorrang hat, der dem in d liegenden Zentrum quintmäßig am nächsten steht. Unterlassen wir die Drehung, so stellt die Beschriftung auf dem linken Rand die eindimensional-geradlinige Projek-

---

[91] Dazu vergleiche man Fußnote auf S. 74f.

tion all der oktavverwandten Töne dar, die sich auf dem Zylinder auf der betreffenden Waagerechten befinden, gleichgültig, ob sie in Abbildung 47 unter dem Gesichtspunkt der Halbtonkette hervorgehoben sind oder nicht.
Wir betrachten zunächst die Eigenart und das Zusammenspiel der drei Zwölfquintenzonen und der fünf Siebenquintenzonen. Bei den ersteren ist der nach zwölf Quintschritten erreichte dreizehnte Ton - zum Beispiel gis über as - mit dem ersten Ton "quasi gleich" als dessen enharmonischer Doppelgänger. Bei den Siebenquintenzonen dagegen ist der achte Ton - zum Beispiel fis über h - vom ersten Ton durchaus verschieden. Zwischen h, dem oberen Ende der Stammtonreihe, und fis, dem tiefsten der hochalterierten Töne, liegt eine weitere Quint.[92]
Sehr bemerkenswert, daß wir schon in Abbildung 27 einer solch trennendverbindenden Zwischenquint begegneten. In Dur trennte dort die Quint d-a die Dreiklangsrahmentöne von den Fülltönen und verband gleichzeitig alle Stammtöne zu einer homogenen Quintreihe - gerade so, wie es die Zwischenquinten von Abbildung 47 mit den verschiedenen Siebenergruppen gleichen Alterationsgrades tun und so die Gesamtquintkette schaffen, Voraussetzung für alles systematische Modulieren und Transponieren.
Ein Gegenbild der Halbtonlinie von Abbildung 47 ist die von Abbildung 34A. Dort erzwang der enge Rahmen ein Maximum an Brechungen, jetzt gibt die Weite der Alterationen den Tönen, die am linken Rand der Figur mit den soliden Benennungen von Abbildung 34 aufgeführt sind, Narrenfreiheit, sich enharmonisch zu verkappen und schnurgerade zu laufen, bis an die Grenzen der Alterationswelt.
Es macht Spaß zu sehen, wie sich der diatonische und der chromatische Halbton bei diesem Spiel verhalten, obwohl es, nüchtern betrachtet, selbstverständlich ist, was dabei herauskommt. Auf dem diatonischen Flügel der Halbtonkette wechseln die zugrunde liegenden Stammtöne der Reihe nach bis zur Wiederkehr des f. Der Alterationsgrad wechselt, wo die betreffenden Stammtöne im Ganztonverhältnis stehen, er bleibt gleich bei Halbtonverhältnis. Auf dem chromatischen Flügel wird die ganze Weite von 35 Quinten auf der Grundlage eines einzigen Stammtons bestritten, wenn man den strukturell verdienstvollen Grenzgänger fisisis als wahrhaft außerordentliches Mitglied gelten läßt. Die sieben diatonischen Halbtöne zu je fünf Maßeinheiten machen die Breite einer Quint aus, und die fünf chromatischen Halbtöne zu je sieben Maßeinheiten eine Quart, so daß der gesamte Lauf der Halbtöne in der Oktav des Ausgangstones endet.
Der imaginäre Randsiedler f+3 entschuldigt sich zugleich im Namen seines Kollegen h-3 mit Recht für sein Dasein damit, daß an jeden Siebentonbereich (der ja nur sechs Maßeinheiten ausfüllt!) eine Zwischenquint angefügt werden müsse. Höheren Ortes verrate man nur nicht, auf welcher Seite die zusätzliche Quint anzugliedern sei. Es sei (oh Wunder für den Verständigen!) auf beiden Seiten noch Platz für eine

---

[92] In Abbildung 37D stoßen allerdings tritonusbegrenzte Bezirke unmittelbar zusammen, da dort unter ganz anderem Aspekt die Töne f und h in Analogie zum Oktavgattungswechsel und zur enharmonischen Verwechslung als "quasi gleich" betrachtet werden.

solche. So mußte man willkürlich entscheiden. Ebenso gut kann man zu dem Lauf der Halbtöne von h-3 aus starten und die steigende Skala mit der chromatischen Mannschaft beginnen. Dann verfällt der chromatische Mummenschanz auf andere Masken, wie wir es in Abbildung 47 auf der mit Kreuzen versehenen punktierten Linie sehen. (Die den Kreuzen zugehörigen Tonnamen sind auf dem längeren Rande der Figur ablesbar.) Das unalterierte h und f sind die einzigen gemeinsamen Töne der beiden ineinandergebohrten Halbtonketten. Wie zwei standhafte Wächter des verborgenen Mittelpunkts d der ganzen Figur nehmen sie sich aus.

Dies sei genug an Proben dessen, was auf dem 36 Maßeinheiten hohen und 84 Maßeinheiten breiten Zylindermantel für die Gesetze von Reihen gleicher Intervalle zu entnehmen ist.

Bewegliche sekundgeordnete Scheiben

Bewegliche Scheiben in Sekundordnung sind ebenso wie die in Quintordnung als Zylinderquerschnitt vorstellbar. Man könnte eines der 21 liegenden Quadrate des großen Zylindermantels zu einem Zylinderchen runden, müßte es aber um ein Vielfaches vergrößern, um damit arbeiten zu können. Wir ersparen uns all das und führen sogleich drei gegeneinander bewegliche Scheiben in der für die Praxis günstigsten Weise vor. Siehe *Abbildung 48*.

Den äußeren Ring A bilden in neuer Reihenfolge dieselben Tonwerte wie bei der Quintordnung (Abbildung 44A), nur daß die Zwölftelungsstriche jetzt die Grenze zwischen je zwei Tonorten markieren. Enharmonische Partner sind wie in Abbildung 44A bis zur Grenze einfacher Alteration angegeben. Die nächstkleinere Scheibe B bringt die zwölf Tonsilben so, daß da und sa - sie sind für Dur-Moll, für die Kirchentöne und für die Zigeunerskalen gleich wichtig - hervorgehoben werden als unerschütterliche Festpunkte. Die übrigen Stufen schließen sich zu chromatischen Paaren zusammen, von denen in den siebenstufigen Skalen je nach deren Charakter entweder die hellvokalige oder die dunkelvokalige Form erscheint. Die Zahlen in den Spitzen des Zwölfsterns wollen als deutsche Zahlwörter ausgesprochen werden.[93] Die innerste Scheibe C zeigt den Siebenstern in der Gestalt der Abbildung 1A. Wird eine der sechs Quintlinien in Deckung mit der an ihren Enden sichtbaren dicken Da-sa-Linie (der mittleren Scheibe) gebracht, so ist an den Spitzen des Siebensterns die Skala des Kirchentones abzulesen, dessen Name an der von da zu sa führenden Quintlinie verzeichnet ist.

Die dritte (diatonische) Scheibe C läßt sich mit einer anderen vertauschen. Der analoge Quintenstern der Zigeunerskalen ist in Abbildung 48D zu finden. Es ließen sich auch weitere Scheiben zur Auswechslung der dritten herstellen, so für pentatonische Leitern, für Harmonisch-Moll und für musikalisch weiter abliegende Skalen. Die Bewegung der zweiten Scheibe gegen die erste bewirkt Transposition.

---

[93] Vgl. dazu S. 137

Die dritte Scheibe beziehungsweise die gegen diese auswechselbaren Scheiben führen je eine der 66 theoretisch möglichen Figuren "7 aus 12" oder auch "5 aus 12" vor Augen.

Bewertung der Symmetrie

Sehr auffallend ist, daß die Symmetrie einer Figur einen für die Musik offenbar wichtigen strukturellen Faktor darstellt. Falsch wäre aber der naheliegende Schluß, es müsse der Skala, die auf dem Symmetrieton aufgebaut ist (im streng diatonischen Rahmen Dorisch auf d) eine absolut herausragende Bedeutung zukommen. Dur ist strukturell und praktisch doch überlegen.[94] Richtig und wichtig ist dagegen die Folgerung, daß ein Strukturmerkmal auch dann hintergründig wirksam bleiben kann, wenn es vordergründig durch ein anderes - in unserem Falle durch den unsymmetrischen Sitz der Finalis - überlagert wird und außer Kurs gesetzt scheint.

---

[94] Vgl. S. 142

Allgemeine und spezielle Polarität

Analogie zum Elektromagnetismus

Den von der Oktav umschlossenen Zyklus der Intervalle können wir uns gleichnishaft so vorstellen, daß der Ton, ohne in seinem ursprünglichen Sosein ausgelöscht zu werden, aus sich selber - aus seiner Prim - auswandert, beim Weiterwandern immer wieder ein anderer wird, um in der Oktav überraschend wieder in sein eigenes, ursprüngliches Wesen hineinzufallen. Wir konnten dem Bild des Kreises nicht ausweichen, stimmt doch die Lage des Tritonus - genau der Prim/Oktav gegenüber - mit seinem der Prim/Oktav polar entgegengesetzten Wesen überein. Jetzt gilt es zu untersuchen, ob sich die übrigen zehn Punkte des distanzgeordneten Zwölfkreises einer solchen Polarität einordnen.

Sehen wir uns die kreuzweise viergeteilte Oktavspirale auf Abbildung 7 an und projizieren sie in den Oktavkreis, so verführt dies geradezu zu dem Gedanken, die Intervalle könnten sich ihrem Charakter nach im gleichen Sinn und Maß von den Polen entfernen, wie der Abstand von denselben größer wird. Doch nein, unsere musikalischen Pole verhalten sich wie elektromagnetische, sie ziehen das gegenteilig Geladene an. Um den Prim-Oktav-Pol lagern sich die am stärksten dissonanten Intervalle und um den Tritonus die Nächstverwandten der Oktav. Deutlich ordnen sich auch die dazwischenliegenden Intervalle im gleichen Sinne. Von der großen Sekund über die kleine Terz hin zur großen Terz nimmt die Konsonanz zu. Und jenseits des Tritonus ist von der Quint an analog eine Abnahme der Konsonanz zu beobachten. Schlagen wir zuerst die leere Oktav c'-c" an und lassen dann unter immer erneuten Anschlägen dieser Oktav den Ton in chromatischer Folge aus sich selbst auswandern - also c', des', d', ... c" oder abwärts c", h', b', ... c' -, so treten die polaren Spannungsverhältnisse klar zutage.[95]

Unser Vergleich mit dem Elektromagnetismus ist nur bei der zwölfgeteilten Oktav sinnvoll. Oben haben wir dargetan, daß die Vierteilung etwas anderes nahelegt. Und klar ist, daß zum Beispiel bei Vierteltonteilung die neutrale Terz keineswegs einen mittleren Konsonanzgrad zwischen kleiner und großer Terz hat.

Vielfalt polarer Beziehungen

Außer der Grundpolarität, der sich alle Intervalle einfügen, sind Teilpolaritäten festzustellen, die ihrer Qualität nach ebenfalls entscheidend mehr sind, als sich rein quantitativ aus ihrer Lage erschließen ließe. Alles, was sich in *Abbildung 49* an

---

[95] Läßt sich somit eine Reihenfolge des Konsonanzgrades unter dem Gesichtspunkt der Polarität aufstellen, dann bedeutet das nicht, daß der Eigencharakter des Intervalls ins Quantitierende aufgelöst würde. Es ist wie bei den Farben. Man kann wohl empfinden, daß Grün zwischen Gelb und Blau steht, und doch ist Grün ein unmittelbar einheitlicher Farbeindruck, der im Wesen mehr ist als nur Mischung von oder Mittelding zwischen Gelb und Blau.

Zusätzen um die Grundfigur herum und im Innern von B außerdem an zusätzlichem Strichwerk findet, weist auf solche weitere Polaritäten hin.

Waagerechte Polarität?

Bei den waagerecht miteinander verbundenen oktavkomplementären Intervallen ist wenig Polarität zu erwarten, denn bei unserem Experiment des chromatisch von der Prim bis zur Oktav wandernden Tones macht es für die Wirkung nichts Wesentliches aus, ob wir nur den Ausgangston zum Wanderton hinzunehmen oder auch den Zielton und damit das Komplementärintervall.

Nun ist im Sinne der Überteiligkeitsreihe (Zähler des Intervallquotienten um eins größer als Nenner: 3/2, 4/3 ...) eines der Komplementärintervalle immer höherrangig als das andere. Die Terzen und Sekunden sind es gegenüber den Sexten und Septimen, da letztere in der Überteiligkeitsreihe nicht direkt vorliegen, sondern nur aus überteiligen Intervallen zusammengesetzt werden können. Die kleineren Intervalle haben die höhere Stringenz. Nur bei Quint und Quart scheint es umgekehrt. Nur hier gehören beide Intervalle der Überteiligkeitsreihe an, aber die Quint erscheint zuerst und gebiert ihren oberen Ton als oktavreduzierten Partialton 3 aus ihrer eigenen Basis, was die Quart in ihrem männlichen Wesen nicht kann.[96]

Wenn es also doch auch in der Waagerechten ein polares Paar gibt, dann lädt das dazu ein, senkrecht zu dem anderen zirkumpolaren Paar k2-g7 hinaufzusteigen. Vielleicht scheint es zu hoch gegriffen, Polarität zwischen diesen beiden statuieren zu wollen. Zusammengehörig sind sie als schärfste Dissonanzen jedenfalls nicht weniger eng als Quint und Quart in ihrer Weise, und der Gegensatz "kleinste und größte Distanz zum Basiston" ist zwar recht äußerlich, aber was soll man schon von etwas so Äußerlichem wie "Distanzen unter sich" mehr verlangen?

Senkrechte Polarität

Dem stehenden Rechteck der vier zirkumpolaren Intervalle entspricht das liegende, an dessen Ecken sich vier Intervalle um den Äquator legen. Von einer waagerechten Polarität kann in dieser Zone keine Rede sein, wohl aber von einer senkrechten. Die Intervalle g2 und g3 sind uns als Grundbausteine von Melodie und Harmonie schon bekannt.[97] Die mangelnde waagerechte Polarität läßt die Sexten und Septimen strukturmäßig zu einem rechnerisch richtigen, aber inhaltlich bedeutungslosen Pendant der Terzen und Sekunden herabsinken. Deshalb ordnen wir ihnen auch nicht ausdrücklich das Prädikat "harmonisch" und "melodisch" zu. Immerhin, die spannungsreichen Septimen drängen stärker vorwärts und stehen damit dem Melodischen näher als die friedlichen, schon in harmonischen Dreiklängen zu

---

[96] Vgl. S. 75ff.
[97] Vgl. S. 111

findenden Sexten. - Polar sind alle senkrecht zueinander stehenden Intervalle. Der Äquator schließt sich von selbst aus. Dreimal wird er auf der Strecke von der Peripherie (k3) bis zum Mittelpunkt von Senkrechten geschnitten. Diese bezeichnen die Polaritäten Harmonisch-Melodisch (g3-g2), Konsonanz-Dissonanz (4-k2) und Klar-Diffus (1/8-ü4/v5).

Schrägliegende Polarität

Sollten wir die Polarität Konsonanz-Distanz nicht besser im Intervallpaar k2-5 abgebildet sehen? Der Tritonus, um den die beiden Intervalle differieren, ist der einzige in der gesamten Rosette, der zwei primäre (das heißt im Vergleich zum Komplementärintervall ursprünglichere) Intervalle zusammenschließt. Eine weniger prägnante, aber noch deutliche Polarität besteht zwischen den äquatornahen Tritonuspaaren (vergleiche die Beschriftung von Abbildung 49B). Dagegen verbindet die zu k2-5 symmetrisch verlaufende Linie 4-g7 das sperrige Gespann von zwei sekundären Intervallen, das starrsinnig auftrumpft: "So herum geht es aber auch!" Hier ist die Quart durch schlechte Gesellschaft verdorben. Wie gut ging es mit ihr vordem, als sie in gültiger Vertretung der Quint es schaffte, die Polarität Konsonanz-Distanz in eine Richtung mit den zwei anderen senkrechten Polaritäten zu lenken und im Halbkreis unterzubringen! Die polare Beziehung Halbton-Quart hat ihren eigenen Sinn, die Beziehung Quart-große Septime ist vergleichsweise nur Eigensinn.

Oktavhalbierende Intervalle

Scheinbar willkürlich haben wir in der Beschriftung von Abbildung 49A Quint und Quart nicht den "größeren" beziehungsweise "kleineren" Intervallen zugeteilt. Dazu waren wir genötigt, weil in diesem Falle "größer" oder "kleiner" nicht das bedeutsame Moment ist wie bei allen übrigen oktavkomplementären Paaren. In der zirkumpolaren Zone um den Tritonus überlappen und durchdringen sich die beiden Flügel primärer und sekundärer Intervalle. Der Gestalt wegen nennen wir dieses Gebiet "Keil der Oktavhalbierenden". Der Tritonus teilt die Oktav in zwei gleichgroße Intervalle und halbiert somit "richtig". Doch auch den Maßen unseres Paares liegt eine Halbierung zugrunde. Der Partialton 3, dem Quint und Quart entspringen, steht arithmetisch in der Mitte zwischen den Partialtönen 2 und 4. Zu dieser Teilung sagt die Natur "ja", und die Musik folgt ihr in erstaunlichem Maße. Interessant wird es, wenn beide Arten der Teilung miteinander spielen. Sechsmal bricht sich der Quintstrahl an der jeweils gegenüberliegenden Seite der Peripherie, um beim siebenten Ton die Halbierung der Oktav zu erreichen, die der Tritonus in einem einzigen Sprung schafft (vgl. Abbildung 1A). Doch dieser "schnelle Sieg" des Tritonus wäre für sich allein musikalisch ein Nichts, während die im Tritonus endenden "Irrwege" unseres Paares durch immer neue "Halbierungsversuche" die fruchtbarste Skala des Erdballs hervorbringen.

Bündelung der partialtönigen Intervalle

Ist einmal der dialektische Grundsatz angenommen, daß das Wesen unserer Intervalle auf den Maßen der Partialtönigkeit basiert, daß aber ihr die Musik erst gebärendes Zusammenwirken Kommensurabilität und damit Temperatur fordert, dann war es nicht zu beanstanden, daß wir in den Ausführungen zu Abbildung 49 die Überteiligkeitsreihe ins Spiel brachten. Doch jetzt bündeln wir in *Abbildung 50* die Überteiligkeitsreihe selbst nach dem gleichen Gesetz, wie wir es in Abbildung 49 mit der gleichstufig zwölfgeteilten Oktav taten, und vergleichen beide.

Am auffälligsten ist das Fehlen des Tritonus. Ließe man sich verführen, ihn als Symmetrieachse einzuzeichnen, so würde die Gesetzmäßigkeit der partialtönigen Strahlenabstände verdunkelt, denn auf die zwei künstlichen Halbtöne von 102 C folgte dann rechts und links ein Halbton von 112 C, während doch die Abstände benachbarter Strahlen in Richtung auf den Ausgangston hin immer kleiner werden müssen. Alle anderen elf Intervalle, die in rein diatonischer Musik bis zur Grenzmarke der Oktav vorkommen, sind entweder überteilig (primär) oder sie sind oktavkomplementär zu überteiligen (sekundär). Einzig das Quint-Quart-Paar ist beides, und einzig der Tritonus ist keines von beiden, wie dies alles zusätzlich die Tabelle veranschaulicht:

Intervall	Beispiel aus Stammtönen	Größe in Halbtönen	Einfachster Quotient	Partialtönige Qualität
Kleine Sekunde	h-c'	1	16/15	primär
Große Sekunde	c-d	2	9/8	
Kleine Terz	e-g	3	6/5	
Große Terz	c-e	4	5/4	
Quart	g-c'	5	4/3	
Üb. Quart	f-h	6	(10/7)	tertiär
Verm. Quint	h-f'	6	(7/5)	
Quint	c-g	7	3/2	primär
Kleine Sext	e-c'	8	8/5	sekundär
Große Sext	g-e'	9	5/3	
Kleine Sept	d-c'	10	16/9	
Große Sept	c-h	11	15/8	
Oktav	c-c'	12	2/1	supra

Wollten wir nur die primären, also die überteiligen Intervalle erscheinen lassen, so müßten alle Strahlen links vom Quintstrahl wegfallen. Der Halbkreis böte für die überteiligen Intervalle zuwenig Raum und der Vollkreis zuviel. Das einzige sowohl überteilige als auch oktavkomplementäre Paar lädt von der Figur *und* von der Musik her die anderen *nur* komplementären Paare zum Mitspielen ein. Daß bei den großen Intervallen nach oben hin der Abstand zur Oktav immer geringer wird, gilt im selben Maße und ist von ähnlicher Bedeutung wie der Hinlauf der überteiligen Intervalle auf die Prim zu.

Auch die Quotienten der sekundären Intervalle haben ihr Zahlengesetz. Und so wie die Strahlen der überteiligen Intervalle mit der Quinte links der unsichtbaren Symmetrieachse beginnen und sich rechts davon fortsetzen, so beginnen die Komplementärintervalle rechts der Achse mit der Quart und setzen sich links derselben fort.

Die Folge der Sekundärintervalle läßt von Glied zu Glied den Nenner des Quotienten um eins und den Zähler um zwei wachsen. Verzichten wir auf die in jedem zweiten Fall mögliche Kürzung, dann gilt, daß der Zähler immer um zwei kleiner ist als das Doppelte des Nenners. Das trifft zu für die Quart 4/3 wie für die Quint 3/2 und für alle größeren Intervalle. Sogar bis auf den Prim-Oktav-Punkt lassen sich beide Intervallreihen arithmetisch zurückführen. Von der Oktav 2/1 an werden die überteiligen Intervalle immer kleiner, und von der Prim 2/2 an werden ihre Komplemente immer größer.

Kein Strahl von Abbildung 49 ist mathematisch mit einem von Abbildung 50 gleich. Aber wuchtig und einander optisch und akustisch täuschend ähnlich steht beidemal der Keil von Quint und Quart da. In Abbildung 50 prägt sich die Gegensätzlichkeit der Pole gerade dadurch ein, daß der eine unsichtbar bleibt, aber als Zielpunkt der Symmetrieachse zu fühlen ist. Es wird einen neuen Anlauf wert sein und zu neuen Perspektiven führen, wenn wir im nächsten Kapitel den diffusen Tritonus als Pol dingfest machen und auch figürlich voll zur Geltung bringen.

Ton 11 und 13 unter neuer Perspektive eliminiert

Zuvor noch ein wenig "Hexenküche", die aber eigentlich ganz solid ist! In dem tritonusbreiten Krater zwischen Partialton 10 und 14 hatten wir die Töne 11 und 13 versinken sehen, weil sie sich nicht zu Vielfachen des temperierten Halbtons zurechtbiegen lassen. Ist dieser Ausschluß auch von einem Gesetz her begründbar, das in der Partialtonreihe selber steckt? Man sollte es nicht meinen. Doch jetzt betrachten wir unseren Kreis einmal als Projektion der Oktavenspirale, die viele Umdrehungen vollführt, und ahmen diese Umdrehungen in mehrfachem Umlauf auf der Kreislinie nach. Wir bündeln also die überteiligen Intervalle nicht mehr in einem Punkt, sondern reihen sie ihrem physikalischen Auftauchen entsprechend auf der Peripherie aneinander. Dann kommen wir nach dem ersten Umlauf auf Ton 2, beim zweiten Umlauf auf Ton 3 und 4 und so weiter. Die Strahlen bedeuteten bisher systematisch geordnete Intervallgrößen als solche. Unter dem neuen Aspekt werden sie zur Grenze zwischen zwei Intervallen. Die *eine* Quintlinie teilt jetzt zum Beispiel die Oktav in Quint und Quart. Die alte Quartlinie wird damit gegenstandslos. Unsere Frage ist, ob und wo das Umgekehrte geschieht, daß wir nämlich auf Intervalle stoßen, die an dem ihnen nach neuer Ordnung zustehenden Platz keinen Strahl alter Ordnung vorfinden. An den Strahlen, die nach alter *und* neuer Ordnung Gültigkeit haben, sind in Abbildung 50 innerhalb des Kreises die Zahlen der Partialtöne angegeben, die nach neuer Ordnung mit diesem Strahl erfaßt werden. Man suche die Peripherie entlanglaufend im Ursprungston eins beginnend jeweils den nächsthöheren Partialton. 11 und 13 sind die ersten unauffindbaren. Die folgenden sind wieder da.[98] Erst ab Ton 19 überwiegen die Fehlanzeigen. Innerhalb der (äußersten) Grenze für die Hörbarkeit von Partialtönen (16) und damit zugleich innerhalb der für die Ordnung der Töne konstruktiven Oktavstreifen sind 11 und 13 die zu streichenden Werte. "Weil sie der Zwölferordnung der Töne hartnäckig widersprechen", hatten wir schon früher gesagt. Und jetzt - zufällig? - dasselbe Resultat, wenn wir eine rein partialtönig angelegte Figur auf zweierlei in sich konsequente und sinnvolle Weise verstehen und den Vergleich ziehen. Es ist, als verbannte die Partialtonreihe selbst bei entsprechender Versuchsanordnung die zwei Töne aus dem Verbund der "Maßgeblichen", und als sagte sie damit ein besonderes Ja zu der im Ton 12 zum dritten Mal erscheinenden Quint.

Es ist die musikalische Natur des Menschen, nicht die bloße Physik der Obertöne, die dem ersten Größenverhältnis von zwei partialtönigen Intervallen, nämlich annähernd 12:7, jenes ganz außerordentliche qualitative Gewicht verleiht. Unser Experiment aber wirft die Frage auf, die wir nicht beantworten und nicht abweisen können, ob in der Partialtonreihe als solcher nicht doch etwas steckt, was die Zwölf eine besondere Zahl sein läßt.

---

[98] Zweierpotenzen sind im Ursprungston versteckt. Die Beschriftung von Ton 15 und 17 liegt aus räumlichen Gründen außerhalb des Kreises.

Das Kraftfeld der Tonkreispole

Gleiche Gerechtigkeit für die Pole!

Abbildung 49 und 50 brachten jede in ihrer eigenen, der anderen entgegengesetzten Weise das Faktum zum Ausdruck, daß zwischen Prim/Oktav und Tritonus ein polares Verhältnis besteht. Doch keine der beiden Figuren wurde der Polarität im Vollsinne gerecht. Da sich von beiden Polen aus betrachtet dasselbe Verhältnisspiel zwischen äußerer Nähe zum Pol und innerer Verwandtschaft mit dem Pol ergibt, haben beide Pole den gleichen Anspruch auf ein Strahlenbündel. Abbildung 50 kann dem nicht gerecht werden, schon weil das Sichtbarmachen des Tritonuspunktes das Anlageprinzip (nur rationale Quotienten!) umwerfen würde. Kein einziger Strahl des einen Poles träfe auf der Peripherie mathematisch genau mit einem Strahl des Gegenpols zusammen. Darauf käme es aber an, und dies geschieht tatsächlich, wenn wir die temperierte Zwölftelung der Oktav zugrunde legen wie in Abbildung 49.

Dennoch sind die Abbildungen 49 und 50 nicht einfach überholt. Sie weisen darauf hin, welcher der Pole der ursprüngliche, welcher der Basiston ist. Aber so, wie "Ja" seinen Gegensatz "Nein" hervorruft, so erschafft sich der den Oktavkreis durchwandernde Ton den Tritonus am Wendepunkt seiner Reise, an der auffälligsten hohlen Stelle der Figur, gerade als ob der ganze Chor der Überteiligen und ihrer Komplemente auf ihn, den Fremdling, gewartet hätte. In *Abbildung 51* wiederholen wir die Abbildung 14, fügen das Strahlenbündel des Tritonus hinzu und erblicken den durch Spiegelung zum Vollkreis entwickelten Halbkreis des Thales.

Freigesetzte Strahlen

Eine weitere Zutat sind die beiden Tangenten, die den Kreis in den Polen berühren. Diese bringen die Strahlen des Intervallpaares Prim/Oktav und des Tritonus zum Vorschein. Bisher blieben diese unsichtbar, weil es außerhalb der Peripherie für uns nichts gab. Jetzt brechen wir dieses Tabu und sehen: Die Tangenten bilden mit den benachbarten Strahlen denselben Winkel von 15°, wie ihn benachbarte Strahlen unserer Figur durchweg bilden. Die Neulinge sind also schlicht Strahlen, ja sogar echte Doppelstrahlen. Es gäbe keinen Grund, sie von den Polen nur in einer Richtung laufen zu lassen. Sie, die erst im tangierenden Punkt versteckt waren, sind auf einmal unendlich viel freier als die Alteingesessenen, die den Namen "Strahl" mathematisch nicht einmal zu Recht führen. Jetzt wollen und sollen alle Strahlen den Freipaß haben, über die durchlässig gewordenen Grenzen der Peripherie hinaus in die Weite zu laufen, wie wir es auf *Abbildung 52* vor uns haben.

Ordnung der Intervallkreise

Es tut sich ein Konterfei von physikalischen Feldlinien auf, das sich sowohl im magnetischen wie im elektrischen Feld wiederfindet. Ehe wir auf diese erstaunlichen Zusammenhänge eingehen, betrachten wir zunächst das vorliegende Bild. Was ist auf Grund der gewährten Freiheit passiert? Wir sehen symmetrisch angeordnet elf nach außen hin größer werdende Kreise, deren Peripherien sich ausschließlich und vollzählig an den Polen des Prim/Oktav-Kreises schneiden. Die *Ton*punkte dieses innersten Kreises sind inmitten einer Fülle von Strahlenschnittpunkten zum Sonderfall der *Intervalle* geworden wegen der gleichmäßigen Aufteilung des Vollwinkels am Schnittpunkt von zwei Geraden in vier rechte Winkel. Bei allen anderen Intervallen entstehen an den Schnittpunkten zwei unterschiedliche Winkel, beim Halbton zum Beispiel 75° und 105°. Und dieses Winkelschnittverhältnis kehrt an allen zehn Schnittpunkten auf der gleichabständig zwölfgeteilten Peripherie des betreffenden Intervallkreises wieder.

Doch ehe wir den Weg des Halbtonkreises beispielhaft verfolgen, wollen wir uns für alle vorkommenden Fälle darauf einigen, daß der in d zentrierte Strahl (durchgehende Linie) die Basis des jeweiligen Intervalls meint und der im Gegenpol zentrierte Strahl (unterbrochene Linie) die Spitze. D-c meint deshalb auch ohne Kennzeichnung der Oktavgattung eine kleine Septime. Und zuvor noch eins: Abbildung 52 hat in ihrem Adjutanten *Abbildung 53* weitestgehend einen Doppelgänger.[99]

Aus dem Ursprungston d entsteht das Halbtonintervall d-es auf der waagerecht verlaufenden d-Linie dort, wo sie von der unterbrochenen es-Linie geschnitten wird, ersichtlich im Winkel von 90 - 15 = 75°. Statt auf der d-Linie zu den Schnittpunkten anderer Intervalle hinauszuwandern, müssen wir, um beim Kreis der Halbtöne zu verbleiben, der durchgehenden Linie des gewonnenen Tones es das gleiche Recht wie der d-Linie zubilligen. Der durchgehende es-Strahl trifft auf den unterbrochenen e-Strahl. So lassen sich die Halbtonintervalle bis g-as bei immer gleichem Schnittwinkel aufreihen. Der nächste Halbton gis-a bleibt im Pol gis/as versteckt. Mangels einer normalen[100] durchgehenden Linie an seiner Basis kann er nicht starten.

---

[99] Um genügend Raum zu bekommen für die musikalische Beschriftung jedes einzelnen Strahlenschnittpunktes - und dies kann für die Orientierung wichtig werden -, mußten die Kreise gegenüber Abbildung 52 etwas vergrößert werden. Eben dadurch wird das umfänglichste Kreispaar (Quarten und Quinten) überdimensional. Es läßt sich nur mehr durch Pfeile mit Intervallbenennungen andeuten. Lediglich die vier einem Pol nächstbenachbarten Quart- und Quintpunkte sind in Originallage auf dem oberen und unteren Rand von Abbildung 53 noch sichtbar. Dafür ist in Abbildung 52 die Identität und Lage aller Quint- und Quartpunkte leicht festzustellen anhand der Beschriftung jedes einzelnen Tonstrahls, wie wir sie an den Rändern des Blattes vorfinden.

[100] Als zur Geraden entarteter Kreis mit dem Radius ∞ fällt die Mittelsenkrechte aus dem Rahmen. Nur in ihr fallen die von den beiden Polen ausgehenden 12 Doppelstrahlen in einem einzigen Strahl zusammen. Weder durchgehende noch durchbrochene Linie können diesem Tatbestand gerecht werden. Wir haben uns mit einer Verstärkung dieser Linie geholfen.

Das Entsprechende ereignet sich auch am Basispol d, wo keine durchbrochene Linie vorhanden ist. Der Halbton cis-d ist in d versteckt. Unter unserem gegenwärtigen Blickwinkel verträgt es der Basispol nicht, Intervallspitze zu sein, und saugt deshalb den Ton, der ihn zur Spitze machen möchte, in sich hinein. Und umgekehrt weigert sich der Tritonuspol, Intervallbasis zu spielen, wozu ihn der Ton a im Kreis der Halbtonintervalle zwingen möchte. Gis verschlingt, wenn es von *dieser* Kreislinie durchschnitten wird, den Ton a, ohne seine Existenz anzutasten. Jeder Pol vereint ja im Prinzip bei unserer jetzigen Schau alle Töne und damit in nuce auch alle Intervalle. Bei jedem nichtpolaren Intervall verschwindet, wie wir an gis-a und cis-d (den Halbton nehmen wir nur als Beispiel!) demonstrierten, in jedem Pol je eine der zwölf Erscheinungsformen des betreffenden Intervalls.

Der Basispol verschlingt und konserviert also in sich diejenige Erscheinungsform jedes Intervalls, die d zur Spitze hat, und der Tritonuspol tut dasselbe mit der Erscheinungsform jedes Intervalls, die gis/as zur Basis hat.

Das konstante Schnittwinkelverhältnis von 75°:105° ist am Pol nicht feststellbar, denn das Dreieck, das die Pole mit jedem "normalen" Halbtonpunkt bilden, ist im Pol zu einem Strich zusammengeschmolzen. Es ist ganz so wie an den Enden des Halbkreises des Thales, wo das rechtwinklige Dreieck zum Strich wird. Doch während im Falle des Thales die Rechtwinkligkeit bei der Ergänzung zum Vollkreis unerschüttert bleibt, erweist sich bei den zehn größeren Kreisen nur das Schnittwinkel*verhältnis* als konstant, beim Halbtonkreis also 75°:105°. An den außerhalb des Prim/Oktav-Kreises gelegenen Schnittpunkten laufen die Strahlen von den Polen her spitzwinklig zusammen, im Innern des zentralen Kreises stumpfwinklig. Bei den Halbtönen liegen von den zehn Schnittpunkten, die jeder der elf Kreise aufweist, sechs außerhalb und vier innerhalb des kleinsten Kreises. Je größer die Kreise, desto mehr Schnittpunkte liegen außen. Bei Quart und Quint sind es schließlich alle zehn.

Lage der Oktavkomplemente

Betrachten wir nun das Verhältnis der verschiedenen Kreise zueinander des näheren! Oktavkomplementäre Intervallgrößen liegen symmetrisch auf gleichgroßen Kreisen. Die einzelnen Erscheinungsformen der betreffenden Komplementärintervalle, zum Beispiel das Quart-Quint-Paar c-f/f-c, liegen auf einer Waagerechten, nicht symmetrisch, aber in einem für jedes komplementäre Paar von Intervallgrößen konstanten Abstand. Im Maßstab unserer Figur beträgt er für Quart-Quint-Paare 11,4 cm. Tabellarisch ergibt sich das folgende Bild (siehe nächste Seite).

Hinter der, wie es auf den ersten Blick scheint, regellos wachsenden Folge der Querabstände verbirgt sich eine überraschende Ordnung. Sie tritt zutage, wenn wir fragen, das Wievielfache des vorhergehenden Gliedes das darauf folgende ist (unterste Zeile). Eindrucksvoll kommt durch die Multiplikatoren zum Ausdruck, daß der distanzmäßig kleine Schritt von den polaren Intervallen zu ihren Nachbarn wesensmäßig unvergleichlich größer ist als die Abstände nichtpolarer Intervalle untereinander.

Oktavkomplementäre Intervallgrößen	Prim Okt.	kl.Skd. gr.Spt.	gr.Skd. kl.Spt.	kl.Terz gr.Sext	gr.Terz kl.Sext	Quart Quint	üb.Quart verm.Quint
Kleinerer Winkel am Schnittpunkt	90°	75°	60°	45°	30°	15°	0°
Querabstand in cm[101]	0	0,8	1,7	3,0	5,3	11,4	∞
Multiplikator von Glied zu Glied		∞	2,16	1,75	1,75	2,16	∞

Lage der Intervallkreiszentren

Interessant ist ferner, daß alle Kreiszentren auf der Peripherie eines anderen Kreises liegen, wie dies die folgende Tabelle auflistet:

1	Zentrum des	1	k2	g2	k3	g3	4	ü4
2	m-Kreises ...	8	g7	k7	g6	k6	5	v5
3	... liegt auf der Peripherie des	v5	k6	k7	1	g2	g3	ü4
4	n-Kreises	ü4	g3	g2	1	k7	k6	v5

Umschreibung auf analoge zwölfstufige Intervallzahlen:

1	Zentrum des	1	2	3	4	5	6	7
2	m-Kreises ...	13=1	12	11	10	9	8	7
3	... liegt auf der Peripherie des	7	9	11	1	3	5	7
4	n-Kreises	7	5	3	1	11	9	7

Auf je einem Zeilenpaar finden wir in jeder Spalte schräg untereinander oktavkomplementäre Intervalle. Sie werden zunächst durch Bezeichnungen wiedergegeben, die den herkömmlichen auf heptatonischer Basis beruhenden Intervallbezeichnungen entsprechen, zum Beispiel k2 = kleine Sekund. Das Zentrum eines Kreises m (Zeilen 1 und 2) liegt jeweils auf der Peripherie des senkrecht darunter angegebenen Kreises n (Zeilen 3 und 4), zum Beispiel die Zentren der Kreise der kleinen Terz und der großen Sext auf der Peripherie des Prim/Oktav-Kreises.

Um die Zahlengesetzlichkeit noch deutlicher hervortreten zu lassen, transkribierten wir das Ganze zusätzlich in ein rein chromatisches System, das die Intervalle von der Prim = 1 bis zur Oktav = 13 beziehungsweise 1 durchnumeriert, wie es uns schon in der "Hexenküche"[102] begegnete.

---

[101] Vgl. Text oben
[102] Vgl. S. 112

Unglaublicher Tritonus

Die Tabelle spricht für sich selbst. Ernstlich stutzen muß man nur beim Tritonus. Wie kann das Zentrum eines Kreises auf seiner Peripherie liegen? Wenn der Kreis unendlich klein wird? Ja, doch davon kann hier nicht die Rede sein. Wir müssen ins unendlich Große gehen und uns von der ehernen arithmetischen Folgerichtigkeit der Zahlen entgegen unserer Vorstellungskraft diktieren lassen, daß in unserem Tritonuskreis mit dem Radius ∞ der Mittelpunkt auf der Peripherie liegt, so wie es bei dem Unding des unendlich kleinen Kreises der Fall wäre, falls man ihn zu denken wagte.

Unser erstes Gedankenexperiment hakt ein bei der Frage, in welcher Richtung - nach links oder rechts - sich denn endlich einmal in der Unendlichkeit der Tritonuskreis zu runden geruhen werde. Antwort: in keiner von beiden. Um einen Kreis, wenn auch um einen unvorstellbaren, muß es sich aber doch unter allen Umständen handeln. Das rettende salomonische Urteil lautet: Sprung in die dritte Dimension! Die senkrechte Symmetrieachse unserer Figur stellen wir uns vor als Projektion einer unermeßlich weiten Kreislinie, die sich senkrecht zur Ebene unserer "ordentlichen" Kreise erstreckt und uns in der Draufsicht als Gerade erscheint.

Jetzt lassen wir unser Auge auf der Geraden entlang wandern. Aber was ist das nur? Wandert doch da genau auf dieser Linie ein leuchtender Punkt mit! Immer ist er gerade an der Stelle, über der unser senkrecht nach unten starrendes Auge im Moment schwebt. Es ist das Zentrum des unendlich großen Kreises, das sich in einen unendlich weit strahlenden Stern verwandelt hat, nur zu dem Zwecke, um für die Perspektive unseres Geistesauges an allen Stellen der Peripherie und sonst nirgends feststellbar zu sein. Ja, nirgends sonst, denn der Tritonuskreis als solcher samt seinem leuchtenden Zentrum muß gerechterweise in sich selbst genauso zweidimensional vorgestellt werden wie seine elf sichtbaren Genossen.

Konkurrierende Tritonuskreise

So haben wir märchenhaft wirklich erreicht, was das Zahlengesetz unerbittlich forderte. Doch ob wir den Tritonuskreis auch in sinnvoller Weise in die Endlichkeit hereinholen und sichtbar zwölffach unterteilen können? Dazu bedarf es einer neuen oder vielmehr unserer alten Perspektive, derzufolge der Tritonuskreis auf der Ebene der übrigen Kreise zu liegen hat.

Nun, jede Parallele zwischen einer durchgehenden und einer unterbrochenen Linie bezeichnet eine Notationsmöglichkeit des Tritonus. Als zwölftes Parallelenpaar kommt die Mittelsenkrechte dazu, in der die Linien von d und gis/as zusammenfallen. Wir bemerken, daß alle mittleren Parallelen, die wir zwischen die sichtbaren Parallelen einfügen können, sich im Mittelpunkt der Figur schneiden. Wir können die Tritoni in Abbildung 52 zwar nicht wie die übrigen Intervalle als Punkte sehen,

wohl aber genau die ihnen vom Mittelpunkt aus zukommende Richtung angeben, und leicht lassen sich am Rande der Figur die Namen der Töne ablesen.
Kombinieren wir so durch einen legitimen Trick das Unendliche mit dem Endlichen, dann dürfen und müssen wir die verschieden weit voneinander entfernten parallelen Linienpaare in jeweils einer mittleren Linie zusammenfallen lassen, denn im Vergleich zur unendlichen Länge der Strahlen schmilzt der Abstand der Parallelen unendlich zusammen. Er wird gleich Null, wenn wir den unendlichen Kreis durch einen ihm im mathematischen Sinne ähnlichen endlichen symbolisieren, wie dies in *Abbildung 54* geschieht.
Ist also der Mittelpunkt der Figur doch der Mittelpunkt des Tritonuskreises, während wir ihn im Verfolg der größer werdenden Intervallkreise unendlich weit draußen suchen mußten? Die Antwort ist typisch für den Tausendkünstiger. Der große Kreis sagt "ja", die hineingefügten zwei kleineren Kreise "nein".
Hinter dem Widerspruch, der für den Tritonus so typisch ist, verbirgt sich eine Einheit. Jeder der drei Kreise meint dasselbe, jeder fixiert die zwölf Erscheinungsmöglichkeiten des Tritonus, aber es werden verschiedene Aspekte der einen Sache hervorgekehrt, die sich in einem einzigen Kreise nicht vereinen lassen. Alles wurzelt im Mittelpunkt der Figur. Der große Kreis hat dort sein Zentrum. Die 24 Radien der Rosette gleichen aufs Haar dem Bild der zwölf Doppelstrahlen, die in Abbildung 52 von jedem der beiden Pole ausgehen. Jetzt sind die Pole in einem Punkt zusammengefallen mit dem Erfolg, daß es außerhalb des nunmehrigen Einpols keine sichtbar zu machenden Schnittpunkte von Geraden, keine Neuigkeiten im Intervallbereich mehr gibt. So bleibt den Doppelstrahlen nichts anderes übrig, als daß ein Ende dem in unendlicher Entfernung gegenüberliegenden anderen zu beiderseitiger Befriedigung das gültige Losungswort zuruft, denn auf dem als unendlich groß aufzufassenden Kreis bezeichnen die beiden Enden jeder Geraden einen und denselben Tritonus.
Wollte dieser Kreis den Alleinvertretungsanspruch des Tritonus erheben, so könnte er als Positiva für sich anführen, daß er aus den Gegebenheiten der Elf-Kreise-Figur durch ein sauberes Spiel mit dem Unendlichen hervorgegangen sei und daß zur Erreichung der allenthalben konstitutiven Zwölfzahl nur *ein* Intervallkreis hinzukommen dürfe. Doch jetzt protestieren die zwei kleineren, der symmetrische Aufbau nach außen hin größer werdender Kreise verlange zwei unendlich große Kreise, die sich in dem Punkte tangierten, in den die gesamte Endlichkeit hineingerutscht war. Außerdem müsse der großspurige Kreis disqualifiziert werden, da er völlig anderer Bauart sei als seine elf endlichen Kollegen. Diese seien alle von der Peripherie her geboren, angefangen von der Wanderung des Tones auf dem Prim/Oktav-Kreis; der große da aber sei von seinem Zentrum her geworden. Der große Kreis kann nichts entkräften, hat aber noch Pulver zu verschießen: "Wie könnt ihr es wagen, den Mund aufzutun, wo jedermann sieht, daß ihr in mich hineingezirkelt seid und keinen anderen Inhalt habt, als den ich euch gebe? Und wenn ihr zwei unter die Intervallkreise aufgenommen würdet, dann wären es dreizehn - unmöglich!" - "Wir sind einer!" rufen die beiden Kleinen. Der Große ist

fassungslos, so daß die beiden fortfahren können: "Wenn wir zwei sind, dann bist du auch zwei, denn du sagst auf deiner großspurigen Peripherie alles zweimal, was jeder von uns einmal sagt." - "Und ihr seid doch zwei, und ich bin einer!" entgegnet der Große.
Sie würden sich noch länger streiten, doch da tritt der große Meister über alle Kreise herein, nimmt ein scharfes Messer und trennt die Figur senkrecht durch. Nur den Mittelpunkt spart er haarscharf aus und macht ihn zum Angelpunkt, um den sich die beiden beweglich gewordenen Hälften drehen können. Dann ruft er die anderen elf Kreise herbei und berührt sie und auch die zwei kleineren Tritonusbewerber mit seinem Zauberstab, daß sie alle gleich groß werden, aber jeder genau seine Gestalt behält. Nur der große Tritonuskreis muß beiseite stehen. Er paßt wirklich nicht in diese Gesellschaft, obwohl sein Abstammungsnachweis für sich genommen einwandfrei ist.

Der Kreis der Intervallkreise

Wie zwölf Medaillons sollen sich jetzt all die Kreise zu einem großen Kreis formieren, so wie die Zahlen auf einem Zifferblatt angeordnet sind.[103] Siehe *Abbildung 55*.
Obenan steht konkurrenzlos der Prim/Oktav-Kreis. "90", ruft er mit lauter Stimme. Offenbar meint er den Schnittwinkel an den zwölf Schnittpunkten auf seiner Peripherie. Die anderen verstehen und schließen sich paarweise rechts und links im Bogen der Reihe nach an. "75", "60", ... Nachdem das Kreispaar der Quart und Quint "15" gerufen hat, kommt der spannende Moment. Jetzt muß der Ruf "Null" ertönen. Aber für die zwei übrigen Kreise mit ihren voneinander abgewandten Strahlen ist da ganz unten nur ein Platz frei. Die beiden schweben herbei, zeigen als Doppelkreis wie mit entfalteten Schwingen ihre Symmetrie und den Nullwinkel. Zufällig bildet die Kontur genau das Zeichen ab, das die Menschen für "unendlich" erfunden haben, Zeichen für ein Etwas, das der Sprache und dem Verstand nur über die Behelfsbrücke der Negation zugänglich und dabei doch nie voll faßbar zu machen ist (Abbildung 55A). Da steht es nun, das Wunderding ohne Anfang und Ende, dessen Zentrum auf der Peripherie gleich von zwei Kreisen liegt und dessen Krümmung überall das gleiche Maß hat. Glänzender Sieg der arithmetischen Folgerichtigkeit unserer früheren Tabelle (s. Seite 174)!
Einige Zeugen der Begebenheit meinen, noch einmal das leise Murren des größeren Tritonuskreises gehört zu haben: "Es sind aber doch zwei!" Da drehen sich die beiden Kreise von rechts und links her um den Angelpunkt bis zur völligen Deckung, und siehe, es stimmt nicht nur der Verlauf ihrer Strahlen völlig überein,

---

[103] Diesen gedachten Ring findet man in Abbildung 55A und 55B nicht kreisförmig, sondern in der Waagerechten so weit zusammengeschnurrt vor, daß die oktav-komplementären Intervalle nahe beieinander stehen. So fällt nicht nur die Symmetrie der Paare deutlicher ins Auge, sondern auch der Eigencharakter der polaren Intervalle.

sondern auch die Benennung der einzelnen Tritoni. Erst erwiesen sie sich nur als symmetrisch, wie das alle Oktavkomplementären sind, jetzt zeigen sie sich identisch, und das bringt nur der Tritonus fertig (Abbildung 55B).
Der Angelpunkt ist durch die Bewegung in seinem Umfeld ganz von selbst zum Gipfelpunkt der Peripherie des einen Kreises geworden, dem die Ehre wird, trotz seiner Unheimlichkeit kollegial im Konsortium der Intervallkreise zu sitzen. Stolzbescheiden läßt er sich am untersten Platz des Medaillonringes nieder (Abbildung 55C).
Stolz machen kann es ihn schon, daß in seiner Strahlengestalt genau die des erhabenen Prim/Oktav-Kreises wiederkehrt.[104] Freilich, das vom untersten Punkt ausgehende Strahlenbündel, das den Prim/Oktav-Kreis zum "Kreis des Thales" macht, kann er, der Kreis der Tritoni, nicht aufweisen. Am Tiefpunkt ist für ihn kein Gegenpol vorhanden, denn der Pol gis ist in den Pol d hinein versunken.

Tanz um die Zwölf

So deutlich wie die Übereinstimmung in der Gestalt beim Prim/Oktav-Kreis und beim Tritonuskreis, so deutlich ist auch der gegensätzliche Charakter dieser Kreise. Der eine thront kraft der Magna Charta der Prim/Oktav-Gleichung in unangefochtener Einzigkeit ob allen oktavkomplementären Zweisamkeiten. Der Kreis der Tritoni dagegen ... Oder muß es heißen: *die* Kreise ...? Da haben wir ihn wieder, den Wechselbalg! Je nachdem, wieviele Tritonuskreise wir gelten lassen, tanzt die Gesamtzahl der Intervallkreise um die stabile Zwölfzahl herum. Man kann sagen, es seien elf Kreise, denn mehr sind auf Abbildung 52 nicht sichtbar. Man kann sagen, es seien dreizehn, wie oben ausgeführt, und wie es auf Abbildung 55A zu sehen ist. Auf den Abbildungen 55B und 55C erscheint der eine Kreis, in den sich die zwei als identisch erwiesenen Tritonuskreise verwandelt haben. Oktavkomplementäre Paare, die sich bei allen nichtpolaren Intervallen auf zwei Kreise verteilen, stehen sich hier auf *einem* Kreis vollzählig diametral gegenüber, wie es die Rosette andeutet.

Genugtuung für den Gegenpol

Immer wieder kommt die besondere dialektische Spannung zum Ausdruck, die dem Tritonus eigen ist. Die geometrisch konsequente Fortsetzung in Abbildung 55 führt beim Tritonus auf zwei Kreise. Dadurch wird er zusammen mit allen anderen Intervallkreisen dem einen Prim/Oktav-Kreis gegenübergestellt – berechtigtermaßen insofern, als bei allen Intervallen außer der Prim/Oktav zwei wesensverschiedene Toncharaktere beteiligt sind. Doch der Tritonus ist anspruchsvoll. Es

---

[104] Vgl. Abbildung 14

genügt ihm nicht, ganz so wie die anderen Intervalle anerkannt zu werden. Er will Gegenpol der in der Oktav sich selbst bestätigenden Prim sein. Darum tritt er den Beweis an, daß er es auch schafft, mit *einem* Kreis alles zu sagen, was zu sagen ist.
Was müßte der Tritonus heutzutage fühlen, wenn er ein fühlendes, erinnerndes Wesen wäre! Einst umging, verschwieg, verketzerte ihn die Theorie, obwohl er in den Maßen der uralten quintgezeugten siebenstufigen Skala strukturell nicht nur existiert, sondern eine letzte Gipfelung darstellt. Heute widerfährt dem Ursprungspol etwas Vergleichbares. Da wird in atonaler Komposition die Oktav aus dem Kreis gleichberechtigter Intervalle ausgeschlossen (womit man ihr freilich nolens volens einen gewichtigen Tribut zollt).
Natürlich, die Statuierung von zwölf radikal entpolarisierten (weil unterschiedslos polarisierten) Tönen geschieht nicht ausdrücklich im Namen des Tritonus. Aber wenn denn die Oktav - die Königin der im übrigen beiseite geworfenen Obertonreihe - in gleichgroße Stücke geteilt wird, dann gebührt der Zweiteilung und damit dem Tritonus der Primat unter den Intervallen.[105]

Die Elemente des Intervallpunktsystems

Durch die neue Sicht von Abbildung 52 sind *Strahlen*, die ursprünglich nur Trennstriche für Teilungen der Peripherie des Oktavkreises waren, zum geometrischen Ort für das Auftreten eines bestimmten Tones in irgendeinem Intervall geworden. *Peripherien* werden zum geometrischen Ort der verschiedenen Konkretisierungen (Benennungsmöglichkeiten) eines und desselben Intervalls. *Strahlenschnittpunkte* werden zu Intervallen mit Einschluß des Sonderfalls Prim/Oktav.
Aus dem Tonpunktsystem heraus ist also ein Intervallpunktsystem entwickelt worden. Das könnte man zwar auch im Rahmen der Tonebene tun, aber wir verzichten darauf, denn es fehlt dafür die Begründung, die uns den Kreisen solch außerordentliche Beachtung schenken ließ. Sie liegt in der schon eingangs erwähnten faszinierenden Analogie zu physikalischen Kraftlinien. Übereinstimmungen und Verschiedenheiten wollen wir in gleicher Weise herausstellen.

---

[105] Ein anderes Beispiel dafür, in welcher Weise ein personifizierter Tritonus als gleichscheinendes Gegenstück gegenüber der Prim/Oktav in echt polarer Weise aufzutrumpfen versteht, das lohnt sich in diesem Zusammenhang auf S. 140f. noch einmal nachzulesen und auf Abbildung 37D mitzuvollziehen.

Physikalische und musikalische Feldlinien

Materielle Demonstration und ideelle Konstruktion des elektrischen Feldes

Legen wir neben unsere große Elf-Kreise-Figur (Abbildung 52) die dem Handbuch der Physik (Band XVI) entnommene mathematisch konstruierte *Abbildung 56* und dazu das Feldlinienbild aus Pohls Elektrizitätslehre *(Abbildung 57)*, so treten als grundlegende Gemeinsamkeit Kreisbögen hervor, die beide Pole verbinden.
Abbildung 57 gibt den materiellen Beweis der Realität des nichtmateriellen Feldes wieder. Zuvor in wahlloser Neutralität auf einer Glasplatte beieinander liegende winzige Gipskriställchen haben sich unter dem Einfluß zweier entgegengesetzt geladener elektrischer Pole so angeordnet, wie es dem Verlauf der unsichtbaren Feldlinien im einzelnen zwar ungenau, im ganzen aber eindeutig entspricht. Abbildung 56 zeigt in idealer Reinheit eine mathematisch wohlgeordnete Auswahl dieser unsichtbaren Feldlinien. Sie beschreiben den Weg, den ein irgendwo im Feld befindliches frei bewegliches elektrisches Teilchen auf seiner Wanderung zwischen den Polen nehmen müßte.
Der Gedanke des auf einem Kreisbogen frei beweglichen Teilchens trifft sich mit dem des wandernden Tones. Beide Mal geht es im wesentlichen nicht um ein Etwas, das sich wirklich bewegt, sondern um die unterschiedlich starken Einflüsse der Pole an den verschiedenen Punkten des Weges.

Strahlenbündel elektrisch gedeutet

Der hervorstechendste Unterschied zwischen den Abbildungen 52 und 56 sind die ursprünglich musikalisch verstandenen Strahlenbündel, die von den Polen ausgehen. In Darstellungen des elektrischen Feldes habe ich sie nicht gefunden, und doch haben sie auch eine physikalische Aussagekraft. Genau die Gestalt eines solchen Doppelstrahlenbündels würden die Feldlinien des einen Poles annehmen, wenn der andere ausgeschaltet wäre.
Oder umgekehrt: Es ist, als ob sich zwei entgegengesetzt geladene Einpole eingefangen hätten und jeder starrsinnig die Struktur des Feldes allein bestimmen wollte, was natürlich nicht gelingen kann. Als Feldlinien sind die gebündelten Strahlen somit entmachtet, aber hintergründig wirken sie weiter. Ihre Schnittpunkte – Störfaktoren im Sinne der Einpoligkeit – sind zu Wegmarken geworden für den Verlauf der kreisbogenförmigen Kraftlinien des zweipoligen Feldes.

Niveaukreise musikalisch gedeutet

Hatte sich uns soeben eine beim Nachdenken über Musikalisches gewonnene Gestalt im Physikalischen bewährt als ein Erklärungsaspekt und eine einfachste

Konstruktionshilfe für den Kraftlinienverlauf auf dem bipolaren Felde, so ist es umgekehrt bei den polumringenden Kreisen. Sie waren in der Konzeption von Abbildung 52 nicht vorhanden, sondern wurden nach dem Vorbild von Abbildung 56 sinngemäß eingefügt. Dahinter stand die Frage, ob sie auch musikalisch etwas bedeuten.

Diese Kreise sind die Linien, auf denen man eine elektrische Ladung bewegen kann, ohne daß die Feldkräfte fördernd oder hemmend wirken. Sie stehen zu den Feldlinien im Koordinatenverhältnis und schneiden sich deshalb rechtwinklig mit ihnen.[106] Wenn auf den musikalisch verstandenen Feldlinien die einzelnen nach der Zwölfordnung festliegenden Punkte das gleiche Phänomen, zum Beispiel "große Terz", an immer neuem Tonmaterial darstellen (d-fis, es-g und so weiter), dann ist zu erwarten, daß sich auf den polumringenden Kreisen Punkte finden werden, die umgekehrt aus dem gleichen Tonmaterial verschiedene Phänomene bilden. Und so ist es, wie wir sehen werden, tatsächlich. Es liegen ja symmetrisch rechts und links von jedem Pol auf dem zentralen Tonkreis (Prim/Oktav-Kreis) nur je zwei Tonpunktpaare, in denen die Peripherie des Tonkreises von einem Kreis rechtwinklig geschnitten werden kann, der auf der Mittelsenkrechten unserer Figur zentriert ist. Um den Pol d sind es das nächstgelegene Paar cis und es und das übernächste c und e. Bei dem folgenden symmetrischen Tonpunktpaar h und f löst die Mittelwaagerechte unserer Figur das ein, was für alle Kreisbegegnungen außerhalb der Pole vorgeschrieben ist: rechtwinklige Schnittpunkte! Von beiden Polen her betrachtet ist diese Gerade ein Kreis mit dem Radius ∞ und damit ein Tabu für reale Niveaukreise.

Was liefern nun die weiteren zwei Punkte eines jeden der vier polumringenden Niveaukreise, in denen sich diese mit polschneidenden kreuzen? Im Sinne unserer Prognose liefern sie zu den je zwei *Tönen* die zwei oktavkomplementären *Intervalle*, die diese Töne miteinander bilden. Wo zum Beispiel die unterbrochene Linie des c-Strahls zum zweiten Mal die Peripherie des Niveaukreises schneidet, liegt die kleine Sext e-c; und wo der unterbrochene e-Strahl den entsprechenden zweiten Schnittpunkt hat, liegt die große Terz c-e. Vom Material her sind die Töne eines Paares und die aus diesen Tönen entstehenden Intervalle ein und dasselbe. Die Töne sind

---

[106] Ebenso stehen in der Kartographie Schraffen - in der Richtung des stärksten Gefälles verlaufend - den Höhenlinien gegenüber, die Punkte gleichen Niveaus verbinden. Werden beide Darstellungsweisen miteinander verbunden, so entstehen rechtwinklige Schnittpunkte. Auf einer Straße, die im Sinne einer Höhenlinie verläuft, ist für den Transport einer Last keine Energie zur Überwindung der Gravitationskraft aufzubringen, wie dies bei Straßen mit Steigung notwendig ist. In Anlehnung an die Gravitation spricht man auch beim elektrischen Feld von "Niveaulinien" oder wegen der gewölbten Fläche, die im dreidimensionalen elektrischen Feld dasselbe elektrische "Niveau" hat, von "Niveauflächen". Auch unsere gedachte ebene Straße umschließt, wenn sie ein Bergmassiv umringt, eine potentielle Niveaufläche, nur daß diese eben ist. Es läßt sich ein dichtes Gewebe ebener Tunnel durch das Bergmassiv denken, in denen an allen Punkten dieselben Gravitationsverhältnisse gelten wie auf der Ringstraße. Im Blick auf unsere Figuren können wir die polumringenden Kreise jedoch ruhig Niveaukreise nennen, da *wir* die vergleichsweisen "Tunnel" nicht brauchen.

das, was sie sind, in unlösbarer Verbindung mit ihren Abständen voneinander. Töne und Intervalle liegen, obwohl verschiedene Phänomene, doch gleichsam auf demselben Niveau. Es bedarf keiner zusätzlichen Elemente, um aus Tönen die entsprechenden Intervalle entstehen zu lassen.

Die Parallele zu den Verhältnissen auf den elektrischen Niveaukreisen liegt auf der Hand, unbeschadet des Gegensatzes, daß beim elektrisch verstandenen Niveaukreis alle Punkte gleiche Gültigkeit haben, beim musikalisch verstandenen dagegen nur vier Punkte aktuell sind. Dennoch, auch für die nur vier Punkte bildet unser Kreis den schlüssigen geometrischen Ort. Und wie passend, daß es nur vier Punkte pro Kreis sind! Denn welches weitere Phänomen außer den zugehörigen Intervallen sollte ohne Zutat von außen aus zwei nackten Tönen zu gewinnen sein? Zugegeben, von der Musik her käme man kaum auf den Gedanken der Niveaukreise, doch ebenso zugegeben, daß diese Kreise ihre Prüfung auf musikalische Relevanz redlich bestanden haben.

Vergleich der Kreisanzahlen

Das mathematische Prinzip der Anordnung unserer Kreise ist in den Abbildungen 52 und 56 gleich, nicht aber die Anzahl der Kreise. In Abbildung 52 ergeben sich aufgrund einer Zwölfteilung elf sichtbare polschneidende Kreise, in Abbildung 56 sind es nur neun, offensichtlich weil das Zehnersystem Pate gestanden hat. Das lag nahe, aber unter physikalischem Gesichtspunkt hätte auch eine andere Zahl gewählt werden können. Die musikalische Polarität ist dagegen an die Zwölfzahl gebunden. Wäre es anders, so müßte zum Beispiel die neutrale Terz einen mittleren Konsonanzgrad zwischen kleiner und großer Terz haben. Die Gültigkeitsbeschränkung auf die zwölf Tonpunkte spricht nicht gegen die Legitimität der Analogie. Wie schon bei den Niveaukreisen ausgeführt, sind alle Kreise geometrischer Ort verifizierbarer Punkte, mögen es nun zahllose oder eine bestimmte Anzahl von Punkten sein.

Bei der Darstellung des elektrischen Feldes ist auch das Verhältnis der Anzahlen polschneidender und polumringender Kreise nicht grundsätzlich festgelegt. In Abbildung 52 stehen elf polschneidenden Kreisen unabänderlich vier polumringende gegenüber, in Abbildung 56 ist das Verhältnis 9:8, stattdessen auch eine andere Wahl hätte getroffen werden können.

Kreislauf oder nur Kreisbild?

Da wir in diesem Kapitel vom Gestaltvergleich unserer drei Figuren ausgegangen sind, kommen wir erst jetzt zu einem inhaltlichen Gegensatz zwischen physikalischen und musikalischen Feldlinien, der zunächst unüberbrückbar erscheint. Der Tonkreis und die aus ihm entwickelten Intervallkreise meinen von ihrer

Konzeption her einen wirklichen Kreislauf. Der wandernde Ton kehrt zu seinem Ursprungspol zurück und hat dort sein Ziel und Ende. Bei dem, was an elektrischen Feldlinien geometrisch in Kreisform erscheint, handelt es sich dagegen um zwei Kreisbogenstücke gleicher Krümmung, die beide von demselben Pol als Kraftlinien in entgegengesetzter Richtung ausgehen und beide aus entgegengesetzter Richtung in den anderen Pol einmünden. Der Bildeindruck der Abbildung 52 kehrt insofern die Eigenständigkeit jedes Kreisbogenstücks hervor, als dem schlichten Betrachter vor allem die symmetrischen Systeme von Kreisbogenstücken beiderseits der Mittellinie ins Auge fallen, während es Mühe machen kann, die zwei Bogenstücke zusammenzuschauen, die rechts und links der Mittellinie liegend einen Kreis bilden. Noch schwerer wäre dies, hätten wir nicht den kleinsten Kreis etwas hervorgehoben. Die Veranlassung, dies zu tun, lag im musikalischen Bereich und nicht im physikalischen.

Doch nun ist festzustellen, daß der Gegensatz zwischen Kreisbogenstücken und Vollkreis keineswegs unüberbrückbar ist, denn der distanzmäßig rücksichtslos über den Tritonuspol hinweglaufende Tonkreis nimmt konsonanzmäßig seinen Weg so, daß von den Polen aus nach rechts und links hin die Grade der Konsonanz und Dissonanz im gleichen Sinne angeordnet sind, wie es der Richtungsbestimmtheit elektrischer Feldlinien entspricht.

Gestaltvergleich mit Botanischem

Wir kehren zurück zum Bildeindruck der Kreisbogenstücke und lassen uns mitnehmen in einen weiteren Bereich der Polarität. Bei der Charakteristik des Quint-Quart-Paares[107] wurde ein musikalisches Phänomen in Analogie zur weiblich-männlichen Polarität betrachtet. Jetzt lassen wir den musikalischen Aspekt für einen Augenblick beiseite und gestehen uns die Ähnlichkeit symmetrisch zwischen die Pole gespannter Kreisbogenstücke mit Früchten ein. Im Innern des kleinsten Kreises erscheint die Gestalt der Zitrone, auf diesem Kreis die der Apfelsine und symmetrisch über diesen hinausreichend die des Apfels. Die Dichte der Feldlinien, die der Intensität des Feldes in der betreffenden Region entspricht, ist am größten bei der Zitrone und nimmt über die Apfelsine zum Apfel hin ab. Dies stimmt überein mit der Schärfe der Fruchtsäfte. Wir stoßen hier auf eine Analogie von Physikalischem und Botanischem unter dem Gesichtspunkt der Polarität, unter dem wir im Folgenden auch die Musik wieder einbeziehen können. Eins ist bei den genannten drei Früchten sehr deutlich: An zwei entgegengesetzt gelegenen Stellen, die sich der Gestalt nach bis zur Grenze der Identität ähneln können, haben die zwei wesensmäßig entgegengesetzten Kräfte angegriffen, durch die die Frucht zur Frucht geworden ist, eine Parallele zur Gestaltgleichheit des Umfeldes unserer musikalisch oder elektrisch auffaßbaren Figuren trotz *und* infolge der Gegen-

---

[107] Vgl. S. 75

sätzlichkeit dieser Pole. Durch den Basispol (bei unseren Figuren wie bei den am Baum hängenden Früchten oben gelegen) gehen die Kräfte und Säfte der Pflanze in die werdende Frucht ein, deren Teil die Frucht selber ist. Doch da muß noch ein anderes von außen heran- und hereinkommen, nicht nur Licht, Luft, Sonne, sondern zu bestimmter Zeit einmal ein Befruchtungskörperchen, das von der gleichen Pflanzenart stammt, das aber auf einem langen oder kurzen Weg je nach der Spezies durch Insekten oder durch den Wind von außen auf die empfangsbereite Narbe transportiert wurde. Eigenartiges Spiel, wo man doch die Vorform der Frucht zur Zeit der Befruchtung schon erkennen kann und wo doch nicht wenige Pflanzenarten auf mancherlei Wegen beweisen, daß Leben auch ohne Befruchtung weitergehen kann. Ein Gebilde, das die Potenz des Fruchtwerdens in sich trägt, braucht zum wirklichen Fruchtwerden die Verbindung mit dem Artgleichen, das wie ein Fremdes von außen hereinkommt - darin muß ein tiefer Sinn liegen. Und in jedem Schnittpunkt eines durchgehenden und eines unterbrochenen Strahls von Abbildung 52 ist etwas von diesem Eigenartigen verborgen.

Dichtes Feld - sekrete Linien

"Materielle Demonstration und ideelle Konstruktion des elektrischen Feldes", dieses erste Unterthema unseres Kapitels greifen wir nochmals auf und stellen zunächst einen Gegensatz fest zwischen dem nichtmateriellen Feld als solchem einerseits und den Möglichkeiten seiner Darstellung andererseits. Es gibt, so weit das Feld reicht, keinen Punkt, von dem man sagen dürfte, durch ihn könne keine Feldlinie gehen. Das Feld als solches ist dicht, ist kontinuierlich. In eigenartiger Übereinstimmung aber zeigen die Abbildungen 52, 56 und 57 aus ganz unterschiedlichen Gründen voneinander abstehende Linien. Der unendlichen Zahl immaterieller potentieller Feldlinien stehen endliche Anzahlen linienförmiger Gebilde gegenüber.
Bei dem Experiment mit den Kristallspänen (Abbildung 57) bewirken die Feldkräfte die Anordnung magnetisierter Teilchen zu Dipolketten und damit zugleich die Abstoßung der Ketten voneinander. Auffallend ist, wie wenig Rundung die einzelnen Teilketten auch und gerade dort zeigen, wo sie am deutlichsten ausgeprägt sind - und wie gut sich trotzdem Kreise dem Duktus der Figur einfügen, die wir nach dem Prinzip der Abbildungen 52 und 56 in Abbildung 57 einzeichnen können. Es liegt nahe, daß Dipolketten zur Geradlinigkeit tendieren, denn dann ist der Abstand von einem Pol zum nächsten gleichnamigen am größten. Es ist aber auch klar, daß für die Gesamtform die Rundung der ideellen Feldlinien den Ausschlag gibt, da die Dipolketten ihre Entstehung erst der Kraft verdanken, für die die Feldlinien als Symbol stehen. Im einzelnen werden bei jedem Ergebnis des Experiments von Abbildung 57 Zufälligkeiten eine gewisse Rolle spielen, aber die Deutlichkeit der Linienbildung in Verbindung mit der relativen Kürze der in sich so wenig gerundeten Teillinien scheint doch auf ein Gegeneinander- und

Zusammenwirken von Kräften der Geradlinigkeit und der Rundung hinzuweisen. Die Kriställchen haben ihre in der Physis liegenden Gründe, abständige Linien zu bilden, obwohl das Feld kontinuierlich ist; der Mensch (der in Abbildung 52 und 56 nicht mehr der im Experiment die Natur Befragende, sondern der Konstrukteur ist) hat zuallererst menschliche Gründe, voneinander abständige Feldlinien zu konstruieren. Ein mehrdimensionales Kontinuum von Linien läßt sich nicht zeichnen. Der Mensch muß sich - wie immer wieder in den großen und kleinen Dingen des Lebens - mit einer Auswahl begnügen. Doch hocherfreulich, die Not wird zur Tugend, wenn die Auswahl nur sinnvoll getroffen wurde. Das mit mathematischer Konsequenz aufgebaute Kreisbogensystem von Abbildung 56 ist kein Notbehelf, sondern vermag die Eigenschaften des elektrischen Feldes besser darzustellen, als es die Abbildung des physikalischen Experiments vermag. Die physikalisch wichtige Tatsache, daß die Feldspannung um so größer ist, je dichter die Feldlinien beieinander liegen, kommt nur in den mathematisch konstruierten Figuren richtig zur Geltung.

Gedrängte Feldlinien - Maß auch musikalischer Spannung?

Doch nun ist zu fragen, ob bei den Intervallkreisen von Abbildung 52 beziehungsweise Abbildung 53 ein dem physikalischen analoges musikalisches Phänomen bezüglich der Feldstärke erkennbar wird. Engführung der Feldlinien, also starke Spannung, würde mit Dissonanz zusammenpassen, umgekehrt weite Abstände, also niedrigere Spannung, mit höherem Konsonanzgrad. So verhält es sich auch im Außenfeld um den Tonkreis herum. Quint und Quart, von alters als stabile Konsonanzen anerkannt, haben die am weitesten ausgreifenden Kreise. Und wenn ihre Peripherie auch zwischen den Polen durchs Gedränge des Tonkreisinneren geht - wie alle Intervallkreise -, so tut das ihrem weiten Wesen keinen Abbruch. Zwischen den Polen liegt keine einzige Konkretion der Quart oder Quint, in den Polen versteckt sich (wie das bei jedem Intervall der Fall ist) je eine, nämlich a-d und g-d, gis-cis und as-es. Alle anderen Konkretionen der Quart beziehungsweise Quint liegen im Bereich der großen Abstände. Die Kreise der dissonantesten Intervalle (kleine Sekund und große Septim) dagegen halten sich eng an den ihnen wesensfremden, aber eben deshalb besonders anziehenden Prim/Oktav-Kreis. 5/12 der Peripherie dieser Kreise dissonantester Intervalle liegen innerhalb des Tonkreises und sind mit je vier Konkretionen ihres Intervalls bestückt. Aber auch das größere Bogenstück der beiden Kreise nützt den weiten Raum recht wenig, der ihm mit dem Durchbruch durch den Ring des Tonkreises eröffnet ist. Wie ganz anders sah es bei Quart und Quint aus: kein Intervallpunkt und nur 1/12 der Peripherie innen! Die Kreise der mittleren, polfernen Intervalle ordnen sich erwartungsgemäß ein.

Einheit und Gegensätzlichkeit von Innen- und Außenfeld

Schon der Bildeindruck von Abbildung 56 suggeriert im Innern des Tonkreises ein Drängen der Linien nach der Mitte hin und im Außenfeld einen Drang in die Weite. Verstärkt und objektiv begründet wird dies in den Abbildungen 52 und 53 durch die Strahlenschnittpunkte, und wir vergessen nicht, daß es bei unserer auch physikalisch herleitbaren Konstruktion die Schnittpunkte waren, denen die Kreise ihre Existenz verdanken. Außerhalb des Tonkreises weisen zunehmend spitzer werdende Winkel wie Pfeile von den Polen weg, im Innern drücken zunehmend stumpfe Winkel die Bogenstücke auf die kritische Mittelsenkrechte zu, die in der Endlichkeit nicht erreicht werden darf, und die Bogenstücke scheinen auf die Pole zuzulaufen. Es passiert an der Grenze, die der Tonkreis bildet, etwas Eigenartiges, was keine physikalische Entsprechung hat. Den Tonkreis mußten wir als Primkreis auffassen, wenn wir ihn von außen her, etwa vom Quartenkreis her, nach innen gehend erreichten, wobei das Intervall des nächsten Kreises immer um einen Halbton kleiner wurde. Im Augenblick des Überschreitens der Tonkreislinie wechselt der Aspekt. Das benachbarte Bogenstück auf dem Innenfeld gehört zum Kreis der großen Septime. Von daher betrachtet ist also der Tonkreis (= Primkreis!) als Oktavenkreis zu verstehen, denn die Ordnung, daß die Intervalle benachbarter Kreise um einen Halbton differieren, gilt auf dem gesamten Feld. Und nun folgen auf kleiner werdenden Bogenstücken (die zu größer werdenden Kreisen gehören!) die halbtonmäßig benachbarten Intervalle große Septim, kleine Septim, große Sext, kleine Sext, Quint, bis im Tritonus der Bogen zur Strecke entartet. Dasselbe Spiel könnten wir natürlich auch vom Quintenkreis aus nach innen machen.

Die Verhältnisse auf dem Innen- und Außenfeld verlangen in ihrer Beziehung zueinander noch weitere Klärung. Auf dem Außenfeld verteilen sich 80 Intervallpunkte auf eine Fläche, die etwa 28mal größer ist als das Innenfeld des Tonkreises, auf dem sich 20 Intervallpunkte drängen. Auf dem ersteren nimmt nach außen hin in gegenseitiger Verkoppelung dreierlei zu: 1. der Abstand der Feldlinien voneinander, 2. der Winkel, den die Bogenrundungen beschreiben, 3. der Abstand benachbarter Intervallpunkte auf einem Intervallkreis.

Auf dem Innenfeld gelten Punkt 1 und Punkt 2 auch. Bei Punkt 3 dagegen werden die Abstände zwischen benachbarten gleichartigen Intervallpunkten von der Mitte her bis zur Peripherie des Tonkreises kleiner. Der Längenzuwachs von einem Bogenstück bis zum nächsten nach außen hin benachbarten, wie er sich aus 1. und 2. ergibt, ist zu gering, um die größer werdende Anzahl der Platz heischenden Intervallpunkte auszugleichen. Ebendies führt zu dem Aspektwechsel an der Tonkreisgrenze, wo der Ausgleich Ereignis wird, so daß von da ab nach außen hin benachbarte Strahlenschnittpunkte auf einem Intervallkreis in stetig steigendem Maße weiter voneinander abliegen.

Es wurde schon gesagt, daß dieser Wechsel keine physikalisch relevante Entsprechung habe. Und doch ist ein über die äußere Gestaltgleichheit hinausgehender struktureller Zusammenhang von Physikalischem und Musikalischem nicht zu leugnen. Wie schon auf Seite 181f. dargelegt wurde, kann es kein Zufall sein, daß sich die Kreisgestalten der bisphärischen Koordinaten auf dem bipolaren elektrischen Feld mathematisch aus dem Zusammenwirken zweier zunächst einpolig vorgestellter Felder mit ihren geraden Linien ergeben - ebenso wie jeder unserer musikalischen Pole seine Strahlen aussendet, als gäbe es den anderen Pol nicht. Da es ihn aber doch gibt, kommt es zu fruchtbaren Komplikationen in Gestalt der Schnittpunkte. Und als geometrische Orte von Schnittpunkten gleicher Winkelverhältnisse erscheinen die Intervallkreise.

In der Physik läßt sich dieser die Physik berührende mathematische Tatbestand ohne praktischen Schaden eliminieren, musiktheoretisch gewinnt er überragende Bedeutung. Setzen wir somit die normalerweise auf den Darstellungen des bipolaren elektrischen Feldes nicht zu findenden Strahlen in dieses ein, so tun wir dasselbe, was beim Parallelogramm der Kräfte selbstverständlich ist. Man bedient sich entsprechender Hilfslinien, die die zusammenwirkenden Kräfte auseinandernehmen. Der Schwimmer steuert das gegenüberliegende Ufer an, die Strömung trägt ihn flußabwärts. Die Seiten des Parallelogramms sind nicht die Abbildung des tatsächlichen Weges des Schwimmers, aber sie machen das Gesetz anschaubar, das den Weg so und nicht anders verlaufen läßt. Genau so in unserem Falle.

Siebenmal dichter ist die Innenfläche mit Schnittpunkten besetzt als die Außenfläche, und zwar um so dichter, je größer die Bogenstücke und ihre Abstände voneinander werden. In diesem engen Bezirk laufen also elektrische Feldspannung (bei der größer werdende Linienabstände Verringerung der Spannung anzeigen) und Spannungsgrade der musikalischen Intervalle (die bei dichter werdendem Besatz der Linien mit Intervallschnittpunkten spannungsgeladener werden) stracks widereinander, wofür letztlich das Ineinssetzen von Prim und Oktav verantwortlich ist. Ebendies war aber gerade der Ausgangspunkt für die Aufdeckung einer musikalischen Polarität, die den Vergleich mit dem elektromagnetischen Feld herausfordert.

Was nun? Schon mehrfach fanden wir jenseits von scheinbar nicht zu überbrückenden Andersartigkeiten der physikalischen und musikalischen Deutungen unserer Kreise überraschende Gemeinsamkeiten. Das musikalisch Sinnvolle, das sich im vorliegenden Problem widerspiegelt, ist schon auf Seite 187 skizziert. Wir gehen der Sache weiter nach und präzisieren die Frage, welche Konkretionen eines Intervalls auf die Innenfläche zu liegen kommen. Es sind diejenigen, die sich in chromatischer Folge zwischen *die* beiden Konkretionen einschichten lassen, welche in den Polen versteckt sind (also die d zur Spitze haben beziehungsweise gis/as zur Basis).

Wie die Tabelle auf Seite 189 zeigt und wie am deutlichsten auf Abbildung 53 zu sehen ist, liegt keine einzige Konkretion des Quint-Quart-Paares auf dem Innenfeld. Dieses Paar der ersten Oktavteilung ist also von dem physikalisch-musikalischen Zwiespalt der übrigen Intervalle nicht betroffen und tritt damit unter bestimmtem Aspekt (Gerüstbau der Fünf-, Sieben- und Zwölftönigkeit) von allen anderen Intervallen weg auf die Seite des ebenfalls über unseren Streit erhabenen Prim/Oktav-Kreises.[108]

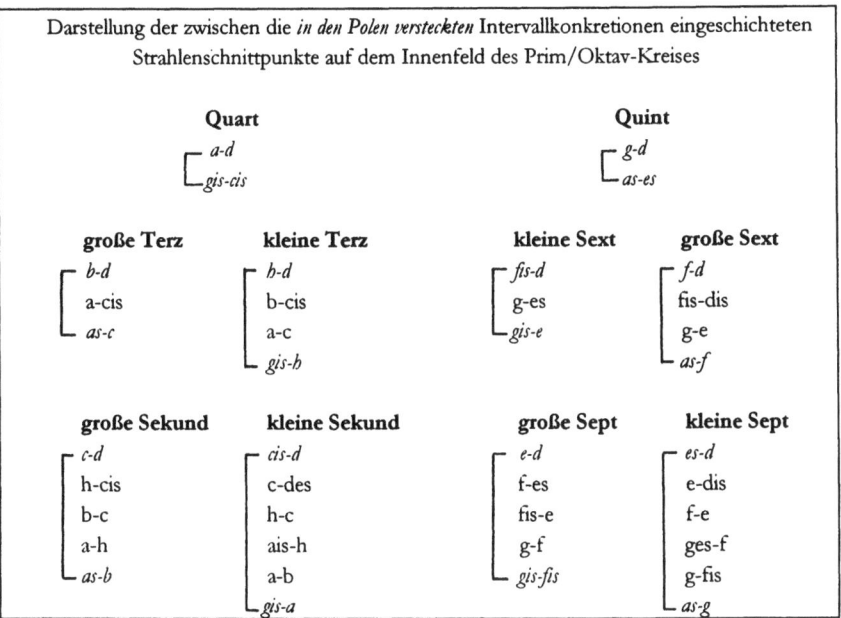

Die Frage, ob die Intervallkonkretionen des Innen- und Außenfeldes je eine musikalisch signifikante Gruppe bilden, ist mit gutem Grund zu verneinen. Das

---

[108] Unser fundamentaler Tonkreis hört tatsächlich auf, irgendeine Sonderrolle zu spielen, wenn wir die Figur lediglich von physikalischen Aspekten her nach Richtung und Stärke der Feldkräfte befragen. Ein bißchen in sich widersprüchlich könnte man sagen, die beiden symmetrischen Bogenstücke, die "zufällig" einen kompletten Kreis ergeben, lägen als allerdurchschnittlichstes symmetrisches Paar zwischen dem Feldliniengedränge innen und der Weiträumigkeit außen. Betrachten wir jedoch die Figur unter mathematischen Gesichtspunkten, so tritt der Sonderfall "kleinster Kreis" als einziger symmetrisch in der Gesamtfigur liegender Vollkreis klar hervor - nach der Sache noch mehr als nach dem Bildeindruck.
Wie man die physikalische Eigenbedeutung des kleinsten Kreises gegenüber den größeren hinterfragen muß, so umgekehrt auch die musikalischen Potenzen der größeren Kreise beim Vergleich mit den Polaritätsverhältnissen auf dem kleinsten Kreise. Da aus der Perspektive der größeren Kreise die Tonkreispole nicht mehr polar zueinander stehen - Abbildung 53 zeigt es am eindrücklichsten -, ist die spezifische Polarität des Tonkreises in dem bekannten Doppelsinne "aufgehoben". Nur die chromatische Anordnung der Tonpunkte bleibt bei den Intervallpunkten bestehen und damit die allgemeine Polarität, derzufolge *jeder* Ton- oder Intervallpunkt ein polar zu verstehendes Gegenüber auf der Peripherie seines Kreises hat.
Der Gültigkeitsbereich der Analogie von physikalischen und musikalischen Feldlinien wird durch diese Feststellungen eingegrenzt, aber die Gestaltgleichheit elektrischer und musikalischer Feldlinien wird in ihrer grundsätzlichen Bedeutung dadurch nicht erschüttert.

Spezifische müßte ja in einer besonderen Beziehung zu den Polen bestehen. Für einen Intervallkreis sind aber - aus dessen Perspektive betrachtet - die Pole von Abbildung 52 keine echten Pole mehr. Abbildung 55 führt das besonders deutlich vor Augen. Der Eigencharakter des jeweiligen Intervalls, dessen Konkretionen sich unbekümmert um Innen- oder Außenfeld gleichabständig über die Peripherie des Intervallkreises verteilen, blendet die spezifischen Polaritätsverhältnisse des Tonkreises aus.

Der physikalisch-musikalische Gegensatz auf dem Innenfeld und die Übereinstimmung auf dem Außenfeld sind das Resultat zweier sich überlagernder Aspekte, die auf denselben mathematischen Tatbestand zurückgehen. Beide Aspekte sind - jeder für sich genommen - auf dem Gesamtfeld gültig.

Physikalisch gilt auf dem Gesamtfeld: je dichter die *Feldlinien*, desto größer die elektrische Spannung. Dieser Aspekt faßt die durch die Pole begrenzten - nicht die polschneidenden! - symmetrischen Kreisbogenstücke ins Auge und läßt die Gestalt voller Kreise als unwesentlich beiseite.

Musikalisch gilt auf dem Gesamtfeld: je dichter die *Strahlenschnittpunkte* eines Intervalls, also je kleiner der Intervallkreis, desto größer die musikalische Spannung (Dissonanz). Dieser Aspekt basiert auf dem Prim/Oktav-Vollkreis, auf dem jeder einzelne Ton samt seiner Oktave wegen seiner komplementär entgegengesetzten Spannungsverhältnisse zu den beiden Polen als in sich ruhende vollkommene Konsonanz und damit als potentieller Pol stabilisiert wird.

Zu seinen nächsten Nachbarn hat dieser kleinste Kreis die Kreise der schärfsten Dissonanzen, ebenso wie der unendliche Tritonuskreis als endliche "Nachbarn" die Kreise der stabilen Rahmenintervalle Quint und Quart hat. Die Intervallkreise verhalten sich demnach untereinander so, wie wir es von den Spannungsverhältnissen der Tonpunkte des Prim/Oktav-Kreises her kennen. In der Widersprüchlichkeit der beiden Aspekte auf dem Innenfeld aber steckt dennoch eine Ordnung. Die Diskrepanz der Aspekte nimmt im selben Sinne zu wie die Dissonanz der Intervalle (in Abbildung 53 links der Mittelsenkrechten vom Bogenstück der großen Terz an mit einem Schnittpunkt bis hin zum Bogenstück der kleinen Sekunde mit vier Schnittpunkten; rechts der Mittelsenkrechten dasselbe mit den Komplementärintervallen).

Was steckt physikalisch und musikalisch hinter dem "unendlichen Kreis"?

"Das Spiel mit dem Unendlichen" nennt die ungarische Mathematikerin Rózsa Péter ihr Büchlein, mit dem sie dem Nichtmathematiker hilft, etwas vom Wesen der Mathematik zu begreifen. Mit dem Unendlichen haben auch wir in unseren Betrachtungen inmitten von lauter Endlichkeiten gespielt, am sinnfälligsten wohl in Abbildung 55, wo das Unendliche unfaßbar faßlich wurde, weil die Endlichkeit in einen Punkt hineinversunken war. Uns bleibt die Frage, was denn der unendliche Kreis, der sich in arithmetischer wie geometrischer Konsequenz zwingend ergibt,

zu bedeuten habe, wenn wir ihn zum einen aus physikalischer, zum andern aus musikalischer Perspektive betrachten.
Der Physiker könnte die Denkunmöglichkeit eines "wirklichen" Kreises mit dem Radius ∞ in Verbindung mit der Tatsache bringen, daß jedes reale physikalische Feld irgendwo einmal im Endlichen verendet, so wenig sich auch ein End*punkt* fixieren lassen mag.
Die polschneidende Gerade liegt in der Figur des Physikers (Abbildung 56) wie auch in Abbildung 57 waagerecht, in den musikalischen Abbildungen (52 und 53) senkrecht. Diese Linie ist mehr *und* weniger als irgendein anderes Paar von Feldlinien, die sich zu einem Vollkreis ergänzen. Ebenso wie im "Vollkreis des Thales" (Abbildung 51) die typische Rechtwinkligkeit in der Mittelsenkrechten verschwindet, ohne daß dem mathematischen Gesetz der Figur widersprochen würde, so transzendiert das von dem einen Pol ins Unendliche laufende und von dort in den anderen Pol zurückkehrende Kreisbogenstück die physikalische Wirklichkeit. "Dort draußen" ist die Physik einfach nicht mehr gefragt, dort sucht und findet sie nichts Reales.
Aber wie bei Thales die Hypotenuse, in die hinein die Rechtwinkligkeit der Dreiecke zusammenbricht, die wichtigste, grundlegende aller Strecken ist, so ist es hier unsere Symmetrieachse. Sie setzt sich graphisch vollkommen glatt aus zwei physikalisch extrem gegensätzlichen Teilen zusammen, nämlich aus der kürzesten, kräftigsten Feldlinie und der längsten, die wegen ihrer Unendlichkeit keine mehr ist. Als Teile der Symmetrieachse aber tun die an die Pole reichenden Enden des Unendlichen treulich ihren Dienst. Diese Mittellinie ist strukturell das stabilste Stück der Figur. Es macht ihr nichts aus, ob wir die Figur, wie sich das physikalisch gehört, als zweidimensionale Projektion eines dreidimensionalen Phänomens betrachten, oder ob wir im Sinne unserer musikalischen Figuren wirklich Zweidimensionalität meinen. Immer bleibt diese Achse eindimensional, während alle endlichen Kreisbögen aus physikalischer Sicht Flächiges, Zweidimensionales meinen.
Befragen wir nun die Symmetrieachse nach ihrer Bedeutung auf dem musikalischen Feld, so fällt die Antwort sehr anders aus als auf dem physikalischen. Im Gegensatz zu den physikalisch verstandenen Kreisbögen, auf denen jeder beliebige Punkt gleiche Gültigkeit hat, sind ja die musikalischen nur geometrischer Ort für zwölf Strahlenschnittpunkte je Kreislinie. Aber während die Physik die Forderung der Mathematik - lautend auf eine unendlich lange Kraftlinie - nicht befriedigend abgelten kann, vermag die Musik, wenn wir sie zum Thema "unendlicher Kreis" befragen, auf eine bündige Realität zu verweisen, eben auf die zwölf Intervallkonkretionen des Tritonuskreises, deren eine im Mittelpunkt der Figur liegt, die andern elf aber gleichabständig auf der unendlichen Kreislinie verteilt sind. Die Zumutung an unser Vorstellungsvermögen ist im Falle der Musik zunächst sehr viel größer, verschwindet aber zusehends, wenn wir uns an den märchenhaften und doch wirklich legitimen Trick erinnern, durch den das Endliche in den Mittelpunkt unserer Figur hinein versank und dafür der unendliche Kreis in unser bescheidenes Stücklein Endlichkeit hereingeholt werden konnte. Im Zutrauen zur Legitimität

unseres kühnen Verfahrens werden wir schließlich noch bestärkt, weil wir sehen, daß die zugemuteten Selbstwidersprüche des unendlichen Kreises genau dem widersprüchlichen Wesen des Tritonus selber entsprechen. Und dessen Realität und Eigenart sind nun einmal nicht wegzubringen. Damit verglichen ist das Verenden der mathematisch unendlichen physikalischen Kraftlinie im Endlichen etwas eigentümlich Nebuloses. Bei näherem Zusehen ergibt sich also, daß das musikalische Verständnis unserer Figur hier die gemeinte Sache keineswegs weniger trifft, als dies beim physikalischen Verständnis der Fall ist.

Blicken wir zurück auf all das, was unser Kapitel und das vorangehende zutage gefördert haben über das Verhältnis von zwei Verstehensmöglichkeiten ein und derselben geometrischen Figur, so sehen wir ein interessantes Geflecht von Übereinstimmungen, Unterschieden und Gegensätzen. Die strukturellen Gemeinsamkeiten so verschiedenartiger Polaritäten sind staunenswert.

Der Tonglobus

Vielfältiges Kreissymbol

Wieder und wieder war uns im Zuge unserer Betrachtungen der Kreis als Symbol in mannigfaltiger Deutung entscheidend wichtig geworden. Mit dem unendlichen Kreis waren wir wie an einem Wendepunkt angekommen, der zum Zurücklenken in Richtung auf die Anfänge hin einlädt. Bedenken wir nur, der Schritt von einem ausdehnungslosen Kreismittelpunkt, der die Individualität des einzelnen Tones meint, hin zu seiner ausgedehnten Peripherie, die die Fähigkeit und den Drang des Tones zum Verbund von Tonindividuen symbolisiert, dieser Schritt, den wir bereits mit dem Zirkeln des ersten von mehreren einander tangierenden Kreisen getan haben, ist qualitativ nichts Geringeres als der Schritt vom endlichen zum unendlichen Kreis. Das Wunder ist beide Mal dasselbe, denn beide Mal kann nur der Faktor ∞ das Unmögliche möglich machen. Von einer höheren Warte aus müßten wir uns wundern, daß wir uns in einem Fall so schwer tun und im anderen (beim Schritt vom Dimensionslosen zur Dimension) so gar nichts Wunderbares merken. Auffallend auch, daß sich uns besonders am Anfang wie aufs Ende des Bisherigen hin im Zusammenhang mit Kreisbildern die strukturellen Parallelen zu physikalisch-magnetischen Phänomenen aufdrängten.

Demokratisierungsdrang im Tonverband

Wenn wir, um das nächste Bild zu gewinnen, die eigentlichen Intervallkreise bitten müssen wegzutreten, dann geschieht das nicht, weil die Prozedur, die wir mit dem Prim/Oktav-Kreis vorhaben, an ihnen unvollziehbar wäre, sondern weil die Fülle der Linien den Durchblick unmöglich machen würde. Wir sehen uns nämlich genötigt, noch einmal in die dritte Dimension aufzusteigen, ehe wir uns ernstlich dem zuwenden, was in der Tiefe der Anfänge noch verborgen ist.
Die zehn als Nichtpole des Tonkreises eingestuften Töne empfinden ebendies als diskriminierend. Nachweislich, so sagen sie mit Recht, stecken sie allesamt in beiden Polen drin. Wenn einst den von den Polen ausgehenden Strahlen das Recht gegeben worden sei, über die Grenzen des Tonkreises hinaus als Doppelstrahlen ins Weite zu laufen (so wie es die Strahlen, die in den Polen als Tangenten am Kreis lagen, schon vordem taten), dann sei es recht und billig, daß nun auch das Monopol des Polseins zweier bestimmter Töne gebrochen werde. Um den Demokratisierungsprozeß vollständig zu machen, forderte eine radikale Gruppe, daß das Recht (ursprünglich die Not!) der Halboktav, enharmonisch gespalten zu sein, im Bedarfsfall auch alle anderen Töne genießen sollten. Den Protestierenden wurde in allem recht gegeben. Doch wie dies verwirklichen? Freilich, einmal hatten wir schon eine Lösung, nämlich bei den gegeneinander beweglichen konzentrischen Kreisen (Abbildung 48). Doch jetzt gesteht der Autor, daß er seinerzeit diesbezüg-

lich beinahe (aber doch nicht endgültig) ein schlechtes Gewissen hatte. Eine Figur, die einen Mechanismus enthält? Sehr patent, aber mit der Gefahr des nur mechanischen Gebrauchs verbunden, der dann das wegwischen kann, was die reine Figur, in die im buchstäblichen Sinne einzugreifen unmöglich ist, noch erbringen könnte an Einsicht und an Tiefenwirkung der Gestalt.

Wie dem auch sei, fest steht, daß Beweglichkeit im Inneren der Figur eine mindestens ebenso gewichtige Grenzüberschreitung bedeutet wie das Aufsteigen in die nächsthöhere Dimension. Zeit - und jede Bewegung erfordert Zeit - ist ja als weitere Dimension verstehbar, die mit den Dimensionen des Raumes andersartig-ebenbürtig kombiniert werden kann. Was die Abbildung 48 zur Demokratisierung der Tonpunkte mittels zweifacher Beweglichkeit (B gegen A; C oder D gegen B) in Sekundordnung zuwege bringt, das schafft der Tonzylinder (Abbildung 46) in Quintordnung durch den Aufstieg in die dritte Dimension und *eine* Beweglichkeit (der obersten Scheibe gegen die übrige Figur). Ob sich die Gleichstellung der Töne bei Wahrung der Polaritätsverhältnisse als solcher allein durch den Schritt in die höhere Dimension erreichen läßt unter Ausschluß innerer Beweglichkeit, aber selbstverständlich in der Freiheit, die Bauelemente umzuordnen?

Konstruktion des Tonglobus

Vom Kreis her bietet sich da die Kugel an, die wir naheliegenderweise als Globus auffassen. Dann sind die zwei Polpunkte vor allen anderen ausgezeichnet. Ausdehnungslos sind in ihnen alle Töne versteckt. Zwischen den Polen der Äquator, die Linie, die sich strikt in der Mitte zwischen den Polen hält. Darauf können sich die Töne gut demokratisch gleichabständig in chromatischer Folge ausbreiten. In jedem Tonpunkt kreuzt ein als Halbkreis die Pole verbindender Meridian den Äquator. Nichts ist es mehr mit der Sonderheit der beiden Töne, denen von Anfang an mit relativem Recht je eine von der anderen grundverschiedene Krone, aber eben doch eine Krone aufgesetzt worden war.

Doch auch Demokratie braucht, um nicht zur Anarchie zu werden, etwas von Über- und Unterordnung. In Rom kamen nach den Königen der Frühzeit die jährlich wechselnden zwei Konsuln ins höchste Amt, die sich monatlich in der Führung der Geschäfte abwechselten. So können wir uns jedes sich im Tritonus gegenüberliegende Tonpaar als "Pol auf Zeit" vorstellen. Der Ton, den wir ins Visier nehmen, ist gerade "dran". Den Herrn Mitkonsul haben wir vor uns, wenn wir die Kugel waagerecht oder senkrecht eine halbe Umdrehung machen lassen.

Wenn wir den 30. und 60. Grad nördlicher und südlicher Breite hinzunehmen, dann ist, wie es sich gehört, die Zwölfzahl von Schnittpunkten auf jedem Breitengrad und ebenso auf jedem einen Vollkreis bildenden Meridianpaar erreicht. Würden wir die Töne auf unserem Netz so verteilen, wie es die Geographie mit ihren Gradbezifferungen tut, dann läge auf jedem der zwölf gleichgroßen Meridiane an allen Schnittpunkten immer nur derselbe Ton und auf jedem der fünf verschieden großen Breitengrade lägen alle zwölf Töne in gleicher Anordnung. Nein, für ein solches Resultat hätte sich der Aufstieg in die dritte Dimension nicht gelohnt. Es würde viel leeres Stroh gedroschen, wenn wir dieses für die Geographie einzig wahre Anordnungsprinzip unkritisch übernähmen.

Wir bevölkern auch die Schnittpunktketten der Meridiane mit chromatisch angeordneten Tonpunkten, natürlich so, daß die auf dem Äquator aufgereihten Töne unangetastet bleiben. Dann muß der Ton, der wandern und dabei derselbe bleiben möchte, diagonal durch die von unserem Gradnetz gebildeten Vierecke ziehen. Alle Töne möchten das und haben auch das gleiche Recht dazu. Es entsteht ein noch nicht dagewesenes Bild reizvoll, lebendig geschwungener Linien. Siehe *Abbildung 58*.

Was geschehen ist, können wir auch so ausdrücken: Jeder (aus zwei Meridianen bestehende) polschneidende Kreis dreht sich gegenüber seinem Nachbarn immer in derselben Richtung einen Tonpunkt weiter um sich selbst.

Vom Sinn der gewölbten Linie

Der Reiz der geschwungenen Linie beruht darauf, daß der Verlauf in einem Teilstück sich vom Duktus des Ganzen bestimmen läßt. Dabei nimmt das Maß der Rundung ständig zu oder ab nach einem Gesetz, das dem Ganzen und jedem Teilchen unverbrüchlich innewohnt, so daß eines aus dem anderen erstehen kann. Gerade in der Dialektik zwischen Wandel und Bleiben liegt das Schöne und Lebendige. Wir können eine Verbindungslinie zu dem Goethewort finden: "Willst du dich am Ganzen erquicken, so mußt du das Ganze im Kleinsten erblicken."[109]

Abschließend machen wir uns klar, daß auch die Gleichtonlinien des Tonglobus solchen ganzmachenden Charakter haben. Sie führen vor, daß jeder Ton, der in seiner Tonigkeit seine ureigene Individualität hat und behält, gerade als solcher im Tonverband alle Stellungen haben kann. "Jeder Ton kann jede Funktion im Verband übernehmen", das kann man zwar denken und sich sagen, schon wenn man den Tonkreis sieht, doch unmittelbar, handgreiflich sehen und im Drehen und Wenden der Kugel verfolgen kann man die Wanderung eines jeden Tones durch

---

[109] Die Ellipse, die uns in der Zweidimensionalität der Tonebene begegnete, ist auch eine Linie von solcher Art. Eine noch nicht genau zu bestimmende gerundete Linie mit einem zu markierenden Kulminationspunkt tauchte vor fast einem halben Jahrhundert vor mir als erstes auf, als ich nach dem rechten Abbild der Dialektik des Durdreiklangs suchte: ein Ton, der einerseits zwischen, zugleich aber auch über den beiden anderen Tönen liegt. Es kristallisierte sich die Halbellipse heraus, die Töne wie c-e-g umfängt (vgl. Abbildung 18) und die sich dann wie von selbst den Variantklang angliedert und zur Vollellipse wächst (Abbildung 19). Sie drückt in qualitativ eigengeprägter Weise am besten aus, daß der Dreiklang mehr ist als die Summe seiner Teile. Auf S. 118 wurde auch die rationale Stichhaltigkeit dieser manchem sicher zunächst überflüssig scheinenden "Zutat" aufgezeigt. Für mich persönlich ist das Konzert (ganz wörtlich: "Zusammen-Streit") des Geradlinigen und des Gewölbten auch ein Symbol, das bis in eine rational nicht voll auszulotende Tiefe reicht.

alle Zonen der Bedeutsamkeit erst hier, wo dem Tonkreis die dritte Dimension eröffnet ist.

"Glasperlenspiel"?

Man wünschte sich wohl, das Gebilde in Gestalt einer gläsernen Kugel mit den räumlich gewundenen Linien in den Regenbogenfarben vor sich zu haben, dächte dabei ans Glasperlenspiel, über das Hermann Hesse zu meinem einstigen großen Bedauern nichts Konkretes mitteilt ...
Vielleicht ist hier der Punkt erreicht, wo sich jeder persönlich - der Autor wird's auch nötig haben - Rechenschaft geben sollte, ob die Sache, die uns beschäftigt, oder etwas Vergleichbares für ihn ein "Glasperlenspiel" ist und was das bedeuten könnte. Ein fesselndes Spiel mit der Gefahr, daß wir darüber das uns vor die Füße und aufs Gewissen Gelegte vergessen? Ein "reines Spiel", ein besserer Zeitvertreib? Eine gläserne Kugel, die mit einer geheimnisvollen Durchsichtigkeit den Menschen hypnotisiert ...?
Nein, nicht für alle, aber für einige ist das Trachten nach geistigen Durchblicken, die sich ein wenig abseits von den üblichen Normen und Erwartungen auftun, und das verinnerlichende Betrachten dessen, was da zutage tritt - für einige bedeutet dies Öffnung zur Weite des Wirklichen, die neu und anders durchatmen läßt, so wie das Natur und Kunst, menschliche Gemeinschaft und alles Gute, Schöne und Wahre in ihrer Weise vermögen, wenn es uns geschenkt ist, sie an uns heran und bis in unser Inneres hineinzulassen. Sollte unsere Sache für wenige sein, was nicht gesagt ist, dann verdiente sie um so mehr die liebende und sorgliche Beachtung von seiten derer, die dafür Augen haben zu sehen und Ohren zu hören. Für sie wäre es eine unverantwortliche Selbstberaubung, sich dem zu guter Stunde nicht zu öffnen, was sich vor ihnen auftun möchte. An dem, was sich einem auftut, andere dafür bereite Menschen teilnehmen zu lassen, solches Nehmen und Geben ist große Freude und hoher Gewinn.

Tangierende Kreise in weiterer Sicht

Durch den Zwang der Umstände können wir den geplant gewesenen Rückweg über die Stationen eines vielfältigen Gebrauchs des Kreissymbols nicht mehr ausschreiten, aber wir wollen in allerletzter Minute an den Anfang unseres Weges zurückfliegen, um die tangierenden Kreise und insonderheit die Zwölf unter neuer Fragestellung neu zu sehen. Wir fragen jetzt nicht mehr, bei welchen Anzahlen einer der Kreise zum Mittelpunkt wird, sondern wir fragen, was sich im Mittelpunkt der jeweils kompaktesten Form vorfindet. Bei zwei Kreisen ist es ein Punkt auf der Peripherie, bei vier Kreisen ebenso. Bei drei Kreisen ist es das kleine Bogendreieck, das drei tangierende Kreise immer in ihrer Mitte frei lassen. Bei fünf

Kreisen ist es einer dieser Kreise. Bei sechs Kreisen scheint unter der neuen Fragestellung jenseits des Verwirrspiels der drei möglichen Gestalten etwas wie eine neue Ordnung aufzutauchen. Bei der Pyramide sehen wir das Bogendreieck in der Mitte, beim Trapez den Punkt und bei der nach dem siebenten Ton schreienden Form den Kreis.[110] Somit finden wir bei den sechs Kreisen alle Möglichkeiten des Mittelpunkt-Seins beieinander. So die eigenartige Sechs, die beim "Grabenerlebnis" zwischen den zweifelsfrei überschaubaren fünf Tupfen des Kometenschweifs und den zweifelsfrei nicht mehr unmittelbar übersehbaren sieben Tupfen im Düster des Grabens liegt.[111] Und dann die unübertreffliche Ordnung der Sieben unter dem Szepter des einen Kreises in der Mitte. Die nächsthöheren Anzahlen können wir guten Gewissens außer acht lassen. Bei zwölf erleben wir, daß die drei so verschiedenen Sechsergestalten jede nach ihrer Weise sozusagen unwissentlich das gleiche Ziel treffen. Wenn wir jeder der drei Gestalten sechs Kreise hinwerfen mit der Weisung, sie sich so anzugliedern, wie es im Sinne der Kompaktheit optimal ist, dann müssen sie verschiedene Wege einschlagen, um dann gleichsam ahnungslos sich als identisch zu erkennen. Siehe *Abbildung 59*.

Es gibt nur eine optimale Zwölfergestalt und diese hat das Bogendreieck in der Mitte, und das scheint sagen zu wollen: "Diese zwölf um mich her sind Einheit und Ganzheit in sich und in Vertretung der Ungezählten. Sie sind es aber nicht durch die Herrschaft eines Hervorragenden unter ihnen, sondern ..." Weiter scheint das kleine Ding nicht sprechen zu wollen oder zu können.

Wir hätten nicht gewagt, dem Dreieck soviel in den Mund zu legen, hätten wir nicht so viele weitere Zeugen, die in dieselbe Richtung weisen. Innerhalb der tangierenden Kreise sahen wir es an dem Belagerungsring, den die zwölf um den tonalitätslastigen Siebenerverband bilden, um ihn aus dem Butzenscheibenfenster herauszuschlagen.[112] Wir sehen es aber auch am Dodecatonium naturale, das bündig überzeugend in Abbildung 37A vor uns steht. Der Symmetrie der Gestalt kann man in einer Symmetrie der Benennungen nur dann gerecht werden, wenn man die Tonsilben wählt, denen statt eines Zentraltones das Zentralintervall da-sa zugrunde liegt, welches seinerseits keinen Ton in seinem Mittelpunkt hat.

Immer wieder ist es, als hörte man den Ruf: "Nicht einer über die übrigen!" So lag es auch offen zutage bei dem Demokratisierungsdrang, den wir der Entwicklung der Tonbeziehungen bei den beweglichen Scheiben und auf dem Globus ohne Parteilichkeit meinten anmerken zu können.

---

[110] Vgl. Abbildung 2
[111] Vgl. S. 100 und Abbildung 15
[112] Vgl. Abbildung 3

Nachwort des Autors

Nun gebe ich die Arbeit, die in vielen Jahrzehnten entstanden ist, in meinem sechsundachtzigsten Lebensjahr aus der Hand. Sie soll rechtzeitig zu einem Kolloquium erscheinen, das die Leipziger Hochschule für Musik und Theater am 28. Mai 1994 über mein Werk veranstalten wird. Ich breche die Behandlung der Thematik ab, so wenig der Abschluß eine würdige Abrundung darstellt.
Seit längerem sah ich es kommen, daß dieses Buch ein Torso bleiben müßte, weil meine Spannkraft immer mehr nachließ. Darum richtete ich an einige Persönlichkeiten, die meine Arbeit schätzten und förderten, die Bitte, doch miteinander in Verbindung zu treten, um die Sachinhalte zu bewahren und der Öffentlichkeit zugänglich zu machen. Diesen Ruf hat Prof. Reinhard Pfundt von der Leipziger Musikhochschule aufgenommen und die Veröffentlichung im Rahmen des oben genannten Kolloquiums vorbereitet. Von seinem Einsatz bin ich überwältigt und beglückt.
So danke ich zuallererst Gott, von dem ich in meinem langen Leben viel wahrhaft Wunderbares erfahren habe, sodann aber ihm, der mir aus einem anerkennenden und aufmunternden Begleiter der Sache zu einem persönlichen Freund wurde. Und schließlich danke ich von Herzen auch den anderen Freunden - Prof. Dr. Christfried Brödel, Frank Pörner, Dr. Christoph Sramek, Peter Zacher und meinem Sohn Martin -, die mir Helfer, Förderer und Anreger waren. Ohne sie hätte auch das Bisherige nicht geschafft werden können.
Möge das Werk allen, die sich auf sein Gedankengut einlassen, ein Stück Bereicherung, Ausweitung und Befreiung bringen.

Hohenheida, am 18. Mai 1994   Gottfried Steyer

Anhang

Gottfried Steyer

Ein Reformvorschlag zur Methode Tonika-Do zur Gewinnung einer sinnfällig tonalen Vokalsprache

Anstelle einer Einleitung: Der Vorschlag kurzgefasst 203

Geschichtliche und theoretische Begründung einer
tonalen Vokalsprache 203
Tonalitätsmalende Elemente in den verschiedenen bisherigen Tonbezeichnungen 203 - Die zwei Möglichkeiten der Charakterisierung des Halbtons 204 - Kommt dem Halbton oder der Quint Vokalgleichheit zu? 205 - Bildung tonaler Quintgruppen 206 - Zur Beurteilung der Systeme 206 - Vokalsprache tut Not! 207

Entfaltung der Vokalsprache 207
Die nötigen Änderungen 207 - Die Charakteristika der tonalen Beziehungen 209 - Die Charakteristika der Einzelintervalle 210 - Keine Angst vor der „Grammatik"! 212 - Genütztes Erbe aus den Tonbezeichnungen alter und neuer Zeit 212

Zur praktischen Anwendung 212
Einige praktische Übungen 212 - Etwas zur theoretischen Schulung 213 - Chromatik 214 - Kirchentöne 215

Schluss 216

Anstelle einer Einleitung: Der Vorschlag kurzgefasst

Inhalt und Sinn unseres Vorschlages stellen wir kurz voran: Durch Vertauschung der Vokale a und o - do > da, so > sa, fa > fo - und durch Umbenennung des la in li ergibt sich, wenn da als Grundton aller Tongeschlechter festgehalten wird, eine Vokalsprache, die die lautmalerische Kraft der Vokale systematisch zur sinnfälligen Abbildung der tonalen Beziehungen ausnützt, gleichzeitig aber auch jedes Intervall unabhängig von seinem tonalen Bezug eindeutig als „groß", „klein", „übermäßig" oder „vermindert" erkennen lässt. Wir gewinnen dadurch ein besonderes Hilfsmittel nicht nur zur theoretischen Überschau, sondern vor allem auch zur praktischen Schulung im Blattsingen. Da das System einerseits auf kirchentonaler Basis ruht, andererseits auf dieser Basis eine natürliche Zwölfstufigkeit entwickelt, kann es besonders auch dem Singen älterer und neuerer Musik den Boden bereiten.
Die von Tonika-Do aus der Solmisation übernommene Praxis, die Finalis des Moll und der alten Kirchentöne durch verschiedene Tonsilben zu bezeichnen (z. B. Dorisch auf re usw.), kann in beschränktem Maße mit Nutzen weiter geübt werden. Auch eine Teilreform (wenn man etwa auf die Vokalvertauschung a-o meinte verzichten zu müssen) würde schon wesentliche Vorteile bringen.

Geschichtliche und theoretische Begründung einer tonalen Vokalsprache

Tonalitätsmalende Elemente in den verschiedenen bisherigen Tonbezeichnungen

Die ältesten Ton- und Intervallbenennungen sind nicht von der Musik her gebildet. Vielmehr wurden außermusikalische Ordnungsgefüge wie die Zahlenreihe, das Alphabet oder auch jener Johanneshymnus, den Guido verwandte, zur Kennzeichnung der diatonischen Stufen herangezogen. Dabei ist eine Widerspiegelung der spezifischen Beziehungen zwischen den Tönen in den Benennungen natürlich nicht zu erwarten. Lediglich wenn der Oktavton ebenso wie die Prim genannt wird, so liegt darin eine allerdings höchst wichtige tonale Aussage. Der Unterschied zwischen Tonus und Semitonium dagegen, an dem, wenn man so will, alles weitere hängt, wird weder in der Notenschrift noch in einer der alten Tonbenennungen sinnfällig zum Ausdruck gebracht.
Ganz anders die geistreichen Tonwortmethoden eines Eitz und Münnich. Die Wahl jedes Lautes zielt darauf, den musikalischen Sachverhalt darzustellen. Dabei gelingt es Münnich, nicht nur jeden Halbton deutlich als solchen zu kennzeichnen, den diatonischen durch Vokalgleichheit, den chromatischen durch Anlautgleichheit, sondern sogar Art und Größe jedes beliebigen Intervalls aus der Benennung ablesbar zu machen. Mi-ro ist z. B. eine Terz, weil r im Alphabet der übernächste Klinger nach m ist; und es ist eine kleine Terz, weil o im Alphabet der nächste Vokal nach i ist, also nur *ein* Ganzton und demzufolge noch ein Halbton in dieses Intervall hineinfällt. Bei aller Hochachtung vor der geistigen Leistung muss doch

kritisch festgestellt werden, dass wir hier wohl eine raffinierte Technik der Intervallbezeichnungen, aber - abgesehen vom Halbton - keine sinnfällige Abbildung der tonalen Verhältnisse vor uns haben. Der Lernende kann bestenfalls nachrechnen - was er nicht tun wird und auch kaum tun soll -, aber er kann den Benennungen als solchen im Allgemeinen nichts vom tonalen Gehalt der Intervalle abspüren - was eine große Hilfe wäre.

Dabei gibt es seit langem Ansätze zu einer solchen tonalitätsmalenden Vokalsprache. Eigentümlicherweise tritt sie freilich immer erst dort auf, wo Systeme erweitert oder verändert werden, denen eine Lautmalerei ursprünglich fern liegt. Ais malt sinnfällig die Erhöhung des a. Nicht zufällig kennzeichnet die im Vergleich zu -is dunklere Anhängung -es die Erniedrigung. Und noch viel sinnfälliger, förmlich magnetisch, hebt in Tonika-Do das Singen der Silbe re die Sekunde in die Höhe, während ru sie senkt.

Die zwei Möglichkeiten der Charakterisierung des Halbtons

Charakterisiert nun Münnich in der Nachfolge von Eitz den Halbton durch Vokalgleichheit, so geschieht es bei den Tonbuchstaben und Tonika-Do, sofern überhaupt, gerade umgekehrt durch ein typisches Vokalgefälle. Schon für das bisherige siebenstufige Tonika-Do lässt sich die Regel bilden: „Der Halbton sitzt über dem i (mi-fa, ti-do)." Wenn die letztere Bezeichnungsweise systematisch für alle Halbtöne durchführbar ist - und sie liegt in Tonika-Do unbeachtet schon fast fertig vor -, dann ist sie der Eitz-Münnich'schen vorzuziehen. Denn erstens drückt sie die Richtung der Leittönigkeit (im Sinne des tetrachordischen Aufbaus) aus. Bei Tonika-Do zum Beispiel saugt oder schmiegt sich der innerhalb seines Stufenbereiches hoch liegende Ton ti mit dem sinnfälligen i gleichsam an den oberen dunkleren Nachbarn oder bedrängt ihn durch seine kritische Nähe. Das Entsprechende gilt umgekehrt bei ru-do usw. Doch ein zweiter Grund spricht noch viel entscheidender für die in Tonika-Do und schon in den alterierten Tonbuchstaben sich anbahnende Bezeichnungsweise: Das Malen des Halbtons durch einen Vokalfarbkontrast hinterlässt seine Spuren bei den übrigen Intervallen und eröffnet dadurch den Weg zu einer sinnfälligen Vokalsprache aller Intervalle, was die Vokalgleichheit logischerweise nicht kann.

In Tonika-Do steckt schon von der Solmisation eine lautmalerische Fruchtbarkeit verborgen, die Eitz und Münnich fehlt. Denn es ist ein sehr anderes Ding, ob in Jale mi-ro deshalb eine kleine Terz ist, weil o im Alphabet der nächste Vokal nach i ist, oder ob ich in Tonika-Do mi-so deshalb als kleine Terz erkennen kann, weil das helle mi gegen das dunklere so hinaufsteigt.

Kommt dem Halbton oder der Quint Vokalgleichheit zu?

Sehen wir die von Tonika-Do übernommene Grundskala der Solmisation an

do-re-mi-fa-so(l)-la-ti(si)-do

und berücksichtigen wir ihren geschichtlichen Werdegang, dann müssen wir uns freilich verbessern: Nicht die Kennzeichnung des Halbtons durch ein typisches Vokalgefälle ist das Primäre, sondern die ganz unsystematisch auftretende, aber doch nicht zufällige Vokalgleichheit zweier Quinten. Beide Gleichheiten, do-so und mi-ti, sind nicht guidonisch; sie stammen von verschiedenen Menschen verschiedener Zeiten und betreffen doch beide das gleiche Intervall, eben die Quinte.
Dass es sich hierbei nicht um einen Zufall handeln kann, dafür sei eine historische und eine theoretische Begründung gegeben. Der Anlaut in der Benennung der siebenten Stufe hat lange geschwankt - si, ti, ni - und ist heute noch nicht einheitlich, wenn man über die Grenzen von Tonika-Do hinaus sieht. Der Vokal i der siebenten Stufe dagegen steht wie durch ein geheimes Gesetz fest. Und nun das theoretische Argument: Es kann kein Zufall sein, wenn bei der Weiterentwicklung der guidonischen Silben dasselbe Phänomen der Vokalgleichheit, vielleicht instinktiv, mit der Quint verbunden wird, das hernach Eitz intellektuell systematisierend zur Bezeichnung des Halbtons ausnützt.
Quint und Halbton sind ja ein ganz eigentümliches Paar. Wenn gemeinhin die Tonnamensysteme die Oktave mit dem gleichen Namen belegen wie die Prim, so kommt die größte Ähnlichkeit in der Bezeichnung - d. h. aber Vokalgleichheit - dem Intervall zu, das der Prim bzw. Oktav am nächsten steht. Das ist distanzmäßig der Halbton und konsonanzmäßig die Quinte. Nur diese beiden Intervalle (ungerechnet die oktavkomplementäre Quart usw.) geben die Möglichkeit, alle Töne des Tonsystems gleichabständig anzuordnen - beim Halbton unter Verzicht auf partialtönige Konsonanz (enharmonische Verwechslung, Temperatur), bei der Quint unter Verzicht auf die Gesetze der Distanz (unmäßige Abstände bei aus-gedehnten Quinttürmungen). Die interessanten musikpsychologischen Versuche A. Welleks sind geeignet, ein Schlaglicht auf diese Zusammenhänge zu werfen. Er hat bei Absoluthörern einen linearen Typ festgestellt, der am ehesten die Tonarten C und Cis verwechselt, und einen zyklischen, der sich eher zwischen G und C irrt. Es ist, als ob Quint und Halbton sich ihrem Wesen nach um das Vorrecht auf Bezeichnung durch Vokalgleichheit streiten müssten.
Da auch den Alterationsreihen das Quintprinzip zugrunde liegt, ergeben die tonalitätsmalenden Alterationsbezeichnungen neue gleichvokalische Quintpaare, z. B. fis-cis, ges-des, ti-fi, mu-tu.

Bildung tonaler Quintgruppen

Auf den ersten Blick scheint es freilich ein arger Missstand, dass nicht *alle* Quinten durch Vokalgleichheit bezeichnet werden können; denn da alle Töne quintverwandt sind, müssten dann in fortlaufender Kette alle Töne den gleichen Vokal erhalten. Ebenso misslich erscheint die Kehrseite, dass die Vokalgleichheit sich auf andere Intervalle ausdehnt, sobald mehrere Quinten - wie bei der Alteration - eine Kette der Vokalgleichheit bilden, z. B. tu-(mu)-lu, fis-(cis-gis-dis)-ais usw.

Aus der Not ist jedoch eine Tugend zu machen, denn nicht alle Quinten sind tonal wesensgleich. So ergibt sich gerade die Möglichkeit, sinngemäße Quintgruppen zu bilden. Zwei solche Gruppen liegen in Tonika-Do schon fertig vor: die Zentralquinte do-so mit ihren in jedem Kirchenton unverlierbaren Tönen und die Tiefalterationen auf u. Das Übrige lässt sich durch unsere Umbenennungen leicht einrenken.

Die andere Einwendung, dass die Quint ihr Charakteristikum nicht mit der schönen systematischen Ausschließlichkeit für sich allein habe wie der Halbton bei Eitz-Münnich, schlägt nicht durch. Denn erstens wird der Lernende nie in die Versuchung kommen, eine große Sekund oder eine kleine Terz - diese beiden können unter Umständen vokalgleich werden - begrifflich mit einer Quint zu verwechseln; und zweitens gibt es auch bei Eitz und Münnich weitere Vokalgleichheiten, sobald die Diatonik verlassen wird, z. B. in Jale: no-so = fis-as. Vor allem aber: Wenn wir erst einmal im Ansatz die Vokalgleichheiten der Quinten richtig gruppiert haben, dann werden es keine beliebigen, sondern tonal eigenartige Sekunden und Terzen sein, die sich durch Vokalgleichheit von den übrigen unterscheiden (siehe unten).

Zur Beurteilung der Systeme

Ehe wir unsere quintmäßige auf Tonika-Do und der Solmisation aufbauende Vokalsprache entfalten, werfen wir unter den bisher gewonnenen Gesichtspunkten noch einen Blick auf die bekannten Tonwortmethoden, ihre Kräfte und Schwächen. A. Wellek weist im Zusammenhang der genannten Versuche nach, dass der lineare Typ (Halbton) mehr verstandesmäßig, der zyklische (Quint) mehr gefühlsmäßig orientiert ist. Das trifft schlagend auf die Methoden zu. Die Vertreter von Tonika-Do rühmen sich geradezu dessen, kein ausgeklügeltes System zu vertreten. Es ist tatsächlich, was die Silben anlangt, mehr Gewachsenes in dieser Methode. Eitz dagegen hat ganz und gar konstruiert, und zwar Achtung gebietend. Aber abgesehen von der Schwierigkeit zumal des echten Eitz (mit den kommatischen Unterscheidungen) hat er die spezifische Ausdruckskraft der Vokalfarben absolut ungenutzt gelassen. Münnich blieb ihm darin verhaftet. Er erkannte die Notwendigkeit einer Verschmelzung der Gegensätze. Er übernahm viel von Tonika-Do, das Handzeichenprinzip und die relative Basis, aber er übernahm nur restlos systematisierbare Elemente von Tonika-Do. Es gilt jedoch gerade den Wert der instinktmäßig begründeten, von den Tonika-Do-Vertretern selbst gar nicht bewusst gepflegten immanenten Vokalwertigkeiten mit dem systematisierenden Verstand zu erkennen und ihnen mit seiner Hilfe zur vollen Fruchtbarkeit zu helfen. *So* ist der Verstand weniger Schöpfer oder Alleinherrscher, sondern ist eher dem beschneidenden und veredelnden Gärtner zu vergleichen.

Vokalsprache tut Not!

Es möchte nicht überheblich klingen, wenn wir der Deutlichkeit halber sagen: Die Systeme Eitz und Münnich sind farbenblind bezüglich der Vokale, und Tonika-Do „sieht den Wald (quintmäßige Vokalsprache) vor Bäumen (übliche Tonsilben) nicht". Es geht um die Entdeckung einer Art von Sprache. Die reinen Systematiker müssen sie ablehnen, weil sie als Sprache keine Mechanik ist und sein kann. Unsere Notennamen lallen sie in den Alterations-bezeichnungen bereits, und Tonika-Do spricht sie gebrochen. Nun möchte sie ans Licht gefördert werden. Sie ist mehr eine Entdeckung als eine Erfindung. Sie musste nicht geschaffen werden, im Schoß der Zeiten ist die längst herangereift, sie muss nur normiert werden.

Wenn man von Ton*wort* spricht, dann muss man auch an Ton*sprache* denken. Keine lebendige Sprache entbehrt des onomatopoetischen, sinnfällig lautmalenden Moments. Gerade singende Menschen sind es, die uns den Sinn für die große Bedeutung solcher lebendiger Klangwerte neu erschlossen haben. Sollte dieses Moment, wo der Klang nicht bloß durch angelernte Gewohnheit etwas markiert, sondern, so dürfen wir einmal sagen, durch einen (in Wahrheit ganz nüchternen) Analogiezauber etwas heraufbeschwört, nicht auch in der Tonnamensprache fruchtbar sein können? Ohne Zweifel kann er hier, wenn ihm nur die Bahn frei gemacht wird, besonders stark wirken. Eines gilt es dabei freilich nicht zu vergessen: So wie in der „wirklichen" Sprache die verschiedenen Lautgebilde im einzelnen Fall eine ganz verschieden starke Ausdruckskraft besitzen, so dürfen wir gerade von einer dem Leben der Töne gemäßen Vokalsprache nicht das Unmögliche verlangen, dass sie alles in jedem Falle in gleicher Weise und gleich sinnfällig darstelle, wenn nur im Wesentlichen pädagogische Hilfe geleistet wird und das System keine wirklichen Sinnlücken und Widersprüche aufweist.

Entfaltung der Vokalsprache

Die nötigen Änderungen

1. *La wird zu li umgenannt*, um eine einheitliche Charakterisierung der Durterzen und weiterhin der Terzen überhaupt zu erreichen:

```
T:   do - mi - so          t:   do - mu - so
S:   fa - li - do          s:   fa - lu - do
D:   so - ti - re          d:   so - tu - re
```

2. *A und o werden vertauscht* zur Durchführung des folgenreichen Grundsatzes: Die Oberquint hat je nach dem tonalen Zusammenhang den gleichen oder den nächsthelleren Vokal. Bildet man unter Beibehaltung von do als einziger Tonika aus allen Kirchentönen eine Gesamtquintreihe, so würde sie nach alter Weise heißen:

```
ru-lu-mu-tu-fa-do-so-re-la-mi-ti-fi
|_____|    |__|    |_____|
```

Die Notwendigkeit der Änderung la > li *sieht* man sofort. Die Notwendigkeit der Vertauschung von a und o kann man hören. Es ergibt sich die systematisierte Reihe:

```
ru-lu-mu-tu-fo-da-sa-re-li-mi-ti-fi
|_____|    |__|    |_____|
```

Durch die Vertauschung von a und o beseitigen wir die Helligkeitsverkehrung einer Quint, fa-do wird fo-da, und die Helligkeitssprünge zweier Quinten: tu-fa > tu-fo und so-re > sa-re.
Sehr zu beachten ist, dass keiner dieser Töne, die miteinander eine von Enharmonik freie chromatische Vorratsskala ergeben,

```
da-ru-re-mu-mi-fo-fi-sa-lu-li-tu-ti-da
|__| |__|  |__|  |__||__|  |__| |__|
```

(da und sa sind doppelt engagiert!) als alteriert und darum irgendwie zweitrangig angesehen werden darf. Ru ist für uns im Gegensatz zu Tonika-Do z. B. kein tiefalteriertes re, sondern einfach die phrygische Sekund. In diesem Sinne reden wir von einer natürlichen nicht alterierenden Zwölftönigkeit.
Entsprechend bekommen die fünf gegenüber Dur neuen Töne eigene Handzeichen, die aber natürlicherweise im Zusammenhang mit den bekannten Zeichen gleicher Stufe stehen. Wir geben ihnen folgende Gestalt:
- *Ru* und *mu* wie re und mi, nur Daumen abwärts,
- *fi* wie fa, nur schräg nach oben weisend (Handrücken zum Körper),
- *lu* wie li (la), nur eckig, so dass die Finger an der Wurzel fast einen rechten Winkel mit dem schräg angehobenen Handrücken (wie bei re) bilden,
- *tu* ähnlich dem ti (bei dem ich den Zeigefinger „knüpfend" etwas wölbe), nur dass alle Finger (statt des Zeigefingers allein) gewölbt nach oben weisen. Es ergibt sich das Bild einer Hand, die einen in der Höhe befindlichen Griff eben locker losgelassen hat.

3. Jenseits des natürlichen Zwölftonverbandes der Quintreihe ru-fi liegen die eigentlich alterierten Töne. Wenn man auch tief alterierte Töne und für sie Namen (mit ö) und Zeichen erfinden könnte, so kommen doch praktisch nur *Hochalterationen* in Frage. Sie *erhalten den Vokal ü:* dü, rü, sü, lü. Als Handzeichen werden die Zeichen für da, sa und li um 90° nach oben gedreht, das Zeichen für re um 45°.
Für *diese* Töne wäre die sonst abwegige Praxis passend, zum Zeichen der Hochalteration mit der anderen Hand das Zeichen für ti unter das Zeichen der betreffenden Stufe zu schieben. Doch macht dies das zweistimmige Zeichengeben unmöglich und das wäre ein wesentlicher Nachteil. Übrigens ist diesen eigentlich alterierten Tönen ein relativ geringer musikerzieherischer Wert beizumessen.
Wollte man das übliche i für alle Hochalterationen beibehalten, dann wäre nicht allein das tonale Gleichgewicht gestört, sondern die Vokalsprache würde an einer Stelle die Charakterisierung versagen: Ri-mi wäre eine kleine, mi-fi eine große Sekund. Dass in unserem System ü quintheller als i ist, kann freilich nicht empfunden, sondern muss nötigenfalls gelernt werden.

Die Charakteristika der tonalen Beziehungen

Nachdem die Grundquinte do-so, es sind wie gesagt die beiden einzigen Töne, die unveräußerlich zu *jedem* Tongeschlecht gehören, wesensgemäß in die Mitte unseres Zwölftonverbands gerückt ist, erhält sie, von jeher durch Vokalgleichheit ausgezeichnet, den mittleren, klaren, festen Vokal a. Sein doppeltes Auftreten bedeutet höchste Stabilität (Gerüst des Tonika-Dreiklangs, Angelpunkte der Tetrachordbildung).
Die quintmäßig rechts und links anschließenden Töne re und fo charakterisieren sich durch ihre Helligkeitswerte als aufwärts- bzw. abwärtsgerichtet. Re hat hellere, „Dominant"-Farbe, fo dunklere, „Subdominant"-Farbe. So ist jede der drei harmonischen Hauptfunktionen durch die Tonsilben ihrer Außentöne in ihrer Eigenart abgebildet: die Tonika stabil ruhend sowohl durch die Vokalgleichheit als solche wie auch durch die zentrale Gewichtigkeit der Vokalfarbe des a; Dominante und Subdominante beweglicher durch das (sanfte) Vokalgefälle, wobei das hellere e der Dominante zu deren leichterer Beweglichkeit paßt. Kirchentonalmelodisch drücken e und o die relative Stabilität des re und fo aus. Es sind dem a benachbarte, nicht extreme Vokale. Das Fehlen eines von ihnen macht den Kirchenton extrem dunkel (phrygisch ru) oder extrem hell (lydisch fi).
Erst die weiter ab liegenden Töne, die keine direkte Quintverbindung mit der tonalen Mitte da-sa haben, sind als eigentlich quinthoch bzw. quinttief anzusprechen. Sie erhalten die extremen Vokale i und u. Sie haben wenig Halt gebende, funktionale Formkraft, dafür umso mehr harmonische Farbkraft, indem sie die Dur- und Mollseite charakterisieren (vgl. zu dem allen die Tabellen des praktischen Teils auf Seite 212ff.). Melodisch haben sie eine erhöhte Fähigkeit, sich anziehen zu lassen, also Leitton zu werden. Sie und nur sie können unter harmonischem Aspekt als aus

dem fünften Partialton gezeugt angesehen werden. Je nachdem, wie die Dur- und Mollfarbe dominiert, malt sich der Charakter eines jeden Kirchentons vom phrygischen „Inframoll" (da'-tu-lu-sa-fo-mu-ru-da) bis zum lydischen „Ultradur" (da-re-mi-fi-sa-li-ti-da').

Bei einem extremen Vokal bedeutet Vokalgleichheit allgemein erhöhte Bewegungsenergie (wie umgekehrt verdoppeltes a erhöhte Festigkeit bezeichnete): Die Harmonik ruht dann nicht, sondern schwebt (vgl. Quinten wie mi-ti und die seltenen kleinen Terzen fi-li und tu-ru, die labiler sind, weil sie sich keinem Hauptdreiklang einordnen lassen). Die Melodie schreitet dann nicht einfach, sondern sie zieht, steht gleichsam unter magnetischen Wirkungen, die weiterdrängen, und zwar leittönig in einen Fundamentalton hinein. Es ergeben sich die klar auf- bzw. abwärts tendierenden Tetrachorde sa-li-ti-da'; fo-mu-ru-da; re-mi-fi-sa; da'-tu-lu-sa.

Mit Recht sind daher die beiden ionischen Tetrachorde da-re-mi-fo und sa-li-ti-da' trotz gleichen Intervallaufbaus verschieden vokalisiert, denn mi kann von Natur relativer Ruhepunkt sein, während ti, mit li zusammen eine Gleitfläche bildend, dies von Natur nicht in gleicher Weise kann.

Schafft im melodisch bestimmten Quartabschnitt sa-da' kein verdoppeltes i oder u einen „Sog" nach oben oder unten, dann treffen in der kleinen Sekund li-tu oder in der übermäßigen Sekund lu-ti die extremen Vokale zum Ausdruck kaum leittöniger, schwebender Halbtönigkeit oder zum Ausdruck gegensätzlich-symmetrischer Doppelleittönigkeit aufeinander.

Die Sonderbezeichnung der eigentlich alterierten, d. h. im kirchentonalen Schema nicht vorgebildeten Töne durch den Vokal ü ist tonal in ihrem indirekten Verhältnis zum da (oder auch sa) begründet. Dü ist als „übermäßige Prim über da" nicht direkt auffassbar, sondern ist nur als Leitton zu re zu erfassen. Singen wir, mit welcher Intonation auch immer, nach da einen von diesem da abhängig vorgestellten Ton in der Höhe des dü, dann würde er tonal als ru aufgefasst werden. Analoges gilt vom rü, sü und lü. Der Vokal ü ist helligkeitsmäßig nicht eindeutig einzuordnen. Er spricht nicht durch seinen extremen Charakter, sondern durch das Schillernde, was mit der wirklichen Alteration ganz gut harmoniert. Durch die Absetzung der eigentlichen Alterationen tritt die natürlich-diatonisch gewonnene Zwölftönigkeit um so klarer hervor.

Die Charakteristika der Einzelintervalle

Unter Beschränkung auf diese Zwölftönigkeit stellen wir nun die andere Frage: Was ergibt sich an Charakteristika der Einzelintervalle? Wir werden dabei nun einerseits festzustellen haben, welche Merkmale *jedes* Intervall einer bestimmten Größe und Stufenzahl gleicherweise, also unabhängig vom tonalen Zusammenhang charakterisieren (wie sich etwa eine beliebige große Terz von einer beliebigen kleinen Terz unterscheidet). Andererseits wird festzustellen sein, soweit dies nicht schon geschehen, wie verschiedenartige Vokalkombinationen bei gleichem Intervall (z. B. re-mi, aber auch li-ti für den Ganzton) tonal positiv zu begründen sind.

Jedes Charakteristikum gilt zunächst innerhalb seines eigenen Stufenbereichs. So bedeutet z. B. Vokalgleichheit aus guten tonalen Gründen bei der Sekund „groß", bei der Terz „klein", bei der Quint „rein".

Wie schon einleitend angedeutet, ist das System so gebaut, dass die von allem tonalen Einzelbezug abstrahierte reine Intervallcharakteristik (Woran erkenne ich z. B. eine kleine Terz als solche?) von der funktionaltonalen Charakteristik (Wodurch zeichnet sich z. B. die Tonika-Funktion vor ihren Dominanten aus?) zwar modifiziert, aber niemals paralysiert wird.

1. *Halbton:* Der diatonische Halbton hat den dunkleren Vokal oben. Ist i beteiligt, dann liegt eine Tendenz zu steigender Leittönigkeit (im Sinne des tetrachordischen Aufbaus und der Dreiklangharmonien) vor, z. B. ti-da. Ist u beteiligt, dann besteht die Tendenz zu fallender Leittönigkeit, z. B. lu-sa. Sind i und u beteiligt, so besteht keine ausgesprochene Tendenz zur Leittönigkeit; einziges Beispiel: li-tu (Dorisch, Mixolydisch). Der chromatische Halbton hat gleiche Konsonanten bei verschiedenen Vokalen, wobei der hellere Vokal oben liegt, z. B. mu-mi.

2. *Sekunden:* Die Sekunde ist klein, wenn der dunklere Vokal oben liegt, z. B. re-mu; mi-fo. Sonst ist sie groß, z. B. da-re; li-ti; oder aber übermäßig, falls nämlich zwei extreme Vokale an ihr beteiligt sind, z. B. ru-mi, mu-fi, lu-ti. Die auf Leittönigkeit hinzielende Bewegungsenergie der gleichvokalischen Sekunden (z. B. mi-fi, lu-tu) wurde oben bereits dargestellt..

3. *Terzen:* Die Terz ist groß, wenn der hellere Vokal oben liegt, z. B. re-fi, lu-da'. Sonst ist sie klein, z. B. re-fo, fi-li; oder aber vermindert, falls nämlich beide extremen Vokale an ihr beteiligt sind, z. B. fi-lu, ti-ru. Ist i an einer Terz beteiligt, dann hat sie Tendenz, sich einem Durklang einzuordnen, ist u beteiligt, dann einem Mollklang. Sind nur i oder nur u an einer Terz beteiligt (die dann nach obiger Regel stets klein ist), dann hat solche Terz extrem hellen bzw. dunklen Charakter, der sich in die gleichgewichtige funktionale Kadenz nicht mehr einordnen lässt. Einzige Beispiele dafür sind fi-li (Lydisch) und tu-ru (Phrygisch).

4. *Quinten:* Quinten sind rein, wenn sie zwei gleiche oder helligkeitsmäßig benachbarte Vokale haben, z. B. tu-fo, sa-re, li-mi. Bei Vokalsprung sind sie vermindert, wenn der dunkle Vokal oben liegt (mindestens ein extremer Vokal beteiligt), zum Beispiel fi-da, re-lu, mi-tu. Dagegen ist die Quinte übermäßig, wenn beim Vokalsprung der hellere Vokal oben liegt (stets u-i); einziges wichtiges Beispiel ist mu-ti. Über die tonale Differenzierung der reinen Quinten nach ihren Vokalfarben vgl. den Abschnitt „Charakteristika der tonalen Beziehungen". Für die oktavkomplementären Intervalle gilt selbstverständlich das Entsprechende.

Keine Angst vor der „Grammatik"!

Wer keinen sprachlichen Sinn hat, wird sich vielleicht von dieser „Grammatik" abschrecken lassen, aber zu Unrecht. Der Lernende muss und soll das ganze Regelgefüge nicht auswendig lernen, so wenig wie einer die grammatischen Regeln seiner Muttersprache zu beherrschen pflegt. Aber der Sinn für die Klangwertigkeit muss in ihm geweckt werden. Dann wirkt das ganze „grammatische" Gefüge unterbewusst gestaltend.

Genütztes Erbe aus den Tonbezeichnungen alter und neuer Zeit

Es ist ganz und gar erstaunlich, dass schon das bisherige tonal unsystematische Tonika-Do bei Lichte betrachtet in seinen Silben den systematisch erdachten von Eitz und Münnich lautmalend und darum gerade bezüglich seiner unmittelbaren tonalen Einprägsamkeit überlegen war. Verwunderlich ist aber auch, dass sich durch drei Umbenennungsvorschläge eine neuartige Sprache der Vokale gewinnen lässt.
Guidos gutes Erbe ist vor allem der Grundsatz: gesungene, der lebendigen Musik verhaftete Silben anstelle von begrifflichen Reihen, wie es Buchstaben oder Zahlen sind! Das gute Erbe der Solmisation sind die quintverwandten Stufenbezeichnungen do-so(l) und mi-si(ti). Gutes Erbe der bekannten deutschen Tonwortsysteme ist der systematische Sinn und als Folge davon die volle Ebenbürtigkeit der vom Gesichtswinkel des Dur aus zu Unrecht als alteriert erscheinenden Stufen. Tonika-Do liefert uns fast alles, nur nehmen wir die Methode aus sachlichen Gründen beim Wort: Die Tonika heiße do, und zwar immer! (Ausnahmen können später gemacht werden, siehe weiter unten.)

Zur praktischen Anwendung

Einige praktische Übungen

Der Gesamtgang einer tonalen Unterweisung soll hier nicht einmal skizziert werden. Nur auf einige Nutzanwendungen der Vokalsprache sei hingewiesen.
Das Üben wird immer wieder an der Grundquinte da-sa wie auch an der Grundquarte sa-da' zu orientieren sein. Der Beherrschung der Sekunden dient z. B. das im Quintecho wiederholte wechselweise verschiedenartige Umspielen des Grundtons:

da-re-da-tiˏ -da	sa-li-sa-fi-sa
da-re-da-tuˏ -da	sa-li-sa-fo-sa
da-ru-da-tuˏ -da	sa-lu-sa-fo-sa
da-ru-da-tiˏ -da	sa-lu-sa-fi-sa

Ebenso dient es der Beherrschung der Sekunden, wenn wir den Quartraum sa-da'
abwechselnd zu verschiedenartigen Tetrachorden ausbauen:

        sa-li-ti-da˰
        sa-li-tu-da˰
        da˰-tu-lu-sa
        sa-lu-ti-da˰

Daneben üben wir natürlich auch andere Tetrachorde wie

        da-re-mi-fo   fo-mu-ru-da   usw.

Die Beherrschung der Terzen wird durch abwechselnd verschiedene Füllung der „hohlen" Quint angebahnt:

        da-sa-mi   da-sa-mu

Auch das Hineingehen in die Terz über die Sekund dient der Beherrschung der Terzen:

        da-re-mi   da-re-mu
        sa-fo-mi   sa-fo-mu

Etwas zur theoretischen Schulung

Von der Sekundordnung zur Terzordnung des Tonvorrats fortschreitend gewinnen wir das Material für die harmonischen Hauptdreiklänge:

    D: sa- ti- re   d: sa- tu- re
    T: da- mi- sa   t: da- mu- sa
    S: fo- li- da   s: fo- lu- da

Wie oben ausgeführt, kommt nicht nur der Dur- und Mollcharakter, sondern auch der Charakter der Tonika und ihrer Dominanten in den Vokalen sprechend zum Ausdruck.

Harmonisch- und Melodisch-Moll sowie die „Zigeunertonleiter" kommen sehr gut heraus. Die alterierten Töne erweisen sich gerade bei letzterer in Übereinstimmung mit unserer Bezeichnungsweise als ganz natürlich; denn es ist gewiss nicht zufällig, dass sich vom distanzmäßigen Zentralton sa aus beim Quintaufbau und beim Halbtonaufbau genau das gleiche Bild ergibt:

Halbtöne		*Quinten*	
da	a	fi	dis
ti	gis	ti	gis
-	-	-	-
-	-	-	-
lu	f	re	h
sa	e	sa	e
fi	dis	da	a
-	-	-	-
-	-	-	-
mu	c	mu	c
re	h	lu	f

Wie anders steht es mit der musikalischen Fundierung der weichen klammerdominantischen ü-Töne!

Auf fortgeschrittener Stufe können wir auch zeigen, wie bei den Nebendreiklängen der Grundsatz gewahrt bleibt: große Terz oben hell, kleine Terz oben dunkel (oder, außerhalb der Hauptdreiklänge, vokalgleich):

        Dp: mi- sa- ti
        Tp: li- da- mi
        Sp: re- fo- li

Beim System der Kirchentöne lassen wir es uns nicht nehmen, neben der Sekundordnung auch die Quintordnung zu zeigen und dadurch die Verwandtschaftsverhältnisse klarzumachen.

da-	**sa-**	**re-**	*li-*	*mi-*	*ti-*	*fi*	Lydisch
fo-	**da-**	**sa-**	**re-**	*li-*	*mi-*	*ti*	Ionisch
tu-	fo-	**da-**	**sa-**	**re-**	*li-*	*mi*	Mixolydisch
mu-	*tu-*	fo-	**da-**	**sa-**	**re-**	*li*	Dorisch
lu-	*mu-*	*tu-*	fo-	**da-**	**sa-**	re	Äolisch
ru-	*lu-*	*mu-*	*tu-*	fo-	**da-**	**sa-**	Phrygisch

Die Skalen sind aus dieser Tabelle ablesbar, wenn immer ein Ton übersprungen wird. Die Notwendigkeit eines Zurückspringens, z. B. bei Lydisch von fi zu sa und von ti zu da, zeigt zum Überfluss den Sitz der Halbtöne an.

Chromatik

Bei der chromatischen Tonleiter bevorzugen wir die „natürlichen" Stufen, also auch aufwärts lieber ru und mu statt dü und rü. Das scheint zur Anbahnung eines zwölftönigen Empfindens das Gewiesene. Bei eindeutig klammerdominantischer Leittönigkeit dagegen sind nötigenfalls die eigentlich alterierten Stufen mit dem Vokal ü anzuwenden. Die mannigfaltigsten chromatischen Übungen, bei denen zwischenhinein durch den Tonika-Dreiklang immer wieder einmal der Boden gesichert wird, lassen sich nunmehr leicht aufbauen.

Kirchentöne

An den Kirchentönen zeigt sich einerseits der Vorteil unserer Benennung. Wie plastisch treten hier Verwandtschaft und Eigenart jedes Kirchentons hervor! Wie kann man systematisch Stufe um Stufe eindunkeln und aufhellen! Andererseits steht Tonika-Do, wie es auch praktiziert werden mag, den Kirchentönen gegenüber vor einer Schranke. Der extrem tonale Charakter der Methode, der sicher einer der Gründe für ihren Erfolg ist, steht in Spannung zu der schwebenden Tonalität der Kirchentöne wie übrigens auch zur erweiterten, gelockerten, sich auflösenden Tonalität moderner Musik.

Den Kirchentönen angemessen sind die Guidonischen Silben, aber als das, was sie ursprünglich waren, nämlich eine Fixierung der Einzeltöne des einen Heptatoniums (ursprünglich Hexatoniums), aus dem alle Kirchentöne zu bilden sind, ohne wesentliche Hervorhebung einer Zentraltonika. Für den Tonika-Do-Beflissenen sind aber, vor allem durch die Handzeichen, die Silben tonal geprägt, vorbelastet. Wenn innerhalb Tonika-Do in der üblichen Weise Dorisch z. B. auf re aufgebaut wird, so ist das keineswegs dasselbe, wie wenn in alten Zeiten das gleiche geschah. Es bleibt unkontrollierbar, ob die Skala re/re vom Lernenden wirklich als im re wurzelnd oder nicht vielmehr als eine „verrückte", auf die schräge zweite Stufe gestellte Durtonalität empfunden wird. Der „schwebende" oder vielmehr gleichgewichtsgestörte Charakter, den ein auf dem durchs Handzeichen vorbelastete re basierendes Dorisch für den Tonika-Do-Schüler zumindest anfänglich annehmen muss, widerspricht völlig dem klaren und stabilen Charakter dieses Kirchentons. Und wenn ein solches Dorisch schließlich doch musikalisch richtig empfunden wird, dann eher trotz als infolge Tonika-Do. Das übliche Verfahren bedeutet im wahrsten Sinne des Wortes die Auflösung von Tonika-Do zugunsten der alten Solmisation, wobei das, was man inzwischen gebaut hatte, einerseits sicher hilfreich ist, weil durch die Handzeichen und die eingängige Durtonalität „Boden unter die Füße" gewonnen wurde, andererseits aber auch im Wege steht, wenn es gilt, aus einseitig tonaler Bindung heraus zu kommen.

Ist nun durch unsere Reform eine Besserung der Lage möglich? Ja, insofern durch die nichtalterierte Zwölftönigkeit allen nur denkbaren kirchentonalen Wendungen bestens der Weg bereitet wird. Dennoch erhebt unsere Bezeichnungsweise nicht den Anspruch, das Praktischste zur Wiedergabe aller kirchentonalen Melodien zu sein. Die meisten kirchentonalen Weisen „modulieren" ja vielfältig. Oft haben wir in einem Wechsel von Zeile zu Zeile ganz verschiedene zentrale Bezugstöne und ganz verschiedene Tetrachorde vor uns, ohne dass sich das auf die Vorzeichen auswirkte und ohne dass die Theorie der Alten dies berücksichtigte. Wollten wir diese tonalen Bezüge mit unseren Silben wiedergeben, so müssten wir ohne Anhalt im Notenbild fortwährend modulieren und gäben der oft latenten oder nicht eindeutigen Tonika das Gewicht eines massiven Dur-Grundtons. Umgekehrt vernachlässigt aber die der Solmisation entsprechende Benennungsweise den zentraltonalen Charakter, den die Finalis in vielen kirchentonalen Weisen eben doch hat. Trotz aller grundsätzlichen Bedenken ist bei tonal lockeren, „innerlich modulierenden" Weisen die bisher übliche Bezeichnung, z. B. Phrygisch = mi-mi usw., vorzuziehen, während dort, wo da und sa irgendwie das melodische Gerüst bilden, unseren Reformbezeichnungen der Vorrang zukäme, d. h. immer bei Moll, oft bei Dorisch, auch bei Mixolydisch, selten wohl bei Phrygisch. Die der Solmisation entsprechende Bezeichnungsweise, die eine ehrliche Kapitulation vor der Feintonalität der Kirchentöne darstellt, hat in gewissem Sinne ihre Parallele darin, dass moderne Komponisten alles „in C-Dur" schreiben, wie der Ahnungslose meinen möchte, weil sie grundsätzlich nichts mehr vorzeichnen. So sind auch wir dafür, dass alles, was tonal locker ist, mit Silben bezeichnet wird, die so aussehen, als ob es Dur wäre. Entscheidend ist nicht die Möglichkeit der Wiedergabe aller und jeder Musik mittels eines Tonsilbensystems, dann stünde Eitz allen voran, entscheidend ist der hinführende propädeutische Wert der Silben. Nie darf vergessen werden, dass sie Mittel zum Zweck sind und sich selbst möglichst bald überflüssig machen möchten.

Schluss

Die volle Manövrierfähigkeit im Wechsel von Ganz- und Halbton und des weiteren zwischen den anderen Intervallen, dieses Haupterfordernis für das Blattsingen gerade der ältesten und der neuen Musik, kann durch die sinnfällige Vokalsprache sehr erleichtert werden.
Drei natürliche Stufen hat die tonal-melodische Schulung. Die erste zielt auf die Fähigkeit, eine Melodie zu erkennen und wiederzugeben. Die zweite Stufe führt zu der Fähigkeit, die tonalen Stufen auch abstrahiert von den bekannten Melodien zu erkennen und wiederzugeben. Hierzu ist Tonika-Do schon in seiner bisherigen Gestalt eine ausgezeichnete Hilfe gewesen. Die dritte Stufe führt zur Beherrschung der Intervalle, auch abstrahiert von ihrer stufenmäßigen Lage in der Skala und damit von ihrem tonalen Bezug. Hier eben bietet sich die sinnfällige Vokalsprache als Hilfe an, indem sie von der strengen Tonalität her durch allseitige Erweiterung Brückenbögen zur gelösten Tonalität alter und neuer Zeit spannt.
Wie ungewollt rücken alte und neue Musik zusammen. Von der Festigung des tonalen Bewusstseins durch die „tonalste" Methode gingen wir aus. Und nun ließen wir uns in einer Zeit, da tonale Schalen und Krusten brechen, durch eine kritische Neubegegnung von Tonika-Do mit den Kirchentönen ein nichtalterierend-

chromatisches Tonmaterial schenken und erhielten damit die beste Hilfe auf dem Weg zur modernen Musik. Wir sind geneigt, hierin eine sachliche Parallele zu den Verbindungslinien zwischen mittelalterlicher und moderner Musik zu sehen, die heute vielfach erkannt und noch stärker gefühlt werden. Darum steht zu hoffen, dass die hier skizzierte auf Tonika-Do fußende Vokalsprachmethode einen spezifischen Dienst für die Musikauffassung und Musikpraxis leisten kann, die in einem weiten, starken Spannungsbogen aus zwingenden inneren Gründen der alten wie der neuen Musik zugewandt und verpflichtet ist.

Die hier erhobene Forderung einer konsequenten Durchführung des „Tonika-Do" ist nicht neu. Es ist natürlich, dass sie sich immer wieder erhebt. Verständlich ist aber auch, dass Vertreter der Tonika-Do-Methode schon um der praktischen Schwierigkeiten willen, die sich mit kirchentonalen Weisen ergeben, diese Konsequenz ablehnen. Der Gesichtspunkt der sinnfälligen Tonalitäts- und Intervallsprache aber könnte Anlaß zu einer neuen Überprüfung der Positionen sein.

FRIEDENSAUER SCHRIFTENREIHE

Herausgegeben von Johann Gerhardt, Wolfgang Kabus,
Horst Rolly und Udo Worschech

Reihe C: Musik – Kirche – Kultur

Band 1 Andreas Kunz: Aspekte der Entwicklung des persönlichen Musikgeschmacks. 1998.

Band 2 Wolfgang Kabus (Hrsg.): Popularmusik, Jugendkultur und Kirche. Aufsätze zu einer interdisziplinären Debatte. 2000.

Band 3 André Leverkühn: Das Ethische und das Ästhetische als Kategorien des Handelns. Selbstwerdung bei Søren Aabye Kierkegaard. 2000.

Band 4 Harald Schroeter-Wittke: Unterhaltung. Praktisch-theologische Exkursionen zum homiletischen und kulturellen Bibelgebrauch im 19. und 20. Jahrhundert anhand der Figur Elia. 2000.

Band 5 Wolfgang Kabus (Hrsg.): Popularmusik und Kirche – kein Widerspruch. Dokumentation des Ersten interdisziplinären Forums "Popularmusik und Kirche" in Bad Herrenalb vom 28. Februar bis 1. März 2000. 2001.

Band 6 Gottfried Steyer: Betrachtungen zur Maß- und Zahlenordnung des musikalischen Tonmaterials. Mit einem Beiheft mit Abbildungen und Notenbeispielen. Herausgegeben von Wolfgang Kabus und Reinhard Pfundt. 2002.

Jörg Langner

Musikalischer Rhythmus und Oszillation

Eine theoretische und empirische Erkundung
Including a comprehensive abstract in English

Frankfurt/M., Berlin, Bern, Bruxelles, New York, Oxford, Wien, 2002.
182 S., zahlr. Abb.
Schriften zur Musikpsychologie und Musikästhetik.
Herausgegeben von Helga de la Motte-Haber. Bd. 13
ISBN 3-631-38885-3 · br. € 33.20* / US $ 28.95 / £ 20.-

Was kennzeichnet einen „gut" gespielten Rhythmus? Die Arbeit sucht Antworten auf diese und andere Fragen aus dem Bereich der musikalischen Rhythmik. Basis hierfür ist ein neu entwickeltes Oszillationsmodell. Es beruht auf der Annahme, daß die rhythmische Seite von Musik in der Wahrnehmung eines Hörers neuronale Oszillationen anregt und ein solcher Vorgang im Computer simuliert werden kann. In einem umfangreichen Versuch mit Perkussionisten und Hörern zeigt sich, daß die positiv bewerteten rhythmischen Einspielungen im Modell besonders starke und abwechslungsreiche Oszillationsmuster hervorrufen. Insgesamt kann man die Bewertungen hiermit zu etwa 70 % erklären. Sogar eine personenspezifische Anpassung des Modells (z. B. nach dem Lebensalter von Hörern) ist möglich. Aus dem Verfahren ergeben sich Anwendungsperspektiven für die musikpädagogische Praxis.

Aus dem Inhalt: Musikalischer Rhythmus und Periodizität · Die Simulation und Visualisierung von Periodizitätswahrnehmungen durch ein Oszillationsmodell · Hörerbewertung von verschiedenen eingespielten Rhythmen · Die Erklärung dieser Hörerbewertungen aus dem Modell

Frankfurt/M · Berlin · Bern · Bruxelles · New York · Oxford · Wien
Auslieferung: Verlag Peter Lang AG
Moosstr. 1, CH-2542 Pieterlen
Telefax 00 41 (0) 32 / 376 17 27

*inklusive der in Deutschland gültigen Mehrwertsteuer
Preisänderungen vorbehalten
Homepage http://www.peterlang.de